Docker 实战派

容器入门七步法

王嘉涛 李传龙 卢桂周◎著

电子工业出版社·
Publishing House of Electronics Industry
北京·BEIJING

内 容 简 介

云原生时代，应用变得越来越强大，与此同时，它的复杂度也在呈指数级上升。希望实现基础设施和流程现代化，甚至组织文化现代化的企业的最终目标是仔细选择最适合其具体情况的云技术。在现代化的企业应用中，集群部署、隔离环境、灰度发布、服务网格及动态扩容/缩容缺一不可，而 Docker 技术则是其中间的必要桥梁。

本书将围绕 Docker 技术展开介绍，通过"七步法"为读者构建完善的学习体系。开篇先通过"盖房子"的故事展开，让读者迅速了解 Docker 是什么、能做什么。然后补充一些与 Docker 技术相关的基础知识，包含 Linux、Shell、Nginx 及网络调试基础，为读者的后续学习扫除障碍。最后通过示例帮助读者进行 Docker 容器化体验。"授人以鱼，不如授人以渔"。本书通过剖析 Docker 的核心原理、持续集成与发布及企业级应用案例，一步步为读者打造"通向企业级应用"的阶梯。

本书内容详尽，由浅入深，案例丰富，既适用于 Docker 初学者及软件开发人员，又适用于高等院校和培训学校计算机相关专业的师生。

图书在版编目（CIP）数据

Docker 实战派：容器入门七步法 / 王嘉涛，李传龙，卢桂周著. —北京：电子工业出版社，2022.4

ISBN 978-7-121-43145-6

Ⅰ．①D… Ⅱ．①王… ②李… ③卢… Ⅲ．①Linux 操作系统—程序设计 Ⅳ．①TP316.85

中国版本图书馆 CIP 数据核字（2022）第 045140 号

责任编辑：吴宏伟　　　　特约编辑：田学清
印　　刷：北京雁林吉兆印刷有限公司
装　　订：北京雁林吉兆印刷有限公司
出版发行：电子工业出版社
　　　　　北京市海淀区万寿路 173 信箱　　邮编：100036
开　　本：787×980　　1/16　　印张：27　　字数：604.8 千字
版　　次：2022 年 4 月第 1 版
印　　次：2023 年 5 月第 4 次印刷
定　　价：118.00 元

凡所购买电子工业出版社图书有缺损问题，请向购买书店调换。若书店售缺，请与本社发行部联系，联系及邮购电话：（010）88254888，88258888。

质量投诉请发邮件至 zlts@phei.com.cn，盗版侵权举报请发邮件至 dbqq@phei.com.cn。

本书咨询联系方式：（010）51260888-819，faq@phei.com.cn。

推荐语

毋庸讳言，现如今还不了解 Docker 就不是一个合格的开发者。Docker 对 DevOps 的飞速发展具有重要作用。本书结合作者多年一线"大厂"技术实践的经验，既有前端开发者的视角，又有上下游的相关案例，为读者提供了一个完整的 DevOps"地图"，可以作为一线开发人员的案头用书。

——高途集团大前端技术通道负责人　黄后锦

Docker 作为一种开源的应用容器引擎正在被广泛使用。本书由浅入深地介绍了相关的知识点，将很多不容易理解的概念用生活中的例子生动、形象地表达了出来，对于各个阶段的学习者来说都非常友好。同时，本书从研发岗位的不同视角，介绍了 Docker 的实践方案，对相关开发者的日常工作具有一定的指导作用。

——字节跳动商业技术营销工程团队负责人　赵龙

云计算技术的普及，使企业和组织更聚焦于自身的核心业务。而云原生如同"集装箱改变世界"一样，通过标准化的方式来应对业务在打包、部署和管理等过程中遇到的各种挑战，从而帮助企业达到降本增效的目的。

容器技术可以说是云原生技术体系结构的基础。而 Docker 则是容器技术落地的"先驱"，是非常重要的容器技术实现，在整个云原生技术体系中具有重要作用。

本书通过一个故事让读者明白 Docker 是什么，之后通过一个项目带领读者快速上手实践，并帮助读者补充了解 Docker 的核心原理，而后从项目实践、持续集成与发布、Docker 的高级应用、打造企业级应用等方面展开介绍。本书是帮助读者入门 Docker 的佳作。

乐于见到有更多这样的图书来帮助更多有需求的人，帮助他们早日走上云原生的大舞台。

——阿里云边缘云原生技术负责人　周晶

前言

近些年来，以 Docker 为核心的容器技术如日中天。在企业"降本增效"的前提下，容器方案贯穿于应用的每个核心链路。众所周知，每轮新技术的兴起，对于个人和公司来说，既是机会也是挑战。因此，软件行业从业者的正确做法就是尽快上手，成为互联网时代的"弄潮儿"。

本书正是致力于此，为读者提供详细的 Docker 入门知识。按照"七步法"进行学习，读者可以轻松入门，学有所获。

为什么要写本书

市场上不乏 Docker 技术相关的书籍，但其或者围绕官方基础文档缺乏新意，或者直入源码让初学者望而却步。鲜有既满足初学者入门需要，又结合企业实际案例的书籍。作者正是看到了这一点，于是另辟蹊径，从读者的角度出发，提出了"七步法"的概念。

何谓"七步法"？"七"既是人们最容易记住的数字，也是人类瞬间记忆的极限，本书正是立意于此。第一步是从具象的故事开始，开门见山，降低认知门槛。第二步则通过"第一个 Docker 项目"，帮助读者快速上手。在读者建立起体系概念后，第三步则直切核心原理，围绕 Docker 架构展开，由浅入深地讲解 Docker 底层的隔离机制、容器的生命周期、网络与通信、存储原理及源码。深入剖析，"知其然而知其所以然"。第四步趁热打铁，围绕前后端项目，从全栈角度进行项目实战。第五步则从 Docker 运维角度出发，进一步补充读者的知识图谱，这也是初学者最容易忽视的内容。从第六步开始就步入了高级应用，该部分重点围绕 Docker 技术最佳实践展开，提供了容器与进程、文件存储与备份、网络配置、镜像优化及安全策略与加固等内容，案例丰富，操作性强。第七步则升华全书内容，通过云原生持续交付模型、企业级容器化标准及两个实际的企业级方案，串联本书所有内容。

至此，七步完成。读者可以清晰地感受每一步带来的技术提升，稳扎稳打，从而将 Docker 技术融会贯通。

本书的特点

（1）趣味易懂。

本书中较多的原理，剥除了 Docker 官方文档晦涩难懂的"外衣"，通过趣味故事展开。例如，通过"盖房子"来理解 Docker 是什么，通过"别墅与胶囊旅馆"来阐述容器与虚拟机的概念，通过"工厂和车间"来说明进程和线程，等等。读者无须记忆，就可轻松理解，这也正是本书想要传达的观点：技术并非神秘莫测，而是缺乏技巧。

（2）案例丰富。

本书第 2 章和第 4~7 章都包含大量的案例。不管是"第一个 Docker 项目"还是项目实战、企业案例，都包含了大量的代码讲解。读者完全可以按照教程逐步实现，体验 Docker 编程的乐趣。

（3）实操性强。

值得一提的是，本书案例均来自实际的研发项目，为了让读者能够轻松掌握，去除了容器中包含的业务逻辑，保留了 Docker 的核心架构，实操性强。熟练掌握本书中的案例，沉淀其所表现出来的方法论，读者一定能够在企业应用中灵活运用，事半功倍。

本书的读者

- 软件开发人员：有了 Docker，软件开发人员可以聚焦业务逻辑，而不必再为了项目配置的差异、运行环境的不同而惆怅。
- 软件测试人员：软件测试人员每天都会面对大量的测试任务，手动执行测试用例会耗费大量的时间。在这种场景下，软件测试人员可以考虑使用 Docker 进行自动化改造。
- 软件运维人员：对于软件运维人员来说，Docker 技术应该成为其一项必修的基本功。依赖 Docker 提供的灵活性、封装性及复用能力，软件运维人员可以轻松应对系统多版本差异，高效维护多个环境。

王嘉涛

2022 年 1 月 24 日

读者服务

微信扫码回复：43145

- 获取本书配套代码
- 加入本书读者交流群，与更多读者互动
- 获取【百场业界大咖直播合集】（持续更新），仅需 1 元

目录

第 1 章
快速了解 Docker

1.1 Docker 简介

1.1.1 通过"盖房子"来理解 Docker—— 一次构建，处处运行

近年来，随着国内互联网技术的高速发展，容器技术如日中天。而作为容器"代言人"的 Docker，则成为万众瞩目的技术焦点。

在技术社区中有很多关于 Docker 的话题，开发人员乐此不疲地互相讨论。为什么 Docker 如此火爆，它究竟有怎样的"魔法"？

为了让读者能够更好地理解 Docker 的概念，本章将从一个"盖房子"的故事展开介绍。

1. 举例说明

从前，有一个工匠，他擅长盖房子。工匠每天都在画设计图、搬石头、砍木头，以满足村民们盖房子的需求，如图 1-1 所示。

突然有一天，隔壁村的村主任找到工匠，希望工匠能去该村盖房子。工匠遇到了难题，按照以往盖房子的经验，他只能去隔壁村继续画设计图、搬石头、砍木头。这虽然没有难度，但是工作量很大。

有没有一个既快捷又高效的方式呢？

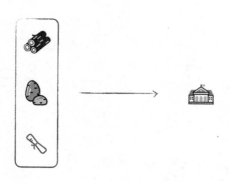

图 1-1

烦恼之际，隔壁村的村主任教给工匠一种"魔法"，可以把盖好的房子复制一份，做成"微缩版"房子模型，放入背包中便于携带。到了隔壁村，工匠将背包中"微缩版"房子模型取出，还原出一套新房子，如图 1-2 所示。

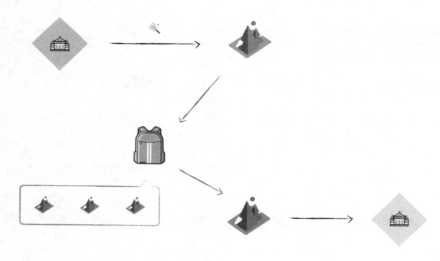

图 1-2

就这样，工匠设计了各式各样的"微缩版"房子模型，放入背包，有需要就拿出来使用。这样不但省去了前期的画设计图、搬石头、砍木头的烦琐过程，而且可以穿梭于多个村子，生产效率大幅度提升。

2. "盖房子"与 Docker 的联系

其实，上述过程可以对应到开发人员的日常工作中。

- 房子：独立的项目，需要经历需求评审、初始化项目、代码开发及构建发布 4 个重要过程。
- "微缩版"房子模型：项目的镜像，可以快捷地将一套成熟的规则用到其他类似的项目中。
- 背包：镜像仓库，存储各种镜像模型，便于新项目随时使用。

这就是 Docker 的"魔法"：利用镜像与镜像仓库，形成一个轻量级、可移植的应用；一次构建，处处运行。这大大提高了软件研发的效率，使用容器开发项目成为软件开发人员不可或缺的基本能力之一。

1.1.2　Docker 的适用人群

在 1.1.1 节中介绍了 Docker 是什么，那么 Docker 适合哪些用户使用呢？

本节将从开发人员、测试人员及运维人员的角度来阐释，给出读者清晰的定位，如图 1-3 所示。

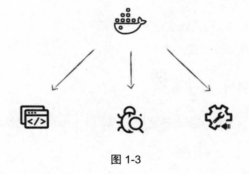

图 1-3

1. 开发人员

有了 Docker，无论是前端开发人员还是后端开发人员，都不必再为项目配置的差异、运行环境的不同而惆怅，只需安心编写代码就可以。

此外，Docker 的特性，以及其拥有的海量镜像仓库，为项目迁移和复用奠定了坚实的基础。Docker 技术使开发人员有可能通过一条或多条命令，快速搭建出一个完整的项目运行环境，开发效率不言自明。

2. 测试人员

测试人员每天都需要完成大量的测试任务。手动执行测试会耗费大量的时间，这时可以考虑使用 Docker 进行自动化改造。

3

自动化的成本是首次自动化程序的编写和维护，而收益则是解放人力、提高生产力。

> 测试人员在进行一些功能测试或性能测试时，需要快速搭建不同的运行环境。掌握 Docker 技术，可以让测试人员如虎添翼。

3. 运维人员

对于运维人员来说，Docker 技术应该成为一项基本功。依赖 Docker 提供的灵活性、封装性及复用能力，运维人员可以轻松应对系统多版本差异，高效维护不同的环境。

> Docker 不关心用户的应用程序是什么、要做什么，它只负责提供一个统一的资源环境，从根源上解决运维人员的烦恼。运维人员只需一键运行就可以，十分简单便捷。

4. 其他

当然，也不要把 Docker 局限在上述几个场景下。了解 Docker 能做什么、能解决什么问题，不断在项目中打磨，才能将 Docker 技术发挥到极致。

1.1.3　Docker 能解决什么问题

终于到了最核心的环节，介绍了那么多适用人群，那 Docker 究竟能解决什么问题呢？下面将一一揭晓。

1. 固化配置，提高效率

Docker 提供了一个通用配置文件。在初次配置成功后，开发人员可以将配置文件固化，之后碰到相同的配置需求，直接复制过来使用即可。

随着应用逐渐增多，开发人员只需维护好与之对应的 Docker 配置文件就可以，而这个配置文件则存储了 Docker 运行、启动、部署的命令。

> 可以想象，一个身经百战的开发人员，借助 Docker 可以灵活地应对各种复杂的环境。

2. 自动化 CI/CD 流程

Docker 提供了一组应用打包构建、传输及部署的方法，以便于用户能够轻而易举地在容器内运行任何应用。Docker 还提供了跨越这些异构环境以满足一致性的微环境——从开发到部署，再到流畅发布。

这些只是 Docker 的基本能力，除此之外，它最强大的地方是：可以和 Jenkins 及 GitLab 串联起来，融入项目开发的 CI/CD（持续集成与持续发布）流程中，让一键部署成为可能。第 5 章将重点介绍 Docker 的持续集成与发布。

3. 应用隔离

读者或许会疑惑，为什么需要应用隔离？

例如，服务器上混部了两个服务：一个是 Node 服务，用来启动 Web 服务；另一个是 Java 服务，用来提供前后端分离的 API 接口。可能出现这种情况——两个服务争夺服务器的 CPU 资源，无论哪一方失败都将造成灾难。

如图 1-4 所示，服务器的 CPU 资源已经被 Java 服务占满，此时该服务器上的 Web 服务会访问过慢或已经崩溃。

```
  PID USER     PR  NI  VIRT  RES   SHR S  %CPU %MEM    TIME+  COMMAND
334618 worker   20   0 16.5g 1.8g 7916 S 177.3  3.7  32:27.26 java
457572 worker   20   0 16.5g 1.6g  10m S  52.7  3.5   9:05.81 java
 42576 worker   20   0 11.5g 631m 6296 S  32.5  1.3   9135:12 java
 67353 worker   20   0 15.6g 1.9g 7400 S  21.9  4.1 297:34.02 java
368097 worker   20   0 15.4g 1.8g 8012 S   9.3  3.9  28:27.01 java
361030 worker   20   0 17.3g 3.5g 8300 S   8.0  7.4  68:01.30 java
252345 worker   20   0 19.0g 5.6g 7452 S   6.6 12.0 438:02.61 java
408470 worker   20   0 14.7g 1.3g 8100 S   6.0  2.7  15:17.63 java
 13726 worker   20   0 14.4g 1.3g 7372 S   5.6  2.7 397:14.20 java
155930 worker   20   0 15.3g 1.3g 7392 S   4.0  2.9 146:40.70 java
843231 worker   20   0 14.6g 1.2g 7076 S   4.0  2.6   1305:52 java
```

图 1-4

在这种情况下，CPU 也很为难——在资源有限的前提下，同一时间无法同时满足多个进程的过度使用。

当然，在这种场景下可以通过独立部署、为虚拟机设定资源优先级等方案解决。但在 Docker 中，这些完全没有必要担心，因为 Docker 提供了进程级的隔离，可以更加精细地设置 CPU 和内存的使用率，进而更好地利用服务器的资源。

4. 自动化扩容/缩容

在企业中，如果存在大促或流量不均的场景，则服务器的自动扩容/缩容就会很关键。

在流量低谷时进行自动缩容，可以大幅度减少服务器成本。在峰值来临时，通过服务器性能嗅探，可以预测到瓶颈即将来临，在瓶颈来临时自动触发服务器扩容操作，从而保证服务器稳定运行。

这一切在传统的虚拟机中显得十分笨重，而在 Docker 中却非常灵活并且高效，因为每个容器都可作为单独的进程运行，并且可以共享底层操作系统的系统资源。这样可以提高容器的启动和停止效率，扩容也就毫不费力了。

5. 节省成本，一体化管理

节省成本也是很多企业使用 Docker 的原因之一。传统企业一般会使用虚拟机，虚拟机虽然可以隔离出很多"子系统"，但占用的空间更大，启动更慢。

> Docker 技术不需要虚拟出整个操作系统，只需要虚拟出一个小规模的环境，与"沙箱"类似。

此外，虚拟机一般要占用很大的存储空间（可以达到数十 GB）；而容器只需要占用很小的存储空间（最小的仅为几 KB），这样就能节省出更多的服务器资源，从根本上节省成本。

再加上 Docker 配套的管理平台，可实现一体化管理，省时省力又省钱。这样的诱惑，企业管理者一般很难拒绝。这也是 Docker 能够火爆全球的直接原因。

1.1.4 如何快速入门

前面使用了较多篇幅介绍 Docker 的基本信息，相信读者已经迫不及待想使用 Docker 了。

不要着急，在开始下一步之前，读者先花 5min 了解一下 Docker 入门七步法，如图 1-5 所示。顺着思路走下去，读者定能迅速掌握 Docker 技术，达到事半功倍的效果。

> 为什么是七步？因为人的短时记忆极限不超过 7 个点。本书巧妙地利用了这一点，既不会让读者感觉到大脑负载，又能快速地记住章节内容。
>
> 与此同时，在读者脑海中搭建了一个完整的知识框架，即夯实基础➡逐步深入➡体系搭建➡企业实战。
>
> 这也正是本书的写作目的：只需七步，让读者轻松掌握 Docker 技术。

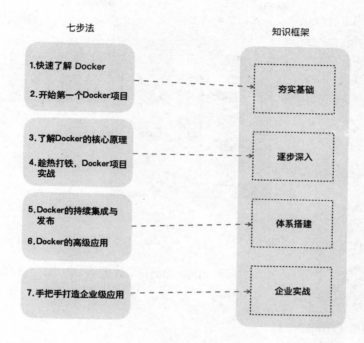

图 1-5

让我们踏上征程,一起探索 Docker 的"魔法"吧!

1.2 Docker 的基本组成

读者可以通过如下步骤系统地掌握 Docker 技术:首先,要有宏观的认识——Docker 是由哪些部分组成的;其次,要理解其核心概念——镜像、容器和仓库;最后,通过项目实战来融会贯通。

本节将围绕 Docker 的三大组成部分和三大核心概念展开介绍。

1.2.1 Docker 的三大组成部分

关于 Docker 的三大组成部分,下面将按照 Docker 官方提供的架构图来说明,如图 1-6 所示。

1. 客户端

客户端(Client)作为用户的使用界面,接收用户命令和配置标识。它可以执行 docker build 命令、docker pull 命令和 docker run 命令等,是读者需要重点掌握的核心内容。

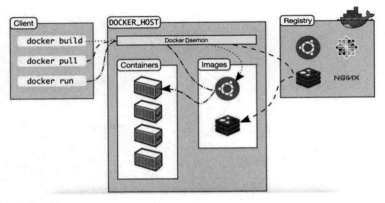

图 1-6

2. 宿主机（DOCKER_HOST）

DOCKER_HOST 为运行 Docker Daemon 的后台进程提供了保障，一般通过客户端与之进行通信。

3. 注册表服务（Registry）

Registry 是一个集中存储与分发镜像的服务。在通常情况下，开发人员构建完 Docker 镜像后，即可在当前宿主机上运行容器。一个 Docker Registry 可以包含多个 Docker 仓库，每个仓库可包含多个镜像标签，每个标签对应一个 Docker 镜像。

> 第 3 章将重点介绍 Docker 的核心原理，这里读者只需了解基本概念就可以。

1.2.2　Docker 的三大核心概念

Docker 技术涉及 Container、Image、Repository 等关键字，如果读者不提前弄清楚这些关键字，使用 Docker 的过程就会变得困难重重。

因此，本节重点介绍 Docker 的三大核心概念：镜像（Image）、容器（Container）和仓库（Repository）。

1. 镜像

从本质上来说，Docker 镜像是一个 Linux 的文件系统，在该文件系统中包含可以运行在 Linux

内核的程序及相应的数据。

因此，通过 Docker 镜像创建一个容器，就是将镜像定义好的用户空间作为独立隔离的进程运行在宿主机的 Linux 内核上。

镜像有以下两个特征。

- 分层（Layer）：一个镜像可以由多个中间层组成，多个镜像可以共享同一中间层。当然，也可以通过在镜像上多添加一层来生成一个新的镜像。
- 只读（Read-Only）：镜像在构建完成之后，便不可以再修改。而上面所说的多添加一层构建新的镜像，实际上是通过创建一个临时的容器，在容器上增加或删除文件，从而形成新的镜像的，因为容器是可以动态改变的。

2. 容器

容器与镜像的关系，就如同面向对象编程中对象与类之间的关系。因为容器是通过镜像来创建的，所以必须先有镜像才能创建容器。而生成的容器是一个独立于宿主机的隔离进程，并且有属于容器自己的网络和命名空间。

镜像由多个中间层组成，生成的镜像是只读的，但容器是可写/可读（Writer/Read）的，这是因为容器是在镜像上添加一层读/写层（Read/Writer Layer）实现的，如图 1-7 所示。

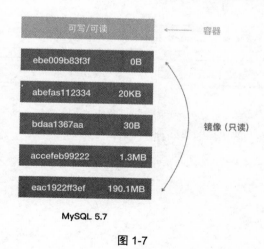

图 1-7

3. 仓库

GitHub 作为代码仓库，用来存储项目代码。镜像仓库的作用也是类似的，主要用于集中存储镜像，可以托管在 Docker Hub 上。

仓库按照功能不同可以分为公共仓库和私有仓库两类，在 2.6.1 节中将会重点介绍镜像仓库，这里先不展开讲解。

1.3 入门必备基础知识

工欲善其事，必先利其器。要学好 Docker，基本功必不可少。本节将帮助读者做好前期的技术储备。在后期实践过程中，如果读者遗忘了一些基础命令，则可以迅速返回本章进行系统的回顾。

1.3.1 Linux 基本操作

提起 Linux，不得不提到他的创始人——Linus Benedict Torvalds。他于 1991 年在网上发布了 Linux，并于 1992 年重新以 GUN GPL 的协议发布，从此揭开了 Linux 的华美序章，颠覆了 Windows 一统天下的局面。

目前，有数以万计的开发人员为 Linux 及其社区贡献过代码，这也从侧面说明了学习 Linux 的必要性。本节从 Linux 基本操作展开，重点介绍围绕 Docker 生态的一些基本操作。

本节使用的是阿里云 CentOS 7.8 版本中的命令。

1. 通过 ssh 命令进入操作系统

SSH 协议是较可靠、专为远程登录会话和其他网络服务提供安全性的协议。利用 SSH 协议，可以有效解决远程管理过程中的信息泄露问题。

通过 ssh 命令进入 CentOS 7.8，如下方代码所示。

```
ssh 172.16.220.132
root@172.16.220.132's password:
Last login: Sun Feb 14 23:07:21 2021 from 172.16.5.142

Welcome to Alibaba Cloud Elastic Compute Service！
```

如果看到如上所示的欢迎词，则意味着该用户已经进入 CentOS 7.8。

众所周知，在 Linux 中，不同的用户角色有不同的操作权限。这时操作者肯定会产生疑问：我当前是哪个用户角色？处于哪个目录呢？下面通过 whoami 命令和 pwd 命令来查询，如下所示。

```
#whoami
root

#pwd
/root
```

上面控制台的输出，表明当前是 Root 用户，位于"/root"目录下。

在 CentOS 中，如果看到"#"，则表明是 Root 用户。

2. 创建、查询及切换用户

众所周知，Linux 是一个多用户、多任务的分时操作系统，任何一个要使用系统资源的用户，都必须首先向系统管理员申请一个账号，然后以这个账号的身份进入系统。

（1）明确三类角色。

在 Linux 中，一般会分为三类角色：超级用户、普通用户、虚拟用户。角色不同，其权限也不同。

- 超级用户：默认是 Root 用户，其 UID 和 GID 都是 0。Root 用户在每个 UNIX 和 Linux 中都是唯一且真实存在的。使用 Root 用户可以登录操作系统，执行其中的任何命令。Root 用户拥有最高管理权限。
- 普通用户：操作系统中的大多数用户都是普通用户。在实际中，一般使用普通用户进行操作。需要某种权限时，用 sudo 命令来提升。
- 虚拟用户：为了与真实的普通用户区分开，操作系统在安装后内置了虚拟用户角色。该角色是系统正常运行不可缺少的，主要是为了方便管理操作系统，满足相应的操作系统进程对文件属主的要求。

（2）区分其他用户角色。

在生产环境下，一般使用普通用户角色或虚拟用户角色管理文件目录，其他的用户角色又该如何区分呢？

例如，使用 useradd 命令来创建用户 userone，使用 id 命令来查询该用户的详细信息。

```
#useradd userone
#id userone
uid=1002(userone) gid=1002(userone) groups=1002(userone)
```

可以看到，在创建用户 userone 的同时会创建 userone 组，这是因为在创建用户时并没有指定组。

切换到用户 userone 下，如下方代码所示。

```
#su - userone
$pwd
/home/userone
$whoami
userone
```

细心的读者可能看到了，提示符变成了"$"，目录变成了"/home/userone"。其实这是有规律可循的，切换用户后会自动进入"家"（/home）目录下，这个"家"目录既可以手动指定也可以使用默认配置。

3. 文件操作

Linux 的设计理念是"一切皆文件"，掌握文件操作意味着拿下了 Linux 的半壁江山。下面通过具体示例介绍 Linux 是如何操作文件的。

（1）通过 mkdir 命令创建一个目录"myfolder"，并通过 cd 命令进入该目录。

```
#mkdir myfolder
#cd myfolder/
#touch myfile
#vim myfile
```

（2）创建文件需要使用 touch 命令。

为了更好地理解 Linux 中的文件操作，下面在"myfolder"目录下使用 touch 命令创建文件 myfile，具体如下。

```
#touch myfile
```

（3）使用 Vim 在终端中编辑文本。

因为终端不存在文本编辑器，所以可以借助 Vim 来实现。

首先，执行 vim myfile 命令进入 Vim 编辑模式。

```
#vim myfile
```

然后，在 Vim 编辑模式下，按 i 键插入模式，此时系统左下角会提示"-- INSERT --"，如图 1-8 所示。

图 1-8

最后，输入"Hello World!"，按 Esc 键进入命令模式。通过输入 wq 命令保留当前修改并退出，系统会自动回到操作界面。

（4）通过 cat 命令查看文件。

```
#cat myfile
Hello World!
```

> 下面简单回顾整个文件操作过程：①使用 mkdir 命令创建一个目录；②使用 cd 命令来切换目录；③使用 touch 命令创建一个文件；④使用 vim 命令编辑文件；⑤使用 cat 命令查看文件。

以上是 Linux 中非常高频的操作，请读者熟记 mkdir 命令、cd 命令、touch 命令和 cat 命令的使用场景。

下面详细讲解 Vim 的基本操作。

4. Vim 的基本操作

Vim 是从 vi 发展出来的一个文本编辑器。它提供了代码补全、编译及错误跳转等方便编程的功能，被开发人员广泛使用。

> Vim 和 Emacs 是类 UNIX 用户非常喜欢的文本编辑器。
> Vim 作为 CentOS 默认的文本编辑器，是开发人员必须掌握的一个知识点，否则在服务器端操作文件时将寸步难行。

　　读者暂时不需要深入理解 Vim 的原理和运行机制，只需掌握基本操作就可以，下面介绍一些高频使用的命令与快捷键。

　　（1）编辑命令。

- i：在光标前插入内容。
- a：在光标后插入内容。
- o：在所在行的下一行插入新行。
- O：在所在行的上一行插入新行。
- x：删除光标后面的字符。
- d$：删除光标至行尾的内容。
- dd：删除整行。
- yy：复制整行。
- p：在所在行的下一行粘贴。

　　（2）查找与替换命令。

- /pattern：向下查找。
- ?pattern：向上查找。
- n：顺序查找。
- N：反向查找。
- :s/p1/p2/g：在当前行将 p1 替换成 p2。
- :m,ns/p1/p2/g：将第 m～n 行的 p1 替换成 p2。

　　（3）末行操作。

- :w：保存。
- :q：退出。
- :x：保存并退出。
- :q!：强制退出。
- :w!：强制保存。
- :数字：定位到指定行。
- :set nu：显示行号。

使用 Vim 中的 u 命令可以撤销上一次操作，终端会有撤销提示。如果撤销得太多，则可以使用 Ctrl+R 组合键（即常说的 redo 操作）回退到前一个操作状态。

5. 剪切与复制

如果要对目录下的文件进行剪切，则需要使用 mv（move file 的简称）命令，基本用法如下。

```
mv [options] source dest
mv [options] source... directory
```

options 部分的参数解释如下。

- –b：如果目标文件或目录存在，则在执行覆盖操作前会为其创建一个备份。
- –i：如果指定移动的源目录或文件与目标目录或文件同名，则先询问是否覆盖旧文件，输入 y 表示直接覆盖，输入 n 表示取消该操作。
- –f：如果指定移动的源目录或文件与目标目录或文件同名，则不会询问，而是直接覆盖旧文件。
- –n：不覆盖任何已存在的文件或目录。
- –u：如果源文件比目标文件新，或者目标文件不存在，则执行移动操作。

为了便于读者理解，下面通过一个例子来说明。

（1）通过 ls 命令查看当前目录下的内容，当前只有一个名为 myfile 的文件。

```
#ls
myfile
```

（2）通过 mv 命令将文件 myfile 改名为 file。

```
#mv myfile  file
#ls
file
```

此时，目录下的文件已经变成 file。

如果目标目录与源目录一致，当指定新文件名后，则效果只是重命名而已。

（3）通过 cp 命令进行文件复制。

```
#cp file file1
```

```
#ls
file  file1
```

再次查看目录内容，发现已经多出了 file1 文件，说明已经复制成功。

如果使用 cp 命令复制的是文件夹，那么需要加参数-r（其中，r 代表 recurse）进行递归操作。

6. 操作权限

细心的读者可能注意到了，我们一直使用 Root 用户进行操作。如果换成 userone 用户（可以通过 su 命令来切换用户角色），操作可以吗？下面进行尝试。

```
#su - userone
Last login: Sun Feb 14 23:12:55 CST 2021 on pts/1

$cd /root/myfolder
-bash: cd: /root/myfolder: Permission denied
```

在执行 cd 命令进入"/root/myfolder"目录时，控制台报出了"Permission denied"异常。很明显，当前用户没有权限。那么又该如何为当前用户授权呢？

（1）了解如何查看目录权限。在终端执行 ls –l 命令，输出结果如下。

```
#ls -l
total 4
drwxr-xr-x 2 root root 4096 Feb 14 23:37 myfolder
```

在上述代码中，需要重点关注"drwxr–xr–x"片段。为了便于读者理解，下面将其拆成四部分来介绍。

- d：当前是一个目录。
- rwx：文件（或目录）的属主拥有的权限。
- r–x：文件（或目录）的属组拥有的权限。
- r–x：其他用户对文件（或目录）拥有的权限。

其中，r 为读权限，w 为写权限，x 为可执行权限。

（2）让 userone 用户也有查看文件的权限，如下方代码所示。

```
#chmod o+rx /root -R
#su - userone
Last login: Sun Feb 14 23:48:29 CST 2021 on pts/0

$cd /root
[userone@al-bj-web-container root]$ls
myfolder

[userone@al-bj-web-container root]$cd myfolder/
[userone@al-bj-web-container myfolder]$ls
file  file_copy
```

这里用到了 chmod 命令，下面进行简单说明。授权的方式有很多种，既可以针对某一组用户进行授权，也可以使用数字进行授权，其中，r 为 4，w 为 2，x 为 1。如果是"chmod 777 /root/myfile"，则表示属主、属组和其他用户均被授予读、写、执行的权限。

7. 查找文件

在实际开发中，开发人员经常会碰到一个场景：记不清楚文件放到哪里了，只记得文件名，这时可以使用 find 命令，如下方代码所示。

```
#find / -name file_copy
/root/myfolder/file_copy
```

其中，-name 参数用于指定文件名，file_copy 是要查找的文件名。

如果开发人员只是大概记住了文件名，如马什么梅、什么冬梅、马冬什么，则可以利用通配符（*）来解决，如下方代码所示。

```
#find / -name file_*
/root/myfolder/file_copy
/usr/local/lib/python3.6/site-packages/setuptools/_distutils/file_util.py
/usr/share/doc/python-pycurl-7.19.0/examples/file_upload.py
/usr/lib64/python3.6/distutils/file_util.py
/usr/lib64/python3.6/distutils/__pycache__/file_util.cpython-36.pyc
/usr/lib64/python3.6/distutils/__pycache__/file_util.cpython-36.opt-2.pyc
/usr/lib64/python3.6/distutils/__pycache__/file_util.cpython-36.opt-1.pyc
/etc/selinux/targeted/active/file_contexts
/etc/selinux/targeted/active/file_contexts.homedirs
```

```
/etc/selinux/targeted/contexts/files/file_contexts.pre
/sys/kernel/slab/file_lock_cache
```

开发人员的记忆越清晰，查询到的结果就会越准确。以后开发人员再也不用担心忘记文件放到哪个目录下。

> 规范文件及目录结构一直是 Linux 社区遵循并推荐使用的。不要标新立异，尽可能让服务器保持干净、整洁的状态。

8. 查看网络信息

在实际开发中，开发人员经常会碰到一些比较尴尬的场景，如在开发过程中共使用了 10 台虚拟机，但忘记文件放在哪台虚拟机上了，这该如何是好呢？

相信很多读者会说：多台机器那就逐台登录去找。这个方案是可行的，但读者是否想过，如果我们维护的是成千上万台的服务器，那么该如何区分多台服务器呢？这时可以通过 IP 地址（服务器的唯一标识）来区分。

但是，此时会遇到一个棘手的问题——如何查看网络信息？如下方代码所示。

```
#ip addr
1: lo: <LOOPBACK,UP,LOWER_UP> mtu 65536 qdisc noqueue state UNKNOWN group default qlen 1000
   link/loopback 00:00:00:00:00:00 brd 00:00:00:00:00:00
   inet 127.0.0.1/8 scope host lo
     valid_lft forever preferred_lft forever
   inet6 ::1/128 scope host
     valid_lft forever preferred_lft forever
2: eth0: <BROADCAST,MULTICAST,UP,LOWER_UP> mtu 1500 qdisc mq state UP group default qlen 1000
   link/ether 00:16:3e:34:9b:f7 brd ff:ff:ff:ff:ff:ff
   inet 172.16.220.132/22 brd 172.16.223.255 scope global dynamic eth0
     valid_lft 315321088sec preferred_lft 315321088sec
   inet6 fe80::216:3eff:fe34:9bf7/64 scope link
     valid_lft forever preferred_lft forever
```

通过执行 ip addr 命令，从控制台输出的信息中可以看出有两块网卡：一块是 lo，另一块是 eth0。

- lo 是回环地址，代表 localhost。
- eth0 是用户与外界通信的桥梁。

还有一个关键信息就是 IP 地址。从控制台输出的信息中可以看出，IP 地址是 172.16.220.132。

/22 表示掩码是 255.255.252.0。

> /24 表示掩码是 255.255.255.0。这涉及简单的网络知识，具体内容可以查看 1.3.3 节。

9. 查看磁盘空间

如果一直在服务器上增加文件，最终会出现 "No space left on device" 异常，这时就需要执行删除旧文件、扩充磁盘等操作。所以，在日常的系统维护中，操作人员要时常关注磁盘剩余空间。

下面介绍如何查看磁盘空间。

```
#df
Filesystem      1K-blocks    Used  Available  Use% Mounted on
devtmpfs         1856436       0    1856436    0% /dev
tmpfs            1866780       0    1866780    0% /dev/shm
tmpfs            1866780     504    1866276    1% /run
tmpfs            1866780       0    1866780    0% /sys/fs/cgroup
/dev/vda1       41152812 3491084   35758020    9% /
tmpfs             373360       0     373360    0% /run/user/0
```

在上述代码中使用了 df 命令（report file system disk space usage，文件系统磁盘空间使用情况）。不难发现，最后一列的 "Mounted on" 表明文件系统挂载到哪个目录下。这个就是非常细节的问题了，后续讲解容器存储内容时会经常用到。

> 除上述场景外，在挂载存储操作中也会经常用到 mount 命令。如果需要达到更加人性化的显示效果，则可以尝试 df-h 命令。

10. 新装软件

如果用户想新安装软件，CentOS 提供了非常方便的包管理器 Yum。Yum 可以一次性安装所有的依赖包，并且提供完整的查询、安装、删除软件的命令，如下方代码所示。

```
#yum install -y httpd
Loaded plugins: fastestmirror
Loading mirror speeds from cached hostfile
base       | 3.6 kB  00:00:00
bjhl       | 2.9 kB  00:00:00
```

```
Not using downloaded bjhl/repomd.xml because it is older than what we have:
  Current   : Fri Jan 29 16:44:01 2021
  Downloaded: Fri Jan 29 16:38:53 2021
Resolving Dependencies
--> Running transaction check
---> Package httpd.x86_64 0:2.4.6-97.el7.centos will be installed
--> Processing Dependency: httpd-tools = 2.4.6-97.el7.centos for package:
httpd-2.4.6-97.el7.centos.x86_64
--> Processing Dependency: /etc/mime.types
--> Processing Dependency: libaprutil-1.so.0()(64bit)
--> Processing Dependency: libapr-1.so.0()(64bit)
--> Running transaction check
---> Package apr.x86_64 0:1.4.8-7.el7 will be installed
---> Package apr-util.x86_64 0:1.5.2-6.el7 will be installed
---> Package httpd-tools.x86_64 0:2.4.6-97.el7.centos will be installed
---> Package mailcap.noarch 0:2.1.41-2.el7 will be installed
--> Finished Dependency Resolution

Install  1 Package (+4 Dependent packages)

Total download size: 3.0 M
Installed size: 10 M

Complete!
#yum list httpd
Loaded plugins: fastestmirror
Loading mirror speeds from cached hostfile
    @updates
#yum remove httpd
Loaded plugins: fastestmirror
Resolving Dependencies
--> Running transaction check
---> Package httpd.x86_64 0:2.4.6-97.el7.centos will be erased
--> Finished Dependency Resolution

Dependencies Resolved

Remove  1 Package

Installed size: 9.4 M
```

```
Is this ok [y/N]: y
Downloading packages:
Running transaction check
Running transaction test
Transaction test succeeded
Running transaction
  Erasing:httpd-2.4.6-97.el7.centos.x86_64        1/1
  Verifying:httpd-2.4.6-97.el7.centos.x86_64        1/1

Removed:
  httpd.x86_64 0:2.4.6-97.el7.centos

Complete!
```

在国内，因为某些原因，有的软件无法被流畅地访问或下载。很多云厂商或服务商提供了非常优秀的镜像 Yum 源。用户可以通过阿里云官网查找可用的镜像，其中有非常详细的操作内容。

11. 总结

上述这些命令会在之后的章节中反复使用，如果读者在操作过程中忘记了某条命令的用法，则可以使用 man--help 命令查看其帮助文档，如图 1-9 所示。

```
→ ~ man --help
man, version 1.6c

usage: man [-adfhktwW] [section] [-M path] [-P pager] [-S list]
           [-m system] [-p string] name ...

  a : find all matching entries
  c : do not use cat file
  d : print gobs of debugging information
  D : as for -d, but also display the pages
  f : same as whatis(1)
  h : print this help message
  k : same as apropos(1)
  K : search for a string in all pages
  t : use troff to format pages for printing
  w : print location of man page(s) that would be displayed
      (if no name given: print directories that would be searched)
  W : as for -w, but display filenames only

  C file   : use `file' as configuration file
  M path   : set search path for manual pages to `path'
  P pager  : use program `pager' to display pages
  S list   : colon separated section list
  m system : search for alternate system's man pages
  p string : string tells which preprocessors to run
```

图 1-9

1.3.2　Shell 基础命令

前面介绍了 Linux 的常用命令，但这些还不够。要掌握服务器端操作，必须学会使用 Shell。

Shell 是一个用 C 语言编写的程序，它是用户使用 Linux 的桥梁。Shell 既是一种命令语言，又是一种程序设计语言。Shell 使用起来非常简单，只要有一个能编写代码的文本编辑器和一个能解释执行的脚本解释器就可以。

下面通过一些简单的命令进行实践。

1.　创建 Shell 脚本

（1）通过 vim 命令创建 1st-shell.sh 脚本。

```
#vim 1st-shell.sh
```

（2）在 lst-shell.sh 脚本中写入如下内容。

```
#cat 1st-shell.sh
#!/bin/bash
whoami
pwd
mkdir shell-scripts
echo "Yeah, What a wonderful Day!"
```

（3）执行刚编写的 1st-shell.sh 脚本。

```
#bash 1st-shell.sh
userone
/home/userone
Yeah, What a wonderful Day!
```

这段 Shell 脚本很简单，用于输出当前有效用户、目录地址，并创建名为 shell-scripts 的文件夹，以及输出"Yeah, What a wonderful Day!"。

2.　关于执行器

细心的读者可能发现了，在执行 Shell 脚本时前面使用了"bash"关键字，这是为什么呢？这样做会告诉终端使用哪个执行器去执行当前的脚本。当然，除了 Bash，常见的执行器还有 UNIX 默认的 sh，以及 macOS 默认的 zsh 等。

例如，如果要查询虚拟机有哪些可用的执行器，则可以执行 cat　/etc/shells 命令，如图 1-10 所示。

22

```
→ code git:(master) ✗ cat /etc/shells
# List of acceptable shells for chpass(1).
# Ftpd will not allow users to connect who are not using
# one of these shells.

/bin/bash
/bin/csh
/bin/ksh
/bin/sh
/bin/tcsh
/bin/zsh
```

图 1-10

终端中输出的格式是当前机器所支持的类型。例如，ksh 是对 sh 的扩展且吸收了 csh 的一些有用的功能，但因为一开始 ksh 的 License（许可协议）是 AT&T，所以后来出现了很多 ksh 的开源版本，如 mksh、pdksh 等。

虽然有很多版本的执行器，但它们的基本用法是相似的，读者不必过于纠结。

3. 管道符 "|"

在 Bash 中，管道符使用 "|" 表示。管道符是用来连接多条命令的，如 "命令 1 | 命令 2"。

和多条命令顺序执行不同的是，用管道符连接的命令，命令 1 的正确输出将作为命令 2 的操作对象。

例如，先通过 printenv 命令打印当前系统的环境变量，再使用管道符 "|" 将前面命令的输出结果作为下一条命令的输入，如图 1-11 所示。

```
→ code git:(master) ✗ printenv | grep SHELL
SHELL=/bin/zsh
```

图 1-11

管道符后面使用了关键字 "grep"。这里可以将其理解为一条用于过滤的命令——筛选出系统中 SHELL 的环境变量。

4. Linux 中 GREP 命令的使用

Linux 中的 GREP（Globally search a Regular Expression and Print，全局搜索正则表达式并打印）命令用于查找文件中符合条件的字符串。

下面将通过示例进行讲解。

（1）新建文件 grep-demo.txt。

通过 vi 命令新建文件 grep-demo.txt。

```
vi grep-demo.txt
```

写入如下内容。

```
Hello World!
Hello Shell!
Hello Process!
Hello Docker!
Hello Kubernentes!
Hello OpenSource!
```

准备就绪，下面将演示利用 GREP 命令查找文件内容的过程。

（2）简单查找。

执行 grep Shell 命令，即可打印包含"Shell"关键字的这一行内容。

```
#cat grep-demo.txt | grep Shell
Hello Shell!
```

接下来尝试添加-A n 参数，这样除了显示"Shell"关键字这一行内容，还显示该行之后的 n 行内容。

```
#cat grep-demo.txt | grep -A 1 Shell
Hello Shell!
Hello Process!
```

可以看到，"Hello Shell!"之后的"Hello Process!"这一行内容也被显示出来。

> 执行文件必须要有 x 权限（可执行权限）！对应的内容在 1.3.1 节中有介绍，这里不再赘述。

5. Shell 程序设计的语法

既然 Shell 被称为程序设计语言，那么必然存在对应的语法。下面讲解一些常用的语法。

（1）声明环境变量。

在 Shell 中如何声明环境变量呢？答案是用 export 命令，具体用法可参考"export 变量名=变量值"。下面列举一个具体的例子。

设置变量"myname=jartto"。

```
export myname=jartto
```

通过 grep 命令查询"myname"变量是否被正常创建。

```
#env | grep myname
myname=jartto
```

如果终端中输出"myname=jartto"，则意味着变量已经被成功创建。

（2）如何查看上一条命令是否执行成功？

在通常情况下，可以通过 grep 命令的查询结果来获取命令是否执行成功，但是这样做过于麻烦，而且不一定准确。此时可以使用系统常量（$?）来进行判断。

先执行一条失败的命令。

```
#nginx -t
nginx: command not found
```

因为该服务器未安装 Nginx，所以执行 nginx -t 命令时会返回异常。

接下来通过"$?"来验证实际的执行结果。

```
#echo $?
127
```

终端输出了 127，这是什么意思呢？如果命令执行成功，则返回 0；如果命令执行失败，则返回非 0。

不妨再来执行一条成功的命令。下面通过 date 命令打印系统时间。

```
#date
2021 年 6 月 20 日 星期日 21 时 25 分 42 秒 CST
```

结果如下。如果返回 0，则说明上一条打印系统时间的命令执行成功。

```
#echo $?
0
```

（3）引用自定义变量。

引用自定义变量非常简单，只需在变量名前加一个"$"就可以。

下面演示如何引用自定义变量"myname"。

```
#echo $myname
jartto
```

终端输出"jartto"，说明变量已经被成功引用。

（4）变量类型。

在 Shell 中，变量是无类型的，声明的变量可以存放任意类型的数值，如整型、字符型等。

比较特殊的是数组，定义一个数组"array=(d o c k e r)"，可以使用下标取值，如"${array[1]}"的结果是"o"。如果取所有值，则语法是"${array[*]}"；如果要截取，则语法是"${数组名[@或*]:起始位置:长度}"，如"${array[*]:3:2}"表示截取的是数组 array，并且从第 3 个位置截取 2 项，因此输出"k e"。

（5）if else 语法。

典型的条件判断使用 if else 语法。

```
if condition; then
  …
elif condition; then
  …
else
  …
fi
```

> 在 condition 中，方括号或逻辑运算符两侧必须有空格，同时不要忘记分号。

例如，判断数组中的第 1 项是否为"o"，如果是，则输出"yes, I am o, U are Right"，否则输出"Sorry, U are Wrong"。

```
if [ ${array[1]} == "o" ] ; then
echo "yes, I am o, U are Right"
else
echo "Sorry, U are Wrong"
fi
```

执行上述代码后，终端输出"yes, I am o, U are Right"。

（6）对数组/对象进行遍历。

数组或对象最常用的方法就是遍历，在 Shell 中又是如何进行遍历的呢？在通常情况下使用 for in 语法进行遍历。

```
for a in ${array[*]}
do
echo "I am "$a
done
```

执行上述代码后，终端会输出如下信息。

```
I am d
I am o
I am c
I am k
I am e
I am r
```

当然，Shell 命令远不止这些，感兴趣的读者可以在 Shell 官网中进行系统的学习。

1.3.3　网络调试基础

一般来说，Web 应用属于"所见即所得"类型，即开发人员的开发过程和调试过程都是白盒化的，可以直观地看到。

而 Docker 通常会启动一个后台服务，所以开发人员并不能直观地看到服务运行情况，只能通过终端命令进行开发和调试，难度较大。如果开发人员不了解网络和具体的调试方案，这将是一场灾难。开发人员会举步维艰，无法快速定位问题。

本节将介绍一些与网络相关的命令，以便读者在后面可以更好地理解并掌握容器的相关内容。

1. 确认 IP 地址或域名是否可用

在通常情况下，如果服务器异常，则 IP 地址和域名有很大的概率是无法访问的。这时就需要掌握一些与网络相关的命令，如 curl 命令、ping 命令和 tcping 命令等。

（1）使用 curl 命令。

curl 是常用的命令行工具，用来请求 Web 服务器。它是客户端的 URL 工具，因此缩写为 curl。

> curl 工具的功能非常强大，命令行参数多达几十种。如果熟练掌握了 curl 工具，则完全可以不使用 Postman 这一类的图形界面工具。

例如，通过 curl 命令可以查看域名（或端口）是否可用。

```
$curl http://***.com
```

终端打印出了站点信息，说明"http://***.com"网站可以正常访问。需要注意的是，不带任何参数时，curl 会发出一个 Get 请求。

接下来，通过添加-I 参数只打印 document 的相关信息。

```
$curl -I http://***.com
```

从如下所示的终端输出内容中可以看出，站点返回的 HTTP 状态码是"200"，服务器是"GitHub.com"，文档类型是"text/html"，信息非常全面。

```
HTTP/1.1 200 OK
Server: GitHub.com
Date: Sun, 20 Jun 2021 14:47:00 GMT
Content-Type: text/html; charset=utf-8
Content-Length: 27990
Vary: Accept-Encoding
Last-Modified: Sun, 09 Aug 2020 10:32:10 GMT
Vary: Accept-Encoding
Access-Control-Allow-Origin: *
ETag: "5f2fd0aa-6d56"
expires: Sun, 20 Jun 2021 14:57:00 GMT
Cache-Control: max-age=600
Accept-Ranges: bytes
x-proxy-cache: MISS
X-GitHub-Request-Id: 10E2:6222:10B559B:187398B:60CF54E4
```

此外，也可以通过添加-b 参数向服务器发送 Cookie 内容。

```
$curl -b 'name=jartto' http://***.com
```

上面的命令会生成一个请求头"Cookie: name=jartto"，向服务器发送一个名为 name、值为 jartto 的 Cookie。这在调试一些有用户鉴权信息的站点时尤为关键。

> curl 工具的命令非常多，这里就不再一一列举。读者只需记住 curl --help 命令就可以，利用它可以通过终端快速了解命令细节，如下方代码所示。

```
#curl --help
Usage: curl [options...] <url>
Options: (H) means HTTP/HTTPS only, (F) means FTP only
     --anyauth       Pick "any" authentication method (H)
 -a, --append        Append to target file when uploading (F/SFTP)
     --basic         Use HTTP Basic Authentication (H)
     --cacert FILE   CA certificate to verify peer against (SSL)
     --capath DIR    CA directory to verify peer against (SSL)
 -E, --cert CERT[:PASSWD] Client certificate file and password (SSL)
     --cert-status   Verify the status of the server certificate (SSL)
     --cert-type TYPE  Certificate file type (DER/PEM/ENG) (SSL)
     --ciphers LIST  SSL ciphers to use (SSL)
     --compressed    Request compressed response (using deflate or gzip)
 -K, --config FILE   Read config from FILE
     --connect-timeout SECONDS  Maximum time allowed for connection
     --connect-to HOST1:PORT1:HOST2:PORT2 Connect to host (network level)
 -C, --continue-at OFFSET  Resumed transfer OFFSET
 -b, --cookie STRING/FILE  Read cookies from STRING/FILE (H)
 -c, --cookie-jar FILE  Write cookies to FILE after operation (H)
     --create-dirs   Create necessary local directory hierarchy
     --crlf          Convert LF to CRLF in upload
     --crlfile FILE  Get a CRL list in PEM format from the given file
 -d, --data DATA     HTTP POST data (H)
     --data-raw DATA  HTTP POST data, '@' allowed (H)
…
```

（2）使用 ping 命令。

ping（packet internet groper，互联网分组探测器）是用来检查网络是否通畅或网络连接速度的命令。使用 ping 命令可以对一个网络地址发送测试数据包，核实该网络地址是否有响应并统计响应时间，以此测试网络。其缺点是不能指定端口号。

下面 ping 一下"jartto.wang"这个站点，并查看数据返回情况。

```
ping jartto.wang
```

终端会不断输出响应数据结果。

```
PING jartto.wang (192.30.252.153): 56 data bytes
64 bytes from 192.30.252.153: icmp_seq=0 ttl=46 time=287.305 ms
64 bytes from 192.30.252.153: icmp_seq=1 ttl=46 time=278.146 ms
64 bytes from 192.30.252.153: icmp_seq=2 ttl=46 time=279.915 ms
64 bytes from 192.30.252.153: icmp_seq=3 ttl=46 time=295.150 ms
64 bytes from 192.30.252.153: icmp_seq=4 ttl=46 time=298.953 ms
64 bytes from 192.30.252.153: icmp_seq=5 ttl=46 time=299.617 ms
64 bytes from 192.30.252.153: icmp_seq=6 ttl=46 time=295.119 ms
64 bytes from 192.30.252.153: icmp_seq=7 ttl=46 time=288.187 ms
64 bytes from 192.30.252.153: icmp_seq=8 ttl=46 time=287.653 ms
64 bytes from 192.30.252.153: icmp_seq=9 ttl=46 time=284.612 ms
64 bytes from 192.30.252.153: icmp_seq=10 ttl=46 time=294.297 ms
64 bytes from 192.30.252.153: icmp_seq=11 ttl=46 time=300.339 ms
64 bytes from 192.30.252.153: icmp_seq=12 ttl=46 time=456.820 ms
…
--- jartto.wang ping statistics ---
42 packets transmitted, 40 packets received, 4.8% packet loss
round-trip min/avg/max/stddev = 278.146/295.789/456.820/26.603 ms
```

从上述内容中可以看出，每条数据的响应时间大概为 280ms，说明站点响应速度比较慢（该站点托管在 GitHub 服务器上，利用的是国外代理，访问确实比较慢）。

与 curl 命令相比，ping 命令就简单多了，通过 ping --help 命令可以打印出该命令的相关用法。

```
ping: unrecognized option `--help'
usage: ping [-AaDdfnoQqRrv] [-c count] [-G sweepmaxsize]
            [-g sweepminsize] [-h sweepincrsize] [-i wait]
            [-l preload] [-M mask | time] [-m ttl] [-p pattern]
            [-S src_addr] [-s packetsize] [-t timeout][-W waittime]
            [-z tos] host
       ping [-AaDdfLnoQqRrv] [-c count] [-I iface] [-i wait]
            [-l preload] [-M mask | time] [-m ttl] [-p pattern] [-S src_addr]
            [-s packetsize] [-T ttl] [-t timeout] [-W waittime]
            [-z tos] mcast-group
            -b boundif          #bind the socket to the interface
            -k traffic_class    #set traffic class socket option
```

```
-K net_service_type   #set traffic class socket options
-apple-connect        #call connect(2) in the socket
-apple-time           #display current time
```

因此，在确认"网络是否畅通"和"网络连接速度"时可以首选使用 ping 命令。

（3）使用 tcping 命令。

ping 命令有一个缺点——不能指定端口号。如果想知道目的地址的某端口是否开放，就需要使用 tcping 命令。macOS 默认没有安装该命令，因此需要通过 Homebrew 工具进行安装。

```
$brew install tcping
```

安装成功后，可以通过 which tcping 命令查看安装目录。

```
$which tcping
```

接下来验证 IP 地址"192.168.1.53"的 80 端口是否开放。

```
$tcping 192.168.1.53 80
192.168.1.53 port 80 open.
```

从终端打印出来的信息可以看出，该 IP 地址的 80 端口是可以正常访问的。

> 一旦涉及多台服务器间的相互访问，如果端口未开放，则站点或服务一定会出现调用异常。

需要注意的是，Windows 默认没有安装 tcping 命令，需要开发人员自行下载其插件，并放到指定目录下。

2. 查看系统端口的占用情况

Netstat 是在内核中访问网络连接状态及其相关信息的程序，它能提供 TCP 连接、TCP 和 UDP 监听、进程内存管理等功能。强大的网络、连接、端口等能力，使 Netstat 成为网络管理员和系统管理员的必备利器。

Netstat 的使用非常简单，可以通过 netstat --help 命令来打印帮助文档。

```
$netstat --help
netstat: option requires an argument -- p
Usage:    netstat [-AaLlnW] [-f address_family | -p protocol]
          netstat [-gilns] [-f address_family]
          netstat -i | -I interface [-w wait] [-abdgRtS]
```

```
netstat -s [-s] [-f address_family | -p protocol] [-w wait]
netstat -i | -I interface -s [-f address_family | -p protocol]
netstat -m [-m]
netstat -r [-Aaln] [-f address_family]
netstat -rs [-s]
```

例如，通过-a 参数可以列出当前所有的连接信息。

```
netstat -a
```

终端会输出如下信息。

```
Active Internet connections (servers and established)
kctl      0     0    47    8 com.apple.netsrc
kctl      0     0    48    8 com.apple.netsrc
kctl      0     0    49    8 com.apple.netsrc
kctl      0     0    50    8 com.apple.netsrc
kctl      0     0    51    8 com.apple.netsrc
kctl      0     0    52    8 com.apple.netsrc
kctl      0     0    53    8 com.apple.netsrc
kctl      0     0    54    8 com.apple.netsrc
kctl      0     0    55    8 com.apple.netsrc
kctl      0     0    56    8 com.apple.netsrc
kctl      0     0    57    8 com.apple.netsrc
kctl      0     0     1    9 com.apple.network.statistics
kctl      0     0     2    9 com.apple.network.statistics
kctl      0     0     3    9 com.apple.network.statistics
kctl      0     0     4    9 com.apple.network.statistics
```

如果使用-at 参数，则可以列出 TCP 协议的连接信息。

```
$netstat -at
```

此外，还可以使用以下参数。

- -u：显示 UDP 协议的连线状况。
- -n：直接使用 IP 地址，而不通过域名服务器。
- -l：显示监控中的服务器的 Socket。
- -p：显示正在使用 Socket 的程序的识别码和名称。

在通常情况下会将参数组合起来使用。

```
$netstat -atunlp
```

终端输出的信息如下所示。

```
Active Internet connections (only servers)
tcp 0 0 127.0.1.1:53   0.0.0.0:*     LISTEN    1144/dnsmasq
tcp 0 0 127.0.0.1:631  0.0.0.0:*     LISTEN    661/cupsd
tcp6 0 0 ::1:631       :::*          LISTEN    661/cupsd
```

> 使用-p 参数时，netstat 命令必须运行在 root 权限之下，否则不能得到运行在 root 权限下的进程名。

> 通过查看端口和连接的信息，能查看到它们对应的进程名和进程号，这对系统管理员来说是非常有帮助的。例如，Apache 的 httpd 服务开启了 80 端口，如果要查看 HTTP 服务是否已经启动，或者 HTTP 服务是由 Apache 还是 Nginx 启动的，则可以通过查看进程名来得知。

3. 查看程序是否已启动

Linux 的 ps（process status，进程状态）命令用于显示当前进程的状态，类似于 Windows 的任务管理器。

ps 命令十分简单，通过 ps --help 命令可以打印出帮助文档。

```
$ps --help
ps: illegal option -- -
usage: ps [-AaCcEefhjlMmrSTvwXx] [-O fmt | -o fmt] [-G gid[,gid...]]
           [-g grp[,grp...]] [-u [uid,uid...]]
           [-p pid[,pid...]] [-t tty[,tty...]] [-U user[,user...]]
        ps [-L]
```

那么如何查看进程呢？可以通过 ps -ef 命令显示所有进程信息及命令行信息。

```
ps -ef | grep docker
```

终端会输出与 Docker 相关的进程信息，如图 1-12 所示。

```
→ code git:(master) ✗ ps -ef | grep docker
    0    80     1   0 六10上午 ??     0:00.14 /Library/PrivilegedHelperTools/com.docker.vmnetd
  501   532   526   0 六10上午 ??     1:07.91 /Applications/Docker.app/Contents/MacOS/com.docker.backend -watchdog
  501   559   532   0 六10上午 ??     0:04.72 /Applications/Docker.app/Contents/MacOS/com.docker.supervisor -watchdog
  501   602   559   0 六10上午 ??     0:00.13 com.docker.osxfs serve --address fd:3 --connect vms/0/connect --control fd:4
  501   605   559   0 六10上午 ??     0:05.92 com.docker.vpnkit --ethernet fd:3 --diagnostics fd:4 --pcap fd:5 --vsock-path
```

图 1-12

33

通过 ps 命令可以确定哪些进程正在运行和运行的状态、进程是否结束、进程有没有僵死、哪些进程占用了过多的资源等，这为开发人员定位、分析问题提供了必要的指引。

1.3.4 Nginx 配置

在部署 Web 应用时，Nginx 是必不可少的。本节将介绍一些 Nginx 的基础知识，以及常用配置，这对后续的实践非常重要。

1. Nginx 简介

Nginx 是一款轻量级的 Web 服务器、反向代理服务器，以及电子邮件（IMAP/POP3 协议）代理服务器，在 BSD-like 协议下发行。

Nginx 是专门为优化性能开发的，因此其非常注重效率。它支持内核 Poll 模型，能经受高负载的考验。有报告表明，它能支持高达 50 000 个并发连接数。

Nginx 具有很高的稳定性。其他的 HTTP 服务器，在遇到访问的峰值，或者有人恶意发起慢速连接时，很可能会耗尽物理内存，失去响应，只能通过重启恢复正常。而 Nginx 采取了分阶段资源分配技术，所以它的 CPU 与内存占用率非常低，从而具有超高稳定性。

正是基于上述这些特点，各大互联网公司均将其作为标准服务器。

2. Nginx 功能介绍

使用前需要先安装 Nginx 版本，在 macOS 系统中可以借助 Homebrew 进行安装，在 Window 系统中直接访问官网下载对应的 Zip 安装包即可。

通常来说 Nginx 可以提供如下功能。

（1）作为 HTTP 服务器。

Nginx 本身可以作为静态资源服务器，通过简单的几行配置，便可托管 Web 站点。

```
server {
listen       80;
  server_name  localhost;
  client_max_body_size 1024M;
```

```
location / {
    root    /website/static/demo;
    index   index.html;
}
}
```

此时通过浏览器打开"http://localhost:80"链接，会默认访问"/website/static/demo"目录下的 index.html 文件，从而实现静态 Web 站点的部署。

（2）作为负载均衡服务器。

负载均衡是 Nginx 常用的一个功能。负载均衡的含义就是将工作任务分摊到多个操作单元（如 Web 服务器、FTP 服务器、企业关键应用服务器和其他关键任务服务器等）上执行，由这些操作单元共同完成工作任务。

> 在有两台或两台以上的服务器时，可以利用负载均衡功能，根据规则随机地将请求分发到指定的服务器上处理。负载均衡配置一般需要同时配置反向代理，通过反向代理跳转到负载均衡。

Nginx 目前默认支持以下 3 种负载均衡策略。

* RR（Round-Robin，简单轮询）：是 Nginx 默认采用的负载均衡策略。每个请求按时间顺序逐一被分配到不同的后端服务器上，如果后端服务器宕机，则将其自动剔除。该策略的核心是依赖 upstream 来实现的。

```
upstream AAA {
    server localhost:8080;
    server localhost:8081;
}
server {
    listen        81;
    server_name   localhost;
    client_max_body_size 1024M;

    location / {
        proxy_pass http://AAA;
        proxy_set_header Host $host:$server_port;
    }
}
```

- Balance 权重（加权轮询）：该策略会指定轮询概率，weight 和访问次数成正比，用于后端服务器性能不均的情况。例如，下面通过 weight 配置的 8080 端口和 8081 端口的访问比例为 9 : 1。

```
upstream test {
    server localhost:8080 weight=9;
    server localhost:8081 weight=1;
}
```

- IP Hash：该策略基于 IP 地址进行哈希分配，可以解决有状态服务间的重复鉴权问题。ip_hash 的每个请求按照访问 IP 地址的哈希运算结果进行分配，这样每个访客固定访问一个后端服务器，可以解决有状态服务（如使用 Session 保存数据）数据共享的问题。

```
upstream test {
    ip_hash;
    server localhost:8080;
    server localhost:8081;
}
```

（3）作为可扩展的模块化组件。

Nginx 的内部是由核心部分和一系列的功能模块组成的，这样是为了使每个模块的功能相对简单，便于开发，同时便于对系统进行功能扩展。

Nginx 将各功能模块组织成一条链，当有请求到达时，请求会依次经过这条链上的部分模块（或全部模块）进行处理，如对请求进行解压缩的模块、SSI 的模块、与上游服务器进行通信的模块，以及实现与 FastCGI 服务进行通信的模块。

（4）作为邮件代理服务器。

Nginx 可以将 IMAP、POP3 和 SMTP 协议代理到上游邮件服务器（承载邮件账户的邮件服务器）。也正是这个原因，Nginx 可以用作电子邮件客户端的单个端点。它能够轻松扩展邮件服务器的数量，根据不同的规则选择邮件服务器，以及处理邮件服务器间的负载均衡。最早开发这个产品的目的之一也是作为邮件代理服务器。

当然，Nginx 的功能远不止这些，感兴趣的读者可以到 Nginx 官网进行系统的学习。

3. Nginx 常用配置

Nginx 是基于配置文件的，因此掌握其常用配置至关重要。下面从 6 个方面进行讲解。

（1）启动、关闭与重启命令。

通过 nginx 命令可以直接启动 Nginx 服务器。

```
$ nginx
```

如果有修改 nginx.conf 文件的操作，则可以使用 nginx –s reload 命令进行重启，从而确保改动的配置即时生效。

```
$ nginx -s reload
```

如果要关闭 Nginx 服务器，则需要使用 nginx –s stop 命令。

```
$ nginx -s stop
```

> Nginx 的 stop 命令和 quit 命令都可以用于关闭服务器。二者的区别如下：quit 命令会在关闭服务器之前完成已经接收的连接请求；stop 命令会快速关闭服务器，不管有没有正在处理的请求。

（2）掌握 Location 指令配置的规则。

Location 指令是 Nginx 中关键的指令之一。Location 指令的功能是匹配不同的 URI 请求，从而对请求进行不同的处理和响应。

① Nginx 配置文件的结构。

```
Global: 与 Nginx 运行相关
Events: 与用户的网络连接相关
http
    http Global: 代理、缓存、日志及第三方模块的配置
    server
        server Global: 与虚拟主机相关
        location: 地址定向、数据缓存、应答控制，以及第三方模块的配置
```

可以看到，Location 属于请求级别的配置，这也是实际开发过程中常用的配置。

② Location 通过以下两种模式与客户端的 URI 请求进行匹配。

- location [= | ~ | ~* | ^~] /URI { ··· }。
- location @/name/ { ··· }。

在匹配 URI 请求时，有 5 种参数可选，如表 1-1 所示。

表 1-1

参数	描述
空	location 后没有参数直接跟着标准 URI，表示前缀匹配，代表从头开始匹配请求中的 URI
=	用于标准 URI 前，要求请求字符串与其精准匹配，若成功则立即处理，Nginx 停止搜索其他匹配
~	用于正则 URI 前，表示 URI 包含正则表达式，区分字母大小写
~*	用于正则 URI 前，表示 URI 包含正则表达式，不区分字母大小写
^~	用于标准 URI 前，并要求一旦匹配成功就立即处理，不再匹配其他正则 URI，一般用来匹配目录

> @用于定义 Location 名称。用@定义的 Locaiton 名称一般用在内部定向，如 error_page 命令和 try_files 命令中。它的功能类似于编程语言中的 goto 关键字。

（3）为 Nginx 配置 HTTPS 协议支持。

HTTPS 是由 HTTP 加上 TLS/SSL 协议而构建的可进行加密传输、身份认证的网络协议，主要通过数字证书、加密算法、非对称密钥等技术完成互联网数据的传输加密，实现互联网传输安全保护。

第一步，检查 Nginx 是否安装了 http_ssl_module 模块。

```
$/usr/local/nginx/sbin/nginx -V
```

如果出现控制台输出信息中包含"configure arguments: - with-http_ssl_module"，则表示已经安装了该模块。如果没有安装该模块，则需要到 Nginx 官网下载对应模块安装包进行安装。

第二步，准备 SSL 证书（一般可以申请第三方服务，如阿里云），并将证书文件部署到一台可访问的机器目录下。

第三步，配置"HTTPS Server"，需要注释掉之前的"HTTP Server"，并新增"HTTPS Server"。

```
server {
listen    80;
  listen    443 ssl;
  server_name xxx.com;
  ssl_certificate /data/data/cert/_.xxx.com.cer;
  ssl_certificate_key /data/data/cert/_.xxx.com.key;

  ssl_dhparam    /data/data/cert/xxx.pem;
  ssl_protocols TLSv1 TLSv1.1 TLSv1.2;
```

```
  ssl_ciphers 'xxx';
  ssl_prefer_server_ciphers on;

  ssl_stapling on;

  ssl_stapling_verify on;
  ssl_trusted_certificate /data/data/cert/_.xxx.com.cer;

  rewrite ^(.*) https://www.xxx.com$1 permanent;
}
```

第四步，检查配置证书的.crt 文件和.key 文件的目录。

```
ssl_certificate /data/data/cert/_.xxx.com.cer;
ssl_certificate_key /data/data/cert/_.xxx.com.key;
```

第五步，将 HTTP 重定向到 HTTPS，通过执行 nginx −s reload 命令重启服务器。

```
nginx −s reload
```

此时，配置文件的内容如下。

```
server {
    listen       80;
    server_name  ***.com www.***.com;
    return 301 https://$server_name$request_uri;
}
```

（4）配置 Nginx 健康检查。

在实际开发过程中，不可避免地会遇到服务重启或故障的情况。

> 　　如果是很重要的线上业务，则服务重启或故障情况一定会影响用户的访问，造成巨大损失。因此，必要的健康检查是保障服务稳定性的屏障。

Nginx 默认支持主动健康检查模式。Nginx 服务器端会按照设定的间隔时间主动向后端的 "upstream_server" 发出检查请求，以验证后端的各个 "upstream_server" 的状态。如果得到某台服务器的失败次数超过一定数量（到达 3 次就会标记该服务器为异常），则不会将请求转发至该服务器。

例如，通过配置 "check interval" 来实现健康检查的规则。

```
upstream api_server {
    server 127.0.0.1:3001;
    check interval=9000 rise=2 fall=2 timeout=10000 type=http;
    check_http_send "HEAD / HTTP/1.0\r\n\r\n";
    check_http_expect_alive http_2xx http_3xx;
}
```

从上述配置中可以得到如下信息。

- "interval=9000"表示检查间隔为 9s，"rise=2"表示如果连续成功 2 次则认为服务健康，"fall=2"表示如果连续失败 2 次则认为服务不健康，"timeout=10000"表示健康检查的超时时间为 10s，"type=http"表示检查类型为 HTTP。

- "check_http_send"用于设定检查的行为，请求类型为 URL，协议为"HEAD/HTTP/1.0\r\n\r\n"。

- "check_http_expect_alive"用于返回正常的响应状态。

上述代码片段用到了 ngx_http_upstream_check_module 模块。

（5）开启 Nginx Gzip 压缩功能。

为 Nginx 开启 Gzip 压缩功能，可以使 Web 应用的静态资源（如 CSS 文件、JavaScript 文件、XML 文件、HTML 文件）在传输时进行压缩，提高站点访问速度，进而优化 Nginx 性能。

在通常情况下，Gzip 压缩可以配置在 HTTP 模块、Server 模块和 Location 模块下。

```
gzip on;
gzip_min_length  1k;
gzip_buffers     4 16k;
gzip_http_version 1.1;
gzip_comp_level 2;
gzip_types text/plain application/x-javascript text/css text/javascript application/javascript
application/xml;
gzip_vary on;
```

具体的参数说明如下。

- gzip on：是否开启 Gzip 压缩功能，on 表示开启，off 表示关闭。

- gzip_min_length：设置允许压缩页面的最小字节数(一般从 Header 头的"Content-

Length"中获取)。当返回值大于此值时，才会使用 Gzip 进行压缩。

- gzip_buffers：设置 Gzip 申请内存空间的大小，其作用是按块大小的倍数申请内存空间。上方代码中的"gzip_buffers　4 16k;"表示按照原始数据大小 16KB 的 4 倍申请内存空间。

- gzip_http_version：识别 HTTP 协议的版本。

- gzip_comp_level：设置 Gzip 的压缩等级（1～9）。等级越低，压缩速度越快，文件压缩比越小。

- gzip_types：设置需要压缩的 MIME 类型。

（6）配置 Nginx 跨域请求。

服务器默认是不允许跨域的。为 Nginx 服务器配置"Access-Control-Allow-Origin "*"，可以让服务器接受所有的请求源（Origin），即接受所有跨域请求。

```
location / {
add_header Access-Control-Allow-Origin "*";
add_header Access-Control-Allow-Credentials  true;
add_header Access-Control-Allow-Methods  "POST, GET";
proxy_pass http://[page_server 变量];
}
```

> 为了安全起见，一般不会配置"*"接受所有的跨域请求，而是指定某个资源的域名，如下方代码所示。这样具有缩小范围的作用，只有与资源所在的一级域名相同才允许访问。

```
location / {
if ($http_origin ~* "^https?:\/\/.*\.xxx\.com($|\/)"){
add_header Access-Control-Allow-Origin "$http_origin";
    add_header Access-Control-Allow-Credentials  true;
    add_header Access-Control-Allow-Methods  "POST, GET";
  }
proxy_pass http://[page_server 变量];
}
```

至此，Nginx 基础知识部分就介绍完了。对 Nginx 感兴趣的读者可以到其官网进行深入的学习。

1.3.5　区分物理机、虚拟机与容器

提起物理机、虚拟机与容器，很多读者都会一头雾水。下面介绍物理机、虚拟机与容器的区别。

1．物理机：独栋的别墅

物理机一般是指实体计算机。

用房子来比喻，物理机就是独栋的别墅：住一户人家，拥有独立卫生间和私人花园，如图 1-13 所示。

2．虚拟机：城市的大楼

虚拟机是通过软件模拟的、具有完整硬件系统功能的、运行在一个完全隔离环境中的完整的计算机系统。

用房子来比喻，虚拟机就是一栋大楼中的多个单元楼：住多户人家，每户有独立的卫生间，但花园是大家共享的，如图 1-14 所示。

图 1-13   图 1-14

> 在实体计算机中能够完成的工作，在虚拟机中都能够实现。

在计算机中创建虚拟机时，需要将实体计算机的部分硬盘和内存容量用作虚拟机的硬盘和内存容量。

虚拟机包含若干文件。这些文件存储在存储设备上，并由主机的物理资源提供支持。关键文件包括配置文件、虚拟磁盘文件、NVRAM 设置文件和日志文件等。

每台虚拟机都有独立的 CMOS、硬盘和操作系统。

用户可以像使用实体计算机一样对虚拟机进行操作，并且虚拟机的可移植性更强，更安全，也更易于管理。

在容器技术出现之前，业界的代表是虚拟机，技术代表是 VMWare 和 OpenStack。

3. 容器：胶囊旅馆

容器则是将操作系统虚拟化，分隔成独立的软件单元的一种技术。这与虚拟机虚拟化一个完整的计算机有所不同。

用房子来比喻，容器就是胶囊旅馆：将一套房子隔出多个独立的胶囊空间，每个胶囊住一户人家，所有住户共享卫生间和花园，如图 1-15 所示。

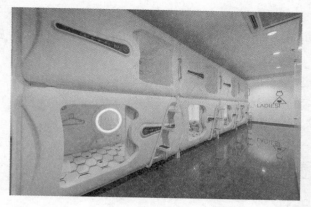

图 1-15

容器位于操作系统之上，每台容器共享 OS 资源、执行文件和库等。共享的组件是只读的。

通过共享 OS 资源，能够减少复现 OS 的代码。这意味着，一台服务器仅安装一个操作系统，就可以运行多个任务。

4. 虚拟机与容器

至此，终于可以通过底层技术原理来解释虚拟机与容器的区别。虚拟机与容器的差异如表 1-2 所示。

表 1-2

特性	虚拟机	容器
隔离级别	操作系统级别	进程
隔离策略	Hypervisor（虚拟机监控器）	Cgroup（控制组群）
系统资源	5%～15%	0～5%
启动时间	分钟级	秒级
镜像存储	GB～TB	KB～MB
集群规模	上百台	上万台
高可用策略	备份、容灾、迁移	弹性、负载、动态

从表 1-2 中可以看出，虚拟机使用了 Hypervisor 隔离策略，而容器则使用了 Cgroup 隔离策略。

Hypervisor 隔离策略会对硬件资源进行虚拟化，而容器则直接使用硬件资源。这也就决定了，容器底层比虚拟机更节省系统资源。

容器利用的是宿主机的系统内核，非常轻量（大小仅仅在 KB～MB 范围内），并且只需几秒就可以启动；而虚拟机则需要几分钟才能启动，且大小在 GB～TB 范围内。这也就造成了它们在启动速度上的差距。

> 在实际应用中，其实并不需要纠结选虚拟机还是容器，因为二者存在本质的差异。
> - 虚拟机解决的核心问题是资源调配。
> - 容器解决的核心问题是应用开发、测试和部署。
> 依据实际情况选择合理的技术才是明智之举。

1.4 安装 Docker

本节将介绍在 Windows、macOS 及 Linux 中安装 Docker 的方法，读者选择适合自己计算机系统的版本并按照说明安装即可。

Linux 有很多种不同的版本，这里选择具有代表性的 CentOS 和 Ubuntu 来介绍。

1.4.1 在 Windows 中安装

Windows 版的 Docker 需要运行在一台安装了 64 位 Windows 10 的计算机上，通过启动一个独立的引擎来提供 Docker 环境。

因为 Windows 的各个版本之间的差异较大,所以在安装 Docker 时需要注意以下两点。

· Windows 必须是 64 位的版本。

· 需要启用 Windows 中的 Hyper-V 和容器特性。

安装 Docker 并启用 Hyper-V 和容器特性的步骤如下。

(1)右击 Windows 桌面的"开始"按钮,在弹出的快捷菜单中选择"应用和功能"命令,在打开的窗口中单击"程序和功能"链接。

(2)单击"启用或关闭 Windows 功能"链接,勾选"Hyper-V"复选框,如图 1-16 所示。

(3)勾选"容器"复选框,如图 1-17 所示。

图 1-16

图 1-17

(4)重启计算机。至此完成了前期的准备工作,接下来开始安装 Docker。

(5)打开浏览器,访问 Docker 官网,单击"Download for Windows"按钮,如图 1-18 所示。

(6)选择下载的"Docker Desktop Installer.exe"文件,双击安装,直到出现如图 1-19 所示的界面,单击"Close and log out"按钮。

(7)安装完成后会自动启动 Docker,并出现在通知栏中。如果未启动 Docker,则可在 Windows 通知栏左下角的搜索框中搜索关键字"docker",手动启动,如图 1-20 所示。

图 1-18

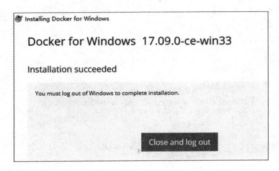

图 1-19

图 1-20

（8）验证是否安装成功。在命令行中输入"docker version"，按 Enter 键后，如果出现如图 1-21 所示的信息，则表明已经安装成功。

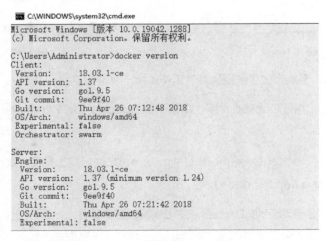

图 1-21

Windows 7、Windows 8 等需要利用 Docker Toolbox 来安装。可以使用阿里云的镜像来下载 Docker Toolbox。

1.4.2　在 macOS 中安装

在 macOS 中安装 Docker，需要选择 Docker for Mac 版本，它是由 Docker 公司基于社区版的 Docker 提供的。在 macOS 中安装单引擎版本的 Docker 是非常简单的。

Mac 版本的 Docker 通过对外提供 Daemon 和 API 的方式与 macOS 环境实现无缝集成。这样，读者可以在 macOS 中打开终端并直接使用 Docker 中的命令。

（1）打开浏览器，访问 Docker 官网，单击"Download for Mac"按钮，如图 1-22 所示。

图 1-22

（2）双击打开下载的"Docker.dmg"，将"Docker.app"拖曳到"Applications"文件夹中，等待安装完成，如图 1-23 所示。

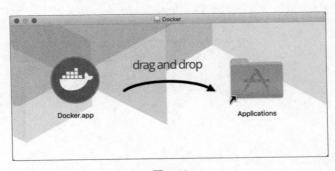

图 1-23

（3）安装完成后，在应用中心中单击 Docker 图标即可启动 Docker，如图 1-24 所示。

> 单击 Docker 图标后系统会弹出"Docker.app 是从互联网下载的应用。您确定要打开它吗？"提示，单击"打开"按钮即可。

（4）启动后，屏幕上方状态栏会出现一个小鲸鱼图标，单击后选择"Dashboard"选项，即可通过它打开桌面端，如图 1-25 所示。

图 1-24

图 1-25

桌面端打开后，会看到如图 1-26 所示的界面。

图 1-26

（5）验证是否安装成功。打开终端，输入"docker version"，按 Enter 键后如果出现如图 1-27 所示的信息，则表明已经全部安装成功。

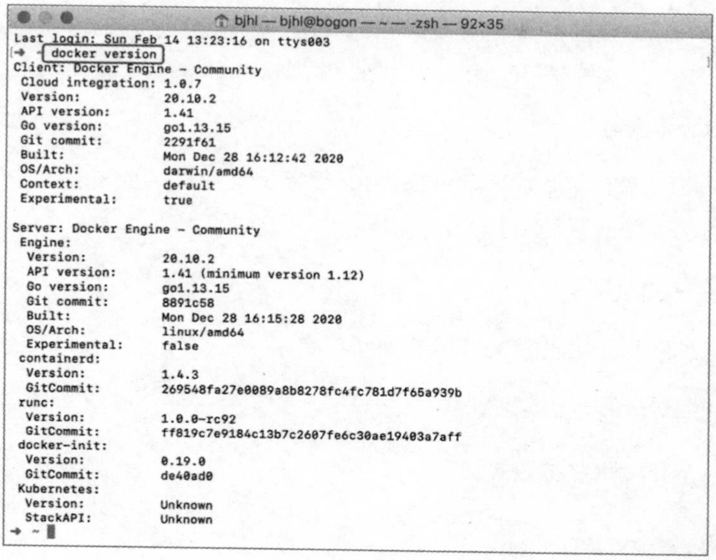

```
Last login: Sun Feb 14 13:23:16 on ttys003
→ docker version
Client: Docker Engine - Community
 Cloud integration: 1.0.7
 Version:           20.10.2
 API version:       1.41
 Go version:        go1.13.15
 Git commit:        2291f61
 Built:             Mon Dec 28 16:12:42 2020
 OS/Arch:           darwin/amd64
 Context:           default
 Experimental:      true

Server: Docker Engine - Community
 Engine:
  Version:          20.10.2
  API version:      1.41 (minimum version 1.12)
  Go version:       go1.13.15
  Git commit:       8891c58
  Built:            Mon Dec 28 16:15:28 2020
  OS/Arch:          linux/amd64
  Experimental:     false
 containerd:
  Version:          1.4.3
  GitCommit:        269548fa27e0089a8b8278fc4fc781d7f65a939b
 runc:
  Version:          1.0.0-rc92
  GitCommit:        ff819c7e9184c13b7c2607fe6c30ae19403a7aff
 docker-init:
  Version:          0.19.0
  GitCommit:        de40ad0
 Kubernetes:
  Version:          Unknown
  StackAPI:         Unknown
→ ▊
```

图 1-27

1.4.3　在 CentOS 中安装

CentOS（Community Enterprise Operating System，社区企业操作系统）是 Linux 发行版本之一。CentOS 可以使用 Yum（Yellow dog Updater Modified）安装 Docker。Yum 是一个用在 Fedora、RedHat 和 CentOS 中的 Shell 前端软件包管理器。

Yum 基于 RPM（RedHat Package Manager，红帽包管理器）进行包管理，能够从指定的服务器自动下载 RPM 包并进行安装，可以自动处理依赖关系，并且一次可以安装所有依赖的软件包，无须烦琐地一次次下载和安装。

具体的安装步骤如下。

（1）配置 Yum 源。

为了方便安装，先为 yum-config-manager 配置好国内的 Yum 源。

```
yum-config-manager --add-repo http://［aliyun 地址］/docker-ce/linux/centos/docker-ce.repo
```

（2）安装相关的依赖包。

通过 Yum 安装 Docker CE 和必要的工具，如 Yum-utils、device-mapper-persistent-data、LVM2 等。

```
yum install -y docker-ce yum-utils device-mapper-persistent-data lvm2
```

（3）启动 Docker 服务。

安装成功后，可以通过 start 命令启动 Docker 服务。

```
systemctl start docker
```

（4）设置系统启动自启。

为了方便使用，在系统中配置 Docker 随系统自启。

```
systemctl enable docker
```

1.4.4 在 Ubuntu 中安装

Docker 官方版本也支持在 Ubuntu 中安装，具体的安装步骤如下。

（1）安装前的准备工作。

如果要安装 Docker CE（Docker Community Edition，Docker 社区版本），则需要使用 64 位的操作系统。

> 目前社区稳定的操作系统的版本有 Ubuntu Groovy 20.10、Ubuntu Focal 20.04 (LTS)、Ubuntu Bionic 18.04 (LTS)、Ubuntu Xenial 16.04 (LTS)，读者可自行选择合适的版本。

（2）清理旧版本 Docker 软件包（如果安装过旧版本）。

为了避免出现异常问题，需要卸载已安装的旧版本 Docker 软件包。

```
$sudo apt-get remove docker docker-engine docker.io containerd runc
$ls -lrt /var/lib/docker/
ls: cannot access '/var/lib/docker/': No such file or directory
```

（3）安装 Docker 存储驱动程序。

Docker 默认使用的存储驱动程序为 Overlay2。如果不是，则可以通过如下方法使用存储库进行安装。

首先，通过 vi 命令打开"/etc/docker/daemon.json"。

```
vi /etc/docker/daemon.json
```

其次，写入 Overlay2 配置。

```
{
    "storage-driver": "overlay2"
}
```

（4）安装 APT（Advanced Packaging Tool，高级打包工具）软件。

首先，使用 update 命令更新 APT 软件包索引，以便于在软件包更新时，这个工具能自动管理关联文件和维护已有的配置文件。

```
sudo apt-get update
```

其次，通过 install 命令安装 APT，以允许 APT 通过 HTTPS 使用存储库。

```
sudo apt-get install \
    apt-transport-https \
    ca-certificates \
    curl \
    gnupg-agent \
    software-properties-common
```

最后，为了加快安装速度，需要替换国内镜像源。找到"/etc/apt/"目录下的 sources.list 文件，将默认的"archive.ubuntu.com"替换为"mirrors.aliyun.com"，具体配置如下。

```
deb http://［aliyun 地址］/ubuntu/ bionic main restricted universe multiverse
deb-src http://［aliyun 地址］/ubuntu/ bionic main restricted universe multiverse

deb http://［aliyun 地址］/ubuntu/ bionic-security main restricted universe multiverse
deb-src http://［aliyun 地址］/ubuntu/ bionic-security main restricted universe multiverse

deb http://［aliyun 地址］/ubuntu/ bionic-updates main restricted universe multiverse
deb-src http://［aliyun 地址］/ubuntu/ bionic-updates main restricted universe multiverse
deb http://［aliyun 地址］/ubuntu/ bionic-proposed main restricted universe multiverse
deb-src http://［aliyun 地址］/ubuntu/ bionic-proposed main restricted universe multiverse

deb http://［aliyun 地址］/ubuntu/ bionic-backports main restricted universe multiverse
deb-src http://［aliyun 地址］/ubuntu/ bionic-backports main restricted universe multiverse
```

（5）添加阿里云的 GPG（GNU Privacy Guard，GNU 隐私保护）密钥。

为了确认所下载的软件包的合法性，需要添加软件源的 GPG 密钥，具体的操作如下。

```
curl -fsSL https://［aliyun 地址］/docker-ce/linux/ubuntu/gpg | sudo apt-key add -
```

（6）写入软件源信息。

执行 add-apt-repository 命令即可写入软件源信息，从而告诉系统在哪里安装软件包。

```
$sudo add-apt-repository "deb [arch=amd64] https://[aliyun 地址]/docker-ce/linux/ubuntu
$(lsb_release -cs) stable"
```

（7）安装 Docker CE。

```
$apt-get install docker-ce
```

如果要安装特定版本的 Docker CE，则可以先通过 apt-cache madison 命令列出软件的所有
来源。

```
$apt-cache madison docker-ce
 docker-ce | 5:20.10.3~3-0~ubuntu-bionic | https://[aliyun 地址]/docker-ce/linux/ubuntu
bionic/stable amd64 Packages
 …
docker-ce | 18.03.1~ce~3-0~ubuntu | https://[aliyun 地址]/docker-ce/linux/ubuntu bionic/ stable
amd64 Packages
```

然后通过使用具体的版本号进行安装，如指定"19.03.10～3-0～ubuntu-bionic"版本。

```
$sudo apt-get install docker-ce=19.03.10~3-0~ubuntu-bionic docker-ce-cli=19.03.10~3-0~ubuntu-
bionic containerd.io
```

1.4.5　配置镜像加速

在使用 Docker 部署项目时会碰到一个问题：如果直接拉取镜像，会发现速度非常慢，导致最
终拉取失败。镜像加速就是用来解决这个问题的。

为了提高效率，现在很多厂商提供了镜像加速服务，比较常见的是 Docker 官方、阿里云和中
国科学技术大学的加速器。

开发人员可以通过编辑配置"/etc/docker/daemon.json"来使用加速器，从而加快镜像拉取
速度。

```
sudo mkdir -p /etc/docker
```

```
sudo tee /etc/docker/daemon.json <<-'EOF'
{
  "registry-mirrors": ["https://［registry.docker-cn 地址］","https://<ID>.［aliyuncs 地址］ ",
"https://［ustc.edu 地址］"]
}
EOF
sudo systemctl daemon-reload
sudo systemctl restart docker
```

当然，还可以使用一种更直观的方式来配置镜像加速，即通过 Docker 桌面端进行可视化配置。
下面将分别介绍 macOS 和 Windows 下的配置操作。

（1）macOS 镜像加速配置。

macOS 用户如果已经下载了 Docker for Mac 版本，则可以在 "Preferences→Docker Engine"
中增加配置信息，如图 1-28 所示。

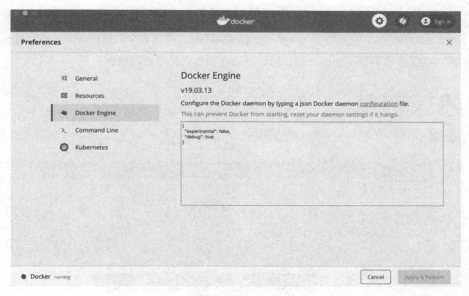

图 1-28

（2）Windows 镜像加速配置。

Windows 用户如果已经下载了 Docker for Windows 版本，则在系统右下角托盘图标内单击
鼠标右键，然后在弹出的快捷菜单中选择 "Settings→Daemon" 命令，最后在编辑界面中填写加
速器地址即可，如图 1-29 所示。

图 1-29

1.5 使用 Docker 桌面端工具

本节将通过示例演示如何使用 Docker 桌面端工具。因为作者安装的是 Mac 版本的 Docker，所以下面将重点介绍 Mac 版本的 Docker 的具体使用方法。不同操作系统的 Docker 桌面端的差异并不是很大，相信读者根据下面的介绍也可以在其他操作系统中进行操作。

1.5.1 基本功能介绍

Docker 桌面端的基本构成如图 1-30 所示。

图 1-30

按照操作功能，可以将 Docker 桌面端分成四部分，即菜单区、运行列表、设置区域和主操作区。下面逐一介绍。

1. 菜单区

菜单区包含 "Containers/Apps" 列表和 "Images" 列表两部分，负责管理容器和镜像。

新安装的 Docker 桌面端中的 "Containers/Apps" 列表和 "Images" 列表默认都是空的。

（1）启动一个容器。

通过 docker run 命令来启动一个名为 docker/getting-started 的镜像。

```
docker run -d -p 80:80 docker/getting-started
```

上述命令用到了以下几个参数。

- –d：在后台运行该容器。
- –p 80:80：将容器内的 80 端口映射到容器外的 80 端口。
- docker/getting-started：要使用的镜像。

在这里，因为本地不存在名为 docker/getting-started 的镜像，所以终端会自动从远程拉取同名镜像并启动实例，如图 1-31 所示。

图 1-31

（2）菜单项一："Containers/Apps" 列表功能介绍。

从理论上来说，一个镜像可以启动无数个相互隔离的实例，而一个实例只能对应一个容器。容器有自己的生命周期，用户可以启动、停止、删除及调试容器，如图 1-32 所示。

图 1-32

55

"Containers/Apps"列表中有 5 个按钮，分别代表不同的操作，用户利用这些按钮可以轻松管理容器的生命周期。

- OPEN IN BROWSER：在浏览器中打开站点。
- CLI：打开命令行界面。
- Stop：停止容器。
- Restart：重新启动容器。
- Delete：删除容器。

（3）管理具体容器的生命周期。

单击具体的容器（如 pensive_haibt）后，会进入该容器的管理界面。管理界面需要重点关注看板顶部的 LOGS、INSPECT、STATS 这 3 个功能，下面重点介绍。

- 单击按钮 ≡ LOGS （日志管理），可以了解实例运行的异常信息，如图 1-33 所示。

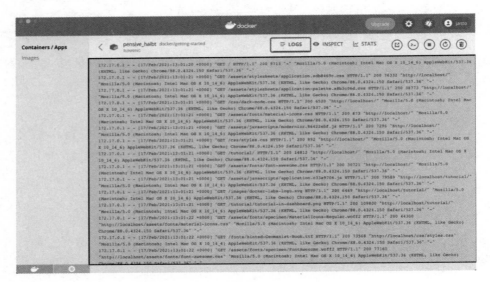

图 1-33

- 单击按钮 ⊙ INSPECT （检查器），可以了解容器的基本信息，以及目前环境的版本信息，如图 1-34 所示。
- 单击按钮 ⌇ STATS （统计信息），可以看到容器的 CPU、内存空间、网络和磁盘的使用情况，如图 1-35 所示。

了解完上述功能后，单击左上角的"返回"按钮即可回到主界面，如图 1-36 所示。

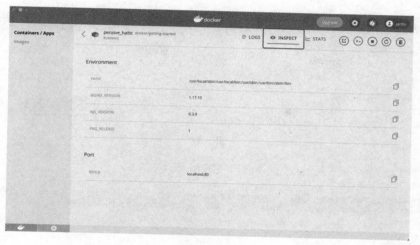

图 1-34

图 1-35

图 1-36

返回主界面后单击"OPEN IN BROWSER"按钮，浏览器就会自动打开"docker/getting-started"站点，如图 1-37 所示。

图 1-37

预览的是 Docker 官方入门文档，如图 1-38 所示。

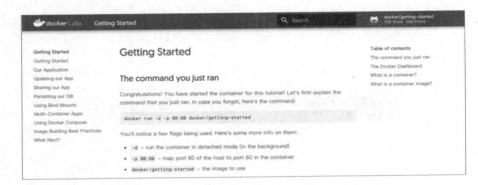

图 1-38

上述操作都很简单，读者可以自行尝试。

（4）使用命令行功能 CLI。

如果容器出现问题，应该去哪里调试呢？这时需要了解 CLI 的功能，如图 1-39 所示。

图 1-39

单击"CLI"按钮会打开一个新的终端界面，并用 Root 身份自动连接到"Docker Container"，如图 1-40 所示。这样，开发人员就可以在终端中进行调试。

图 1-40

读者可能会有疑问：新打开的终端有什么作用呢？

新打开的终端其实是 Docker 的命令行接口，开发人员可以在其中使用 Docker 的相关指令与 Docker 的守护进程进行交互，从而管理 Image、Container、Network 和 Data Volumes 等实体。

这些名词读者可以先不用了解，后面还会重点介绍，只需大致了解 Docker-CLI 的作用就可以。

（5）菜单项二："Images"列表功能介绍。

Images 部分比较简单，主要用于提供镜像的基本信息。它可以用任意镜像来启动一个容器，如图 1-41 所示。

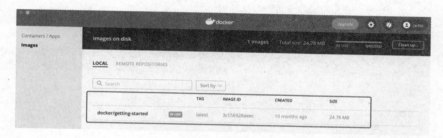

图 1-41

可以为图 1-41 中的"docker/getting-started"镜像再启动几个容器实例来查看效果。单击"Run"按钮后，输入容器名"jartto-test2"，并使用 3002 端口，如图 1-42 所示。

图 1-42

成功执行后返回"Containers/Apps"列表，此时可以在容器列表中看到刚启动的新容器，如图 1-43 所示。

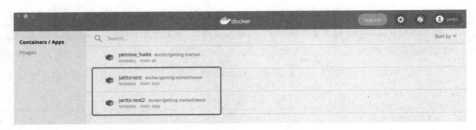

图 1-43

2. 运行列表

运行的实例会显示在运行列表中。绿色表示该实例处于运行状态，橙色则表示启动中，如图 1-44 所示。

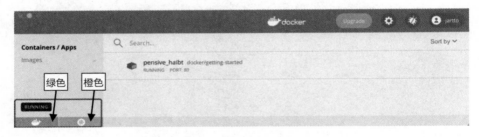

图 1-44

3. 设置区域

设置区域包含基础设置、故障自检和账号信息。

下面介绍基础设置。单击"Setting"按钮，如图 1-45 所示。

列表中有以下 5 个选项。

- General：配置在系统用户登录时是否自动启动 Docker 桌面端、是否在 Time Machine 备份时包含虚拟机、是否将 Docker 登录名安全地存储在 macOS 钥匙串中、是否发送使用情况信息。
- Resources：配置资源的 CPU、内存空间、Swap、硬盘使用大小、代理及网络等。
- Docker Engine：通过 JSON 数据来配置 Docker 守护进程。

- Experimental Features：配置两个实验特性——启用云体验和使用 gRPC FUSE 进行文件共享。
- Kubernetes：配置 K8s 的基本信息。

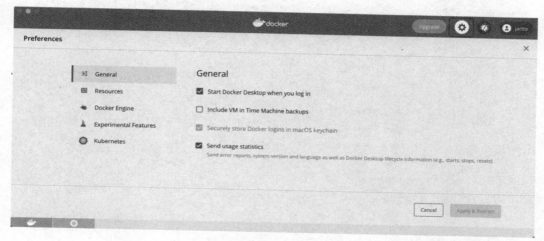

图 1-45

4.　主操作区

主操作区用于对具体的容器或镜像进行操作，前面已有演示，这里不再赘述。

1.5.2　使用镜像仓库

在运行容器时，如果使用的镜像不在本地，则 Docker 会自动从远程 Docker 镜像仓库中下载它（默认从公共镜像源 Docker Hub 中下载）。

在通常情况下，镜像仓库分为本地镜像仓库和远程镜像仓库两类。

1.　本地镜像仓库

"Images"列表中的"LOCAL"部分存放的是本地镜像（见图 1-46），可以简单地将其理解为本地镜像仓库。此部分为运行容器的首选项。

2.　远程镜像仓库

远程镜像仓库的优点是可以集中管理镜像、实现多团队协作及共享镜像资源。

"Images" 列表中的 "REMOTE REPOSITORIES" 部分表示远程镜像仓库，如图 1-47 所示。可以看到，目前在远程镜像仓库中还没有任何镜像资源。

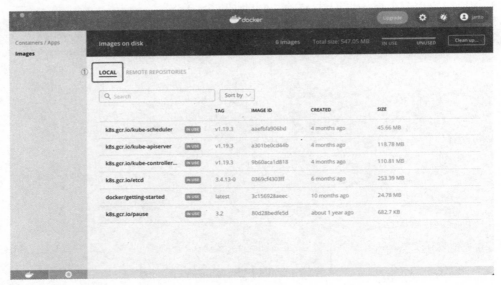

图 1-46

图 1-47

下面创建一个远程镜像仓库。

（1）登录管理后台。

进入 Docker Hub 官方，如果没有 Docker 开发人员账号，则需要先进行账号注册。如果之前已注册账号，则可凭借 Docker ID 进行登录，如图 1-48 所示。

图 1-48

（2）创建远程镜像仓库。

在管理后台中，可以通过"Create Repository"按钮创建远程镜像仓库，如图 1-49 所示。

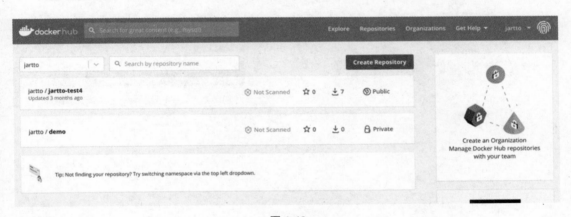

图 1-49

在创建远程镜像仓库的过程中，可以决定该仓库是公开（Public）的还是私有（Private）的。这里创建一个私有的远程镜像仓库作为演示，勾选"Private"复选框即可，如图 1-50 所示。

（3）管理远程镜像仓库。

远程镜像仓库创建成功后会进入仓库管理界面，如图 1-51 所示，开发人员可以在这里处理镜像 Tags、进行构建操作等。

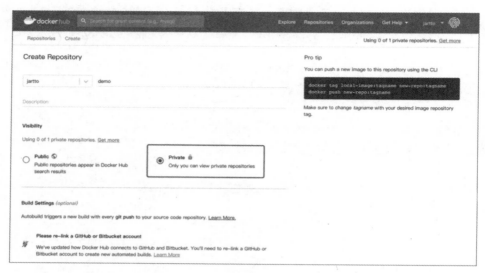

图 1-50

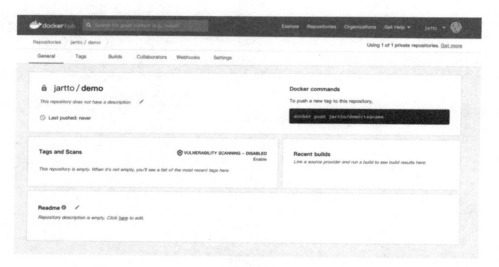

图 1-51

镜像仓库其实类似于 Git 代码仓库,它们唯一的区别就是,前者管理镜像,后者管理代码。

(4)将本地镜像推送到远程镜像仓库中。

在创建好远程镜像仓库后,就可以通过 docker push 命令将本地镜像推送到远程镜像仓库中。

```
docker tag local-image:tagname new-repo:tagname
docker push new-repo:tagname
```

后续实践中会涉及大量的操作，并且针对具体的情况进行讲解与演示。这里不做过多解释，读者只需知道大致的流程（建仓库 → 推镜像）就可以。

1.6　Docker 常用命令 1——镜像命令

Docker 的镜像命令需要一个承载文件，那就是 Dockerfile，它使开发人员可以迅速地构建出程序的运行环境。

接下来介绍 Dockerfile 配置文件的常用命令。

1.6.1　Dockerfile 配置示例

先从 Dockerfile 配置文件开始，演示如何进行镜像配置。

（1）创建 Dockerfile 配置文件。

通过 vi Dockerfile 命令创建 Dockerfile 配置文件。

```
vi Dockerfile
```

（2）使用 Nginx 作为示例。

Nginx 比较轻巧，镜像配置也非常简单。在上面创建的 Dockerfile 配置文件中写入如下配置代码。

```
FROM nginx
COPY build/ /usr/share/nginx/html/
COPY default.conf /etc/nginx/conf.d/default.conf
```

配置代码虽然只有 3 行，但是基本结构比较完整。下面进行逐行解释。

- 通过 FROM 命令获取 Nginx 镜像。如果本地没有该镜像，则从远程镜像仓库中进行加载。
- 通过 COPY 命令将构建产物 "build" 目录中的内容复制到容器的 "/usr/share/nginx/html/" 目录中。
- 通过 COPY 命令将外部 Nginx 配置文件 default.conf 复制到容器的 "/etc/nginx/conf.d/default.conf" 目录中。

读者或许会有疑问，在 Dockerfile 配置文件中使用了 FROM、COPY 等镜像命令，那么 Docker 到底有多少与镜像操作相关的命令呢？下面对常用的镜像命令进行重点介绍，这对掌握 Dockerfile 配置文件的编写至关重要。

1.6.2 FROM 命令

FROM 命令用来指定基础镜像，之后所有的操作都是基于这个基础镜像进行的。

> 关于基础镜像，一般推荐使用 Alpine 镜像（众多 Linux 发行版本中的一员，小巧、安全）。它被严格控制并保持最小容量（目前小于 5MB），安装速度也比较快，体验非常流畅。

1.6.3 MAINTAINER 命令

MAINTAINER 命令用于将与制作者相关的信息写入镜像中，通常写入格式如下。

```
MAINTAINER <name>
MAINTAINER 说明信息<邮箱地址>
```

当开发人员对镜像执行 docker inspect 命令时，终端会输出相应的字段信息。下面以 Nginx 为例进行说明。

```
docker inspect nginx
```

执行命令后，可以从终端信息中看到"maintainer"信息。

```
[
    {
        "Id": "sha256:b8cf***885a",
        "RepoTags": [
            "nginx:latest"
        ],
        "RepoDigests": [
            "nginx@sha256:b0ea***1179"
        ],
        "Parent": "",
        "Comment": "",
        "Created": "2021-03-27T06:50:35.609627369Z",
        "Container": "a02b***35f4",
```

```
      "ContainerConfig": {
          …
          "Image": "sha256:0af8***8718",
          "Volumes": null,
          "WorkingDir": "",
          "Entrypoint": [
              "/docker-entrypoint.sh"
          ],
          "OnBuild": null,
          "Labels": {
              "maintainer": "NGINX Docker Maintainers <docker-maint@nginx.com>"
          },
          …
      },
      "DockerVersion": "19.03.12",
          …
      },
      …
    }
]
```

如果遇到问题，则可以通过此信息联系制作者。在发布镜像时维护此信息，也便于其他人联系到发布者。

1.6.4　RUN 命令

RUN 命令用于创建一个新的容器并运行一个命令。

1. 关于 RUN 的 apt-get 命令

RUN 命令中最常见的是安装包用的 apt-get 命令，有两个问题需要特别注意。

（1）不要使用 RUN apt-get upgrade 命令或 dist-upgrade 命令。

如果基础镜像中的某个包版本比较旧，盲目升级就会导致意想不到的兼容问题。如果已经确定某个特定的包（如 foo）需要升级，则使用 apt-get install -y foo 命令，它会自动升级 foo 包。

（2）将 RUN apt-get update 命令和 apt-get install 命令组合成一条 RUN 声明。

将 RUN apt-get update 命令放在一条单独的 RUN 声明中会导致缓存问题，以及后续的

apt-get install 命令执行失败。因此，通常将 RUN apt-get update 命令和 apt-get install 命令组合成一条 RUN 声明。

```
RUN apt-get update && apt-get install -y \
    package-bar \
    package-baz \
    package-foo
```

为了保持 Dockerfile 配置文件的可读性及可维护性，建议将长的或复杂的 RUN 命令用反斜杠（"\"）连接起来。

2. 缓存破坏

在通常情况下，构建镜像后，所有的层都在 Docker 的缓存中。假设后来又修改了其中的 apt-get install 命令，在添加一个包时，Docker 发现修改后的 RUN apt-get update 命令和之前的完全一样。

这时，不会执行 RUN apt-get update 命令，而是使用之前的缓存镜像。因为 RUN apt-get update 命令没有运行，后面的 apt-get install 命令安装的可能是过时的软件版本或提示没有可用的源。

使用 RUN apt-get update && apt-get install -y 命令可以确保 Dockerfiles 配置文件每次安装的都是包的最新版本，而且这个过程不需要进一步编码或额外干预，这项技术叫作缓存破坏（Cache Busting）。

可以通过显式地指定一个包的版本号来达到破坏缓存的目的，这就是所谓的固定版本。

3. 固定版本

固定版本会迫使构建过程检索特定的版本，而不管缓存中有什么。这样可以减少因所需包中未预料到的变化而导致的失败。例如，安装过程中指定 "package-foo" 为 "1.3.0"。

```
RUN apt-get update && apt-get install -y \
    package-bar \
    package-baz \
    package-foo=1.3.0 \
```

```
&& rm -rf /var/lib/apt/lists/*
```

此外，需要通过 rm -rf 命令清理 APT 缓存目录 "var/lib/apt/lists/" 下的所有内容，这将有效减小镜像大小。

 在通常情况下，RUN 命令的开头为 "apt-get update"，包缓存总是会在 apt-get install 命令执行之前刷新，所以没必要保留缓存文件。

1.6.5　ADD 命令和 COPY 命令

虽然 ADD 命令和 COPY 命令的功能都是实现复制，但一般优先使用 COPY 命令，因为 COPY 命令比 ADD 命令更透明。

COPY 命令只支持将本地文件复制到容器中，而 ADD 命令有一些并不明显的功能（如本地 tar 提取和远程 URL 支持）。因此，ADD 命令的最佳用例是将本地 tar 文件自动提取到镜像中，如 "ADD rootfs.tar.xz"。

如果项目中的 Dockerfile 配置文件有多个步骤需要使用上下文中不同的文件，则单独复制每个文件，而不是一次性地复制所有文件，这将保证每个步骤的构建缓存只在特定的文件变化时失效。

```
COPY requirements.txt /tmp
RUN pip install --requirement /tmp/requirements.txt
copy . /tmp/
```

如果将 "copy . /tmp/" 放置在 RUN 命令之前，只要 "." 目录中的任何一个文件发生变化，就会导致后续命令的缓存失效。

为了让镜像尽量小，最好不要使用 ADD 命令从远程 URL 中获取包，而是使用 curl 和 wget。这样可以在文件提取完之后删除不再需要的文件来避免在镜像中额外添加一层。

1.6.6　ENV 命令

为了方便新程序运行，可以使用 ENV 命令为容器中安装的程序更新 PATH 环境变量。例如，使用 "ENV PATH /usr/local/nginx/bin:$PATH" 来确保 "CMD [nginx]" 能正确运行。

ENV 命令也可用于为想要容器化的服务提供必要的环境变量，如 Postgres 需要的 PGDATA。另外，ENV 命令也能用于设置常见的版本号，如以下示例所示。

```
ENV PG_MAJOR 9.3
ENV PG_VERSION 9.3.4
RUN curl -SL http://***.com/postgres-$PG_VERSION.tar.xz| tar -xjc /usr/src/postgres && ENV PATH
/usr/local/postgres-$PG_MAJOR/bin:$PATH
```

1.6.7 WORKDIR 命令

为了保证代码的清晰性和可靠性，开发人员应该总是在 WORKDIR 命令中使用绝对路径。另外，建议使用 WORKDIR 命令来代替类似于 RUN cd … && do-something 的命令，因为后者难以阅读、排错和维护。

1.6.8 EXPOSE 命令

EXPOSE 命令用于指定容器将要监听的端口。因此，开发人员应该为应用程序指定常见的端口。例如，提供 "Apache Web" 服务的镜像应该使用 "EXPOSE 80"，而提供 MongoDB 服务的镜像应该使用 "EXPOSE 27017"。对于外部访问，用户可以在执行 docker run 命令时使用一个标志来指示如何将指定的端口映射到所选择的端口中。

1.6.9 CMD 命令和 ENTRYPOINT 命令

CMD 命令和 ENTRYPOINT 命令都可以用于设置容器启动时要执行的命令。在 Dockerfile 配置文件中，CMD 命令或 ENTRYPOINT 命令至少必有其一。

1. CMD 命令

CMD 命令用于执行目标镜像中包含的软件和任何参数。CMD 命令几乎是以 "CMD [executable,param1,param2…]" 形式使用的。因此，如果创建镜像的目的是部署某个服务（如 Apache），则可能会执行类似于 "CMD [apache2,–DFOREGROUND]" 形式的命令。

在大多数情况下，CMD 命令需要一个交互式的 Shell（Bash、Python、Perl 等）执行命令行操作，这在 1.3.2 节中有过重点介绍。

例如，"CMD [perl, –de0]" 或 "CMD [PHP, –a]"，使用这种形式意味着，当开发人员执行类似于 docker run –it python 命令时，系统会进入提前准备好的 Shell 编译环境中。

2. ENTRYPOINT 命令

ENTRYPOINT 命令的最佳用途是设置镜像的主命令，允许将镜像当成命令本身来运行（用

CMD 命令提供默认参数）。

例如，以下镜像提供了命令行工具 s3cmd。

```
ENTRYPOINT ['s3cmd']
CMD ['–help']
```

直接运行该镜像创建的容器，则会显示命令帮助。

```
docker run s3cmd
```

也可以提供正确的参数来执行某条命令。

```
docker run s3cmd ls s3://bucket
```

这样，镜像名可以当成命令行的参考。ENTRYPOINT 命令也可以结合一个辅助脚本使用，和前面命令行风格类似，即使启动工具不止需要一个步骤。

1.6.10　VOLUME 命令

VOLUME 命令用于暴露任何数据库存储文件、配置文件或容器创建的文件和目录。

（1）基本使用。

在通常情况下，可以在运行时使用–v 命令来声明 Volume。

```
docker run -it --name container-test -h CONTAINER -v /data nginx /bin/bash
```

上面的命令会将"/data"目录挂载到容器中，开发人员可以在主机上直接操作该目录。任何在该镜像"/data"目录中的文件都将被复制到 Volume 中。

（2）Volume 在主机上的存储位置。

可以使用 docker inspect 命令找到 Volume 在主机上的存储位置。

```
docker inspect -f {{.Volumes}} container-test
```

终端会输出如下信息。

```
map[/data:/var/lib/docker/vfs/dir/cde1671****37a9]
```

这说明 Docker 把"/var/lib/docker"目录下的某个目录挂载到了容器内的"/data"目录下。

（3）从主机上添加文件。

既然文件目录已经挂载，那么不妨从主机上添加一个名为 test–file 的文件。

71

```
sudo touch /var/lib/docker/vfs/dir/cde1671***37a9/test-file
```

重新进入容器，通过 ls /data 命令查看"/data"目录下的文件。

```
ls /data
```

容器中输出了名为 test-file 的文件，这说明主机下的目录已经和容器内的 Volume 数据实现共享，这在实际开发过程中非常实用。例如，挂载需要编译的源码。

> 强烈建议使用 VOLUME 命令来管理镜像中的可变部分，从而保证容器的可迁移性。

1.7　Docker 常用命令 2 ——容器命令

在实际工作中，开发人员在使用容器命令时会围绕一个工作流展开，即创建 Dockerfile 配置文件→构建镜像→运行容器→推送镜像仓库。运行容器属于构建镜像后的又一个重要阶段，这就要求开发人员熟练掌握容器的相关命令，从而更好地管理容器的生命周期。

本节将重点介绍一些容器的常用操作。例如，使用 clone 命令或 pull 命令拉取项目和镜像、使用 build 命令构建镜像、使用 run 命令启动容器，以及使用 share 命令创建共享目录或容器等。

1.7.1　clone 命令

开发人员通常会做一些合理的规划。例如，在容器中运行数据库时，将 DBS 存储文件通过 VOLUME 方式，映射到宿主机的文件系统或指定的 VOLUME 容器中，这样就可以实现定时备份。

这里列举一个前端场景的例子，用 Nginx 作为 Web 服务器，通过 VOLUME 方式映射宿主机指定目录下的前端模板文件，一般该文件会独立存放在某个 Git 仓库中，同时有对应的 Dockerfile 配置文件。

首先，从远程 Git 仓库中拉取某个项目。

```
$ git clone [<options>] [--] <repo> [<dir>]
```

其次，从镜像仓库中拉取或更新指定镜像。

```
docker pull [OPTIONS] NAME[:TAG|@DIGEST]
#Pull an image or a repository from a registry
```

1.7.2　build 命令

根据已经复制的项目（包含 Dockerfile 配置文件）创建一个镜像。

```
docker build [OPTIONS] PATH | URL | -
#Options 说明
  -f, --file string  Name of the Dockerfile (Default is 'PATH/Dockerfile')
     --force-rm              Always remove intermediate containers
     --iidfile string       Write the image ID to the file
     --isolation string     Container isolation technology
     --label list           Set metadata for an image

  -t, --tag list    Name and optionally a tag in the 'name:tag' format
     --target string        Set the target build stage to build.
     --ulimit ulimit        Ulimit options (default [])
```

这里一定要注意，命令中最后面的“．”是当前命令行执行的所在目录，千万不要忽略了。

```
docker build -t xxxx:v1.2 .
```

下面再补充一个常见的用法，其规则如下。

```
docker build -t 项目:tag 上下文（Dockerfile 配置文件所在的文件夹）
```

当然，也可以支持远程 Dockerfile 配置文件或指定某个位置的 Dockerfile 配置文件。

```
docker build -f Dockerfile 地址
docker build URL（远程 Dockerfile 配置文件的地址）
```

1.7.3　run 命令

run 命令用于创建一个容器并运行一条命令，这是最常用的操作。通常这里是项目的开始，也是最后一步，运行 run 命令以后即可尝试访问容器。

1. 参数说明

- −a stdin：指定标准输入/输出内容的类型，可以选择的类型包括“STDIN”“STDOUT”“STDERR”。
- −d：在后台运行容器，并返回容器 ID。
- −i：以交互模式运行容器，通常与参数−t 同时使用。
- −P：随机端口映射，容器内部端口随机映射到主机端口。

- –p：指定端口映射，格式为主机（宿主机）端口:容器端口。
- –t：为容器重新分配一个伪输入终端，通常与参数–i 同时使用。
- --name：为容器指定一个名称。
- --dns 8.8.8.8：指定容器使用的 DNS 服务器，默认和宿主机一致。
- --dns-search example.com：用于指定容器内 DNS 搜索域名，默认和宿主机一致。
- –h：指定容器的 hostname。
- –e：设置环境变量，如–e username="Jartto"。
- --env-file=[]：从指定文件中读入环境变量。
- --cpuset：绑定容器到指定 CPU 运行，如--cpuset="0-2"或--cpuset="0,1,2"。
- –m：设置容器使用的内存空间的最大值。
- --net="bridge"：指定容器的网络连接类型，支持"bridge""host""none""container:<name|id>"四种类型。
- --link=[]：向另一个容器添加链接。
- --expose=[]：开放一个端口或一组端口。
- --volume，–v：绑定一个卷。

2. 重要配置

（1）如何处理端口占用问题？

端口配置在宿主机上，会运行多个 Docker，很多常见的端口都会被占用，如 80、22、443 等，所以 Docker 提供了一个端口映射关系，用于管理和配置功能。

```
docker run --name demo 本地镜像  -p 8080（宿主机端口）：80（容器内部使用的端口）
```

（2）数据备份和多个容器共享。

容器一旦运行，内部发生改变以后，重启就会丢失变动的数据。所以，一般会通过挂载宿主机目录的方式，实现数据备份和多个容器共享。

```
docker run --name demo 本地镜像-p 8080 -v 宿主机文件夹:容器内部文件夹
```

（3）后台运行服务。

在默认情况下，线上运行的容器都在后台运行，因为如果不在后台运行，一旦退出容器就会导致服务关闭，引起线上事故。

```
docker run -d --name demo 本地镜像 -p 8080:80 -v /data/demo:/data/demo
```

（4）查看容器运行状态。

可以通过 Docker ps 命令查看容器运行状态。

```
docker ps 查看当前运行中的容器状态
```

（5）查看容器详细信息。

想要进入容器中查看运行情况，可以通过容器 ID 打开一个命令行窗口。启动容器时可以使用 docker run 命令查看，如果处于运行状态，则使用 docker exec 命令查看。

```
docker run -it 容器 id /bin/bash
docker exec -it 容器 id /bin/bash
```

1.7.4　share 命令

目录共享有两种方式，下面分别进行介绍。

1. 某个容器和宿主机共享某个目录

```
docker run -d --name=demo -v /data/demo:/data/datadirs 本地镜像
```

上述命令把宿主机的/data/demo 文件夹挂载到容器内部的"/data/datadirs"目录下。

2. 多个容器共享宿主机的一个目录

多个容器共享宿主机的一个目录有两种实现方式。

（1）利用软链。

软链本身是支持多个软链指向同一个目录的。这样即可对某台宿主机目录创建多个软链，然后将多个容器挂载到宿主机的多个软链上，从而实现共享。

```
ln -s /data/demo /data/demo1/
ln -s /data/demo /data/demo2/

docker run -d --name=demo1 -v /data/demo1:/data/datadirs 本地镜像
docker run -d --name=demo2 -v /data/demo2:/data/datadirs 本地镜像
```

（2）利用--volumes-from 命令。

下面演示利用--volumes-from 命令来共享 Busybox（一个集成了 100 多个常用的 Linux 命令和工具的软件）的方法。

```
docker run --name=datadirs -v /data/demo:/data/datadirs busybox true
docker run -d --name=demo1 --volumes-from datadirs  本地镜像
docker run -d --name=demo2 --volumes-from datadirs  本地镜像
```

1.7.5 push 命令

使用 push 命令可以将本地的容器推送到远程仓库中，具体的使用规则如下。

```
docker push [OPTIONS] NAME[:TAG]
#Push an image or a repository to a registry


$docker push
```

如果是推送到远程镜像仓库中，则按照以下流程操作即可。

（1）登录仓库，既可以是 Docker Hub 官方仓库，也可以是企业自己的私服。

首次登录需要输入账号和密码，之后就不用再次输入了。

```
$docker login
```

（2）从本地容器中创建镜像（根据实际情况）。

```
$docker commit 容器 hash library/ubuntudemo:0.2
```

（3）打标记使用 Tag 命令，如下所示。

```
docker tag SOURCE_IMAGE[:TAG] TARGET_IMAGE[:TAG]
#Create a tag TARGET_IMAGE that refers to SOURCE_IMAGE
```

此处需要说明的是，"SOURCE_IMAGE[:TAG]" 代表的是本地镜像，"TARGET_IMAGE[:TAG]" 代表的是想要标记的镜像名和 Tag。例如：

```
docker tag [OPTIONS] IMAGE[:TAG] [REGISTRYHOST/][USERNAME/]NAME[:TAG]
docker tag {镜像名}:{tag} {Harbor 地址}:{端口}/{Harbor 项目名}/{自定义镜像名}:{自定义 tag}
```

（4）执行 push 命令，将容器推送到远程仓库中。

```
docker push [OPTIONS] NAME[:TAG]
docker push {Harbor 地址}:{端口}/{自定义镜像名}:{自定义 tag}
```

1.8 本章小结

本章以"盖房子"的故事开篇，读者可以从中更好地理解 Docker 是什么、适合哪些用户，以及可以解决哪些问题。本章从初学者的角度出发介绍了 Docker 的三大组成部分及三大核心概念（镜像、容器和仓库）。

当然，要入门 Docker 掌握这些还远远不够，好的基本功可以让你事半功倍。因此，1.3 节中重点围绕 Linux、Shell、网络调试、Nginx 配置，以及虚拟机的基础概念和常规操作展开介绍，看似与 Docker 技术无关，但覆盖了 Docker 实际开发的点点滴滴。

既然是 Docker 技术入门，那么前期的准备工作也是必不可少的。关于 Docker 的安装、桌面端的使用，以及镜像、容器命令也是需要预先了解的，读者务必仔细学习本章的相关内容。

第 2 章
开始第一个 Docker 项目

本章将围绕 Docker 项目的主流程展开介绍。通过一个完整示例，读者可以全面地了解 Docker。

2.1 项目开发的主要阶段

在开始开发之前，读者需要先明确 Docker 发布项目的一般步骤。为了便于与后续串起来整个项目开发流程，下面用一个 Web 项目来演示。

2.1.1 一般项目开发的主要阶段

通常来说，项目开发主要由 4 个阶段构成，即需求分析阶段、开发阶段、测试阶段和发布阶段，如图 2-1 所示。

图 2-1

> 阶段数量取决于项目的复杂程度和所处行业，每个阶段还可以再分解成更小的阶段。

此外，项目生命周期中有 3 个与时间相关的维度：检查点（Check Point）、里程碑（Mile Stone）和基线（Base Line）。这 3 个维度描述了在什么时间对项目进行怎样的控制。

1. 需求分析阶段

需求分析阶段主要围绕一个问题：为了解决用户的问题，系统需要做什么事情。

需求分析阶段主要明确：目标系统必须具备哪些功能，每个功能都必须准确、完整地体现用户的需求。

只有解决了用户的痛点，需求分析才是切实可行的。

2. 开发阶段

在开发阶段需要做两件事情。

（1）完成技术架构总体设计文档，阐述为了解决用户的痛点需要处理哪些问题，给出大致的实现方案并明确具体原因。

（2）编写代码，实现核心需求功能。

3. 测试阶段

测试阶段通常包括单元测试、组装测试和系统测试这 3 个阶段。

测试方法主要涉及白盒测试和黑盒测试，因为不属于本书的重点，所以不再扩展介绍。

4. 发布阶段

发布阶段通常是项目的最后一个阶段：将系统发布到线上环境，供用户使用。此阶段已经完成对项目的研制工作并交付使用，后期可能会进行错误改正、适应环境变化和增强功能等工程修订。

做好项目维护工作，不仅能排除障碍，使项目能正常运行，还可以扩展项目功能，提高性能，为用户带来明显的经济效益。

2.1.2　Docker 项目开发的主要阶段

2.1.1 节介绍了一般项目开发的主要阶段，Docker 项目开发也包括 4 个主要阶段。为了帮助读者更好地理解，下面将从这 4 个阶段对 Docker 项目进行剖析。

1. 需求分析阶段

对于 Docker 项目，需求分析阶段主要完成以下 3 件事情。

- 思考问题：如何快速、高效地搭建 Web 服务。
- 明确需求：通过脚手架实现一个 Web 项目，其具备访问能力。
- 定义目标：对 Web 项目进行改造，使其具备容器化能力，方便迁移及复用。

2. 开发阶段

对于 Docker 项目，开发阶段的主要工作就是编写业务代码，并配置 Docker 配置文件。这样项目就具备了容器化能力，最后通过 build 命令即可构建项目镜像。

3. 测试阶段

对于 Docker 项目，在测试阶段，开发人员除了要编写单元测试，以及进行必要的冒烟测试，还需要进行容器化测试，以确保创建的镜像是可用的。这也是 Docker 项目和普通项目最大的区别，需要引起开发人员的重视。

只有做好上面这些测试，项目才可以交由测试人员进行黑盒测试。

4. 发布阶段

到了发布阶段，Docker 项目除了需要进行打包构建、服务器端部署、回归测试及线上访问，还会比一般项目多出两方面内容，即镜像管理和仓库维护，这样才能在后续的重复使用中快速地应用现有镜像。

2.2 项目前期准备

一个标准的 Web 项目通常使用脚手架来生成，不需要开发人员逐一添加配置文件，这样也可以更好地实现项目规范化，便于多人开发与维护。

2.2.1 准备相关环境

在初始化项目之前，需要先准备相关环境。对于需要长期与终端打交道的工程师来说，拥有一款称手的终端管理器是很有必要的。

- 对于 Windows 用户来说，最好的选择是 XShell，这并没有什么争议。
- 对于 macOS 用户来说，毋庸置疑，iTerm2 就是利器。

> iTerm2 是 iTerm 的后继者，也是 Terminal 的替代者。它是一款用于 macOS 的终端模拟器，支持窗口分割、热键、搜索、自动补齐、无鼠标复制、历史粘贴、即时重播等功能，适用于 macOS 10.10 及以上版本。
>
> 可以使用 Homebrew 安装 iTerm2，在终端中执行 brew install iterm2 命令即可完成，读者可自行安装。

本节示例使用 macOS Mojave 10.14.6、iTerm2 3.4.4 和 Node 10.13.0。

2.2.2　准备项目

在确定使用脚手架后，接下来的问题就是技术选型。读者可以根据自己了解的前端框架来自由选择，目前主流框架分为两类，即 Vue CLI、Create React App。

- Vue CLI：Vue.js 开发的标准工具，对 Babel、TypeScript、ESLint、PostCSS、PWA、单元测试和 End-to-end 测试提供了"开箱即用"的支持。它具有强大的可扩展性，可以灵活组合，从而提供更复杂的解决方案。
- Create React App：一款官方支持的、用于创建 React 单页应用程序的工具。它为开发人员提供了"零配置"的使用体验。开发人员无须安装或配置 Webpack、Babel 等工具，即可直接生成"开箱即用"的项目，从而可以更好地专注于代码的编写。

1．安装脚手架

（1）安装项目脚手架。这里采用全局安装。在终端执行如下命令。

```
npm install -g create-react-app
```

（2）待安装完成，通过 create-react-app -v 命令进行验证，若终端打印出如下字样，则表明安装成功。

```
$create-react-app -v
Please specify the project directory:
  create-react-app <project-directory>
For example:
  create-react-app my-react-app
Run create-react-app --help to see all options.
```

2. 创建项目

通过脚手架创建首个 React 项目。

（1）执行 create-react-app my-react-app 命令，并等待执行完毕，如图 2-2 所示。

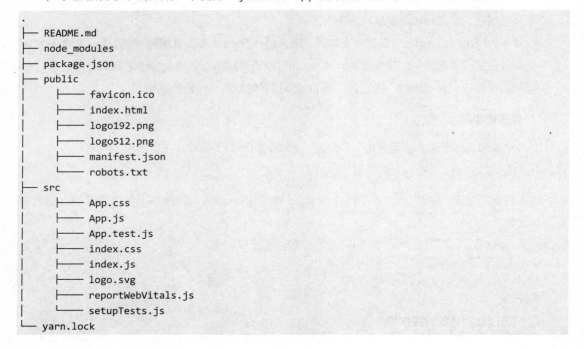

```
→ Project create-react-app my-react-app

Creating a new React app in /Users/jartto/Documents/Project/my-react-app.

Installing packages. This might take a couple of minutes.
Installing react, react-dom, and react-scripts with cra-template...

yarn add v1.22.11
[1/4] 🔍  Resolving packages...
[2/4] 🚚  Fetching packages...
[3/4] 🔗  Linking dependencies...
warning "react-scripts > @typescript-eslint/eslint-plugin > tsutils@3.20.0" has unmet peer dependency "typescript@>=2.
8.0 || >= 3.2.0-dev || >= 3.3.0-dev || >= 3.4.0-dev || >= 3.5.0-dev || >= 3.6.0-dev || >= 3.6.0-beta || >= 3.7.0-dev
|| >= 3.7.0-beta".
[4/4] 🔨  Building fresh packages...
success Saved lockfile.
warning Your current version of Yarn is out of date. The latest version is "1.22.15", while you're on "1.22.11".
info To upgrade, run the following command:
$ brew upgrade yarn
success Saved 7 new dependencies.
info Direct dependencies
├─ cra-template@1.1.2
├─ react-dom@17.0.2
├─ react-scripts@4.0.3
└─ react@17.0.2
```

图 2-2

（2）在根目录下会生成一个名为 my-react-app 的项目文件夹，目录结构如下。

```
.
├── README.md
├── node_modules
├── package.json
├── public
│       ├── favicon.ico
│       ├── index.html
│       ├── logo192.png
│       ├── logo512.png
│       ├── manifest.json
│       └── robots.txt
├── src
│       ├── App.css
│       ├── App.js
│       ├── App.test.js
│       ├── index.css
│       ├── index.js
│       ├── logo.svg
│       ├── reportWebVitals.js
│       └── setupTests.js
└── yarn.lock
```

下面进行简要说明。

- node_modules：存放项目依赖的模块。
- package.json：项目依赖描述的配置文件。
- public：公共访问文件，它会被打包到部署目录中。
- src：主开发文件，Web 应用的核心功能将依赖这个目录下的文件。

3. 运行 Web 项目

（1）进入项目目录"cd my-react-app"，使用 yarn start 或 npm start 命令启动项目，如图 2-3 所示。

> 需要提前安装 Yarn，才可以执行 yarn start 命令。
>
> 在 CentOS 系统中，如果需要安装 Yarn，则命令如下：$ sudo wget https://dl.yarnpkg.com/rpm/yarn.repo -O /etc/yum.repos.d/yarn.repo；在 Window 系统中，安装 Nodejs 就会默认安装了 NPM 包管理工具了，不需要额外操作。
>
> Yarn 和 NPM 都属于包管理工具，它们在执行包的安装时都会执行一系列任务，差别主要体现在：NPM 是按照队列执行每个 Package，即必须要等到当前 Package 成功安装后才能继续后面的安装；而 Yarn 是同步执行所有任务，性能更高。读者可以按需选择合适的包管理工具。

```
→ my-react-app yarn start
yarn run v1.22.11
$ react-scripts start
ℹ ｢wds｣: Project is running at http://192.168.1.83/
ℹ ｢wds｣: webpack output is served from
ℹ ｢wds｣: Content not from webpack is served from /Users/jartto/Documents/Project/my-react-app/public
ℹ ｢wds｣: 404s will fallback to /
Starting the development server...

Browserslist: caniuse-lite is outdated. Please run:
npx browserslist@latest --update-db

Why you should do it regularly:
https://github.com/browserslist/browserslist#browsers-data-updating
Compiled successfully!

You can now view my-react-app in the browser.

  Local:            http://localhost:3000
  On Your Network:  http://192.168.1.83:3000

Note that the development build is not optimized.
To create a production build, use yarn build.
```

图 2-3

（2）通过在浏览器的搜索框中输入"localhost:3000"来访问站点，如图 2-4 所示。

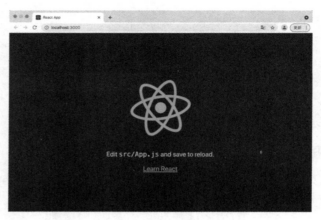

图 2-4

Web 项目已经成功运行，2.3 节将对该项目进行容器化改造。

2.3 对 Web 项目进行容器化改造

对 Web 项目进行容器化改造非常容易。接着 2.2 节的项目 my-react-app 继续介绍。本节将通过配置 Dockerfile 文件来完成容器化改造，这样该项目会初步具备容器化能力。

2.3.1 构建项目

在 2.2.2 节中，my-react-app 项目已经可以正常启动。但如果要发布站点，则还有最关键的一步——对项目进行打包构建。这个操作很简单，在 iTerm2 终端中执行 yarn build 命令即可，如以下代码所示。

```
$ yarn build
yarn run v1.21.0
$ react-scripts build
Creating an optimized production build...
Compiled successfully.

File sizes after gzip:

  41.34 KB   build/static/js/2.eb446038.chunk.js
  1.56 KB    build/static/js/3.d6eb821d.chunk.js
  1.17 KB    build/static/js/runtime-main.a262d017.js
```

```
 596 B        build/static/js/main.ec684546.chunk.js
 574 B        build/static/css/main.9d5d29c0.chunk.css

The project was built assuming it is hosted at /.
You can control this with the homepage field in your package.json.

The build folder is ready to be deployed.
You may serve it with a static server:
  yarn global add serve
  serve -s build

Find out more about deployment here:
  https://［cra.link 官网］/deployment
✦ Done in 12.97s.
```

通过打包过程，在项目根目录下新建了一个 build 文件夹，其中存放的是即将发布的文件。

```
.
├── asset-manifest.json
├── favicon.ico
├── index.html
├── logo192.png
├── logo512.png
├── manifest.json
├── robots.txt
└── static
```

> build 文件夹是 Dockerfile 文件配置中的关键一环，下面将深入讲解。

这里先不着急进行 Dockerfile 文件配置，因为需要先准备 Web 服务器，所以第 1 章中关于 Nginx 配置的基础知识现在就会派上用场。

2.3.2 配置 Nginx 文件

Web 应用一般分为以下两类。

- 客户端渲染（Client Side Render）：纯静态应用可以直接用 Nginx 完成静态部署，通常在客户端完成页面渲染。
- 服务器端渲染（Server Side Render）：需要启动 Node 服务，使其作为代理服务器，通常在服务器端完成页面渲染。

 关于 Node 服务，第 4 章会进行详细说明，本节只考虑第一类 Web 应用。

准备 Nginx 镜像的过程稍微有些复杂，为了便于读者理解，这里将其拆分成关键的 4 步。

（1）运行 Docker 桌面端。

单击托盘区的 Docker 应用图标，在弹出的下拉列表中选择"Dashboard"选项（见图 2-5），即可运行 Docker 桌面端。

在一般情况下，启动 Docker 桌面端就会默认启动实例，如图 2-6 所示。

图 2-5   图 2-6

（2）拉取 Nginx 镜像。

Docker 实例运行成功后，在 iTerm2 终端中使用 docker pull nginx 命令拉取 Nginx 镜像，代码如下所示。

```
$ docker pull nginx
Using default tag: latest
latest: Pulling from library/nginx
ac2522cc7269: Pull complete
09de04de3c75: Pull complete
```

```
b0c8a51e6628: Pull complete
08b11a3d692c: Pull complete
a0e0e6bcfd2c: Pull complete
4fcb23e29ba1: Pull complete
Digest: sha256:b0ea179ab61*************df83ce44bf86261179
Status: Downloaded newer image for nginx:latest
docker.io/library/nginx:latest
```

如果在此过程中出现以下异常，请先确认 Docker 实例是否正常运行。

```
Cannot connect to the Docker daemon at unix:///var/run/docker.sock. Is the docker
daemon running?
```

（3）创建 Nginx 配置文件 default.conf。

通过上述过程，Nginx 镜像已经准备完成。如果使用 Nginx 作为服务器，则需要在目录中创建 Nginx 配置文件。

在终端中执行 Linux 命令 touch default.conf，即可创建 Nginx 配置文件，此时的目录结构如下所示。

```
.
├── Dockerfile
├── README.md
├── build
├── default.conf
├── node_modules
├── package.json
├── public
├── src
└── yarn.lock
```

（4）修改 Nginx 配置文件。

修改 default.conf 配置文件，写入基本配置，具体代码如下所示。

```
server {
    listen       80;
    server_name  localhost;

    location / {
```

```
    root    /usr/share/nginx/html;
    index   index.html index.htm;
}


error_page   500 502 503 504   /50x.html;
location = /50x.html {
    root    /usr/share/nginx/html;
}
}
```

这是第一次使用 Nginx 配置文件，下面对上述代码进行说明。

- 通过 listen 设置服务器端监听 80 端口。
- 通过 server_name 设置服务名为 localhost。
- 通过 location 配置根访问路径。
- 配置 error_page 来处理 "5**" 异常情况。

2.3.3 创建和配置 Dockerfile 文件

1. 创建 Dockerfile 文件

在项目目录下通过 Linux 命令 touch Dockerfile 创建一个 Dockerfile 文件，此时的一级目录如下所示。

```
.
├── Dockerfile
├── README.md
├── build
├── node_modules
├── package.json
├── public
├── src
└── yarn.lock
```

2. 配置 Dockerfile 文件

万事俱备，终于可以开始配置 Dockerfile 文件了。使用代码编辑器打开 Dockerfile 文件，并写入如下配置。

```
FROM nginx
```

```
COPY build/ /usr/share/nginx/html/
COPY default.conf /etc/nginx/conf.d/default.conf
```

下面逐行解释上述配置信息。

- FROM nginx：用于指定该镜像是基于"nginx:latest"镜像（2.3.2 节中下载的 Nginx 镜像）构建的。
- COPY build/ /usr/share/nginx/html/：表示将项目根目录下的 build 文件夹中的所有文件复制到镜像的"/usr/share/nginx/html/"目录下。
- COPY　default.conf　/etc/nginx/conf.d/default.conf：表示将本地的　Nginx　配置文件 default.conf 复制到容器中 Nginx 的"etc/nginx/conf.d/"目录下，这意味着使用本地配置文件替换了 Nginx 容器中的默认配置文件。

大功告成，至此 Docker 配置已经基本完成，服务器也已准备就绪。

2.4　构建项目镜像

读者先回顾一下 1.2.2 节中介绍的 Docker 的三大核心概念：镜像、容器和仓库。

在项目开发完毕后，需要将其构建成镜像，以便后续快速复用。

2.4.1　准备启动环境

（1）打开 Docker 桌面端。

打开 Docker 桌面端，默认会启动 Docker 实例，如图 2-7 所示。

图 2-7

（2）验证 Docker 实例是否运行正常。

在终端中输入"docker -v"，如果出现 Docker 版本号，则表明 Docker 实例运行正常。

```
docker version 20.10.5, build 55c4c88
```

至此，Docker 实例启动完成，下面开始构建项目镜像。

2.4.2　构建镜像

在 Docker 中，通过 build 命令来构建镜像。

```
docker build -t jartto-test3 .
```

上面的代码通过–t 参数将镜像命名为 jartto-test3。

代码最后的 "."千万不要省略，它表明基于当前目录的 Dockerfile 配置文件来构建镜像。

读者可以按照如下步骤进行规范操作。

（1）检查项目目录与 Dockerfile 配置文件是否存在。

在执行构建命令之前，一定要确保两件事情。

- 在正确的项目目录下进行操作。
- 该项目必须包含 Dockerfile 配置文件。

下面进行检查，这里用到了 pwd 和 ls 两条 Linux 命令，如图 2-8 所示。

图 2-8

通过 pwd 命令，可以了解到 Docker 配置文件目前位于 "/Users/jartto/Documents/Project/my-react-app" 目录下。通过 ls 命令，输出当前目录下的所有文件，这样即可确定 Dockerfile 配置文件是否存在。

如果不存在 Dockerfile 配置文件，那么读者需要按照 2.3.3 节介绍的相关内容进行初始化创建。

（2）执行镜像构建命令。

执行镜像构建命令 docker build –t jartto-test3.，等待 iTerm2 执行完毕，如图 2-9 所示。

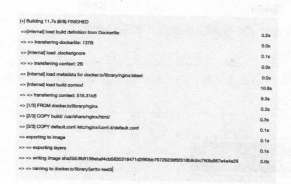

图 2-9

镜像构建成功后，通过如图 2-10 所示的步骤可以查看为 create-react-app 构建的镜像 jartto-test3。

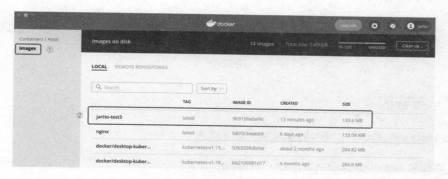

图 2-10

从图 2-10 中可以看出，jartto-test3 镜像的大小为 133.6MB，ID 为 9b9156ebaf4c。

（3）使用终端查看镜像。

先不要着急运行镜像。趁热打铁，下面先介绍如何使用 iTerm2 查看镜像。

执行 docker image 命令。

```
docker image ls | grep jartto-test3
```

在成功执行后，将会看到如下信息。

```
jartto-test3 latest      9b9156ebaf4c      32 minutes ago      134MB
```

信息显示，创建了一个名为 jartto-test3 的镜像，它的 ID 是 9b9156ebaf4c，在 32min 前构建成功，大小为 133.6MB。

这就与前面通过 Docker 客户端看到的镜像列表对应起来了。

> 到底使用 Docker 客户端，还是使用 iTerm2 查看镜像，读者不必纠结，选择顺手的方式即可。

2.5　在容器中运行项目镜像

相信很多读者会有疑问，构建的项目镜像应该如何运行呢？

在镜像列表中选择"jartto-test3"选项，在该镜像右侧将会出现"RUN"按钮，如图 2-11 所示。

	TAG	IMAGE ID	CREATED	SIZE	
jartto-test3	latest	9b9156ebaf4c	13 minutes ago	133.6 MB	⋮ RUN ▶

图 2-11

2.5.1　运行容器

在运行具体的镜像前，需要先配置容器的基本信息。

输入容器名 first-docker-project，选择 8888 端口，单击"Run"按钮即可运行容器，如图 2-12 所示。

图 2-12

2.5.2　管理容器

在正常情况下，容器运行后，可以在 Docker 桌面端进行容器管理，如图 2-13 所示。

这里需要关注图 2-13 中框出来的部分。

- 选中 Docker 桌面端左侧的"Containers/Apps"选项。
- 选择运行的容器"first-docker-project"。
- 右侧操作区主要包含在浏览器中打开、运行 CLI、停止容器、刷新容器、删除容器操作。

图 2-13

2.5.3　在浏览器中打开

为了查看 jartto-test3 项目构建出来的镜像是否能够正常运行，可以单击"OPEN IN BROWSER"按钮。

不出所料，启动的站点使用的端口就是在容器中配置的 8888 端口，项目成功运行，如图 2-14 所示。

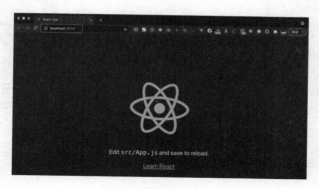

图 2-14

93

2.5.4 进程管理

通常，在项目运行过程中，开发人员只关心正常的状态。事实上，项目异常及服务器宕机会带来极大的风险。那么如何才能降低风险呢？这时不得不提到进程管理。

1. 容器进程管理

在 Docker 中，每个容器都是 Docker Daemon（守护进程）的子进程。默认每个容器进程具有不同的 PID 命名空间。在创建一个 Docker 时，会新建一个 PID 命名空间。容器启动进程在该命名空间内的 PID 为 1。当 PID1 进程结束后，Docker 会销毁对应的 PID 命名空间，并向容器内所有其他的子进程发送 SIGKILL。

通过命名空间技术，Docker 可以实现容器间的进程隔离。Docker 鼓励采用"一个容器一个进程"（One Process Per Container）的方式。

下面通过启动不同的 jartto-test3 镜像，创建两个容器并观察里面的进程。

（1）将第 2 个容器命名为 second-docker-project，并调整为 8889 端口，单击 "Run" 按钮启动，如图 2-15 所示。

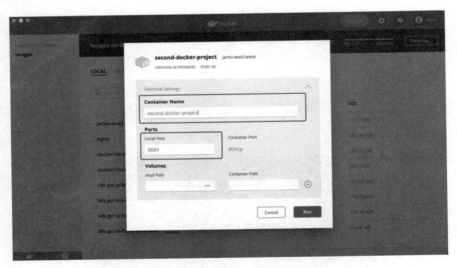

图 2-15

（2）不出所料，容器管理列表中出现了两个启动中的容器，如图 2-16 所示。

图 2-16

读者也可以通过 iTerm2 执行 docker ps 命令来查看进程，结果如图 2-17 所示。

```
→ my-react-app docker ps
CONTAINER ID   IMAGE                  COMMAND                CREATED          STATUS             PORTS                     NAMES
406174d3ff25   jartto-test3:latest    "/docker-entrypoint…"  29 seconds ago   Up 28 seconds      0.0.0.0:8889->80/tcp      sencond-docker-project
20b112f1b7fc   jartto-test3:latest    "/docker-entrypoint…"  About a minute ago Up About a minute 0.0.0.0:8888->80/tcp      first-docker-project
```

图 2-17

2. 查看进程信息

查看每个容器具体的进程信息可以使用 docker top 命令。执行 docker top first-docker-project 命令后会得到如图 2-18 所示的信息。

```
→ my-react-app docker top first-docker-project
UID       PID        PPID                    C              STIME          TTY          TIME          CMD
root      84857      84830                   0              10:32          ?            00:00:00      nginx: master process nginx -g dae
mon off;
uuidd     84914      84857                   0              10:32          ?            00:00:00      nginx: worker process
uuidd     84915      84857                   0              10:32          ?            00:00:00      nginx: worker process
uuidd     84916      84857                   0              10:32          ?            00:00:00      nginx: worker process
uuidd     84917      84857                   0              10:32          ?            00:00:00      nginx: worker process
uuidd     84918      84857                   0              10:32          ?            00:00:00      nginx: worker process
uuidd     84919      84857                   0              10:32          ?            00:00:00      nginx: worker process
```

图 2-18

其中，UID、PID 及 PPID 的含义如下。

- UID：容器内的当前用户为 Root 角色。
- PID：容器内的进程在宿主机上的 PID。
- PPID：容器内的进程在宿主机上父进程的 PID。

此外，Docker 提供的 docker stop 命令和 docker kill 命令用来向容器中的 PID1 进程发送信号。

在执行 docker stop 命令时，Docker 首先向容器中的 PID1 进程发送一个 SIGTERM 信号，用于实现容器内程序的退出。如果容器在收到 SIGTERM 信号后没有结束，则 Docker Daemon 会在等待一段时间（默认是 10s）后，再向容器发送 SIGKILL 信号，将容器"杀死"变为退出状态。这种方式为 Docker 应用提供了一个优雅的退出（Graceful Stop）机制，允许应用在收到 docker stop 命令后清理和释放使用中的资源。

执行 docker kill 命令，Docker 同样会向容器中的 PID1 进程发送信号，但默认是发送 SIGKILL 信号来强制退出应用。

2.5.5 日志查看

日志查看相对简单。开发人员可以在"Containers/Apps"界面中选择"second-docker-project"应用，如图 2-19 所示。

图 2-19

"Containers/Apps"界面中保留了容器启动后的所有日志信息。为了进一步验证，开发人员不妨刷新浏览器，重新请求 Web 站点，这时就会在后台列出对应的请求日志信息，结果如图 2-20 所示。

每一次的用户访问都会记录在日志里面，开发人员可以从这里了解到 Docker 实例的运行情况。

开发人员还需要关注实例的 CPU 及 MEMORY 的使用情况，以确保站点稳定运行，如图 2-21 所示。

在 CPU 和 MEMORY 的使用情况处于较低水平且没有增长趋势时，站点相对稳定。否则需要查看 Web 站点是否异常，如果请求并发量太高，则需要进行紧急扩容。

图 2-20

图 2-21

2.6　管理镜像

　　读者是否还记得第 1 章中关于 Docker 的定义：一次构建，处处运行（Build Once，Run Anywhere）。没错，既然在 2.5 节中已经成功构建出一个名为 jartto-test3 的项目镜像，那么不妨将其固化到镜像仓库中，以便于之后的项目复用。

　　在启动容器时，Docker Daemon 会试图从本地仓库中获取相关镜像。如果本地镜像不存在，则其将从远程仓库中下载相关镜像并保存至本地仓库中。

2.6.1 了解镜像仓库

镜像仓库，顾名思义就是存储镜像的仓库。镜像仓库一般分为私有仓库和公共仓库。根据功能的不同，镜像仓库又可以细分为以下几种。

- Sponsor Registry：第三方的镜像仓库，供客户和 Docker 社区使用。
- Mirror Registry：第三方的镜像仓库，只供客户使用，如阿里云注册后才可以使用。
- Vendor Registry：由发布 Docker 镜像的供应商提供的镜像仓库，通常代表组织（如 RedHat、Google 等）。
- Private Registry：私有仓库，设有防火墙和额外的安全层的私有实体提供的镜像仓库，安全性较高，一般供企业内部使用。

2.6.2 最大的镜像仓库——Docker Hub

Docker Hub 是世界上最大的镜像仓库，其镜像的来源非常广泛，通常来源于社区开发人员、软件供应商及开源项目等。用户既可以通过访问免费的公共仓库来存储和共享镜像，也可以选择私有仓库来进行个性化定制。

例如，Docker Hub 提供的官方 Nginx 镜像如图 2-22 所示。

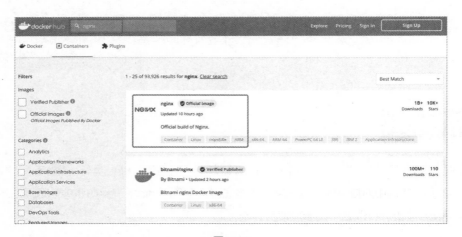

图 2-22

那么如何使用呢？开发人员可以通过 docker pull nginx 命令来拉取官方镜像，如图 2-23 所示。

图 2-23

2.6.3　把项目镜像推送到远程镜像仓库中

在 1.5.2 节中创建的私有镜像仓库如图 2-24 所示。

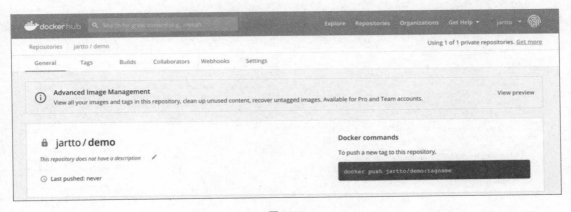

图 2-24

下面演示如何将本地镜像推送到远程私有镜像仓库中。

（1）打开 Docker 桌面端，如图 2-25 所示。

奇怪的是，在选中对应镜像执行 Push to Hub 命令时，会报出 "denied:requested access to the resource is denied" 的异常，这是为什么呢？

先排查是否是本地问题。通过执行 docker images 命令来查看本地 Docker 镜像，如图 2-26 所示。

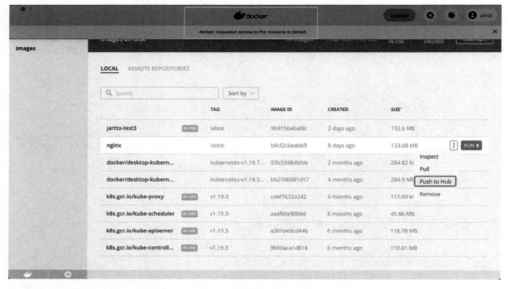

图 2-25

```
→ my-react-app docker images
REPOSITORY                              TAG                                              IMAGE ID       CREATED         SIZE
jartto-test3 ←                          latest                                           36c5a81d3035   10 minutes ago  134MB
nginx                                   latest                                           87a94228f133   11 days ago     133MB
docker/desktop-kubernetes               kubernetes-v1.21.5-cni-v0.8.5-critools-v1.17.0-debian  967a1c03eb00   4 weeks ago  290MB
k8s.gcr.io/kube-apiserver               v1.21.5                                          7b2ac941d4c3   5 weeks ago     126MB
k8s.gcr.io/kube-controller-manager      v1.21.5                                          184ef4d127b4   5 weeks ago     120MB
k8s.gcr.io/kube-scheduler               v1.21.5                                          8e60ea3644d6   5 weeks ago     50.8MB
k8s.gcr.io/kube-proxy                   v1.21.5                                          e08abd2be730   5 weeks ago     104MB
docker/desktop-vpnkit-controller        v2.0                                             8c2c38aa676e   5 months ago    21MB
docker/desktop-storage-provisioner      v2.0                                             99f89471f470   5 months ago    41.9MB
k8s.gcr.io/pause                        3.4.1                                            0f8457a4c2ec   9 months ago    683kB
k8s.gcr.io/coredns/coredns              v1.8.0                                           296a6d5035e2   12 months ago   42.5MB
k8s.gcr.io/etcd                         3.4.13-0                                         0369cf4303ff   14 months ago   253MB
```

图 2-26

原来这里有一个限制条件：在构建（Build）本地镜像时，如果要添加 Tag，则必须在原来的文件前面加上 Docker Hub 中的 Username（本例中使用的账号为 jartto）。

理解其规则后，不妨再重新构建一个名为 jartto/jartto-test4 的镜像包。

```
docker build -t jartto/jartto-test4 .
```

（2）再次执行 Push to Hub 命令，桌面端开始将本地镜像上传到远程镜像仓库中，操作过程如图 2-27 所示。

（3）等待其执行结束，打开 Docker 桌面端，查看远程镜像仓库，可以看到 jartto/jartto-test4 镜像已经存在于远程镜像仓库列表中，如图 2-28 所示。

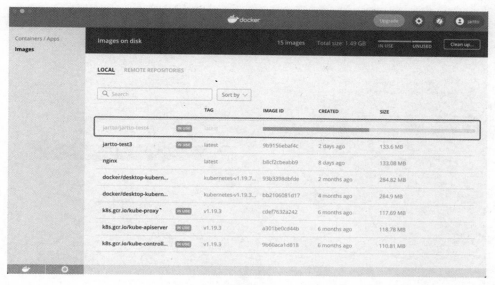

图 2-27

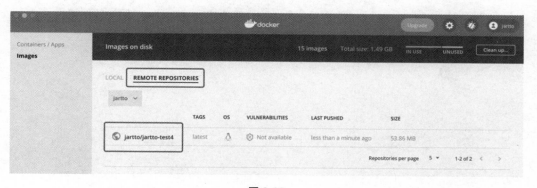

图 2-28

> 开发人员也可以从 Docker Hub 后台验证 jartto/jartto-test4 镜像是否存在，如图 2-29 所示。

（4）管理远程镜像仓库也非常容易，选择 jartto/jartto-test4 镜像即可看到该仓库的具体信息，如图 2-30 所示。

至此，我们已经将镜像仓库所有的操作都体验了一遍，是不是很简单呢？看起来一切是那么完美。但 Web 站点还运行在本地容器中，如何将其发布到服务器呢？2.7 节将详细介绍。

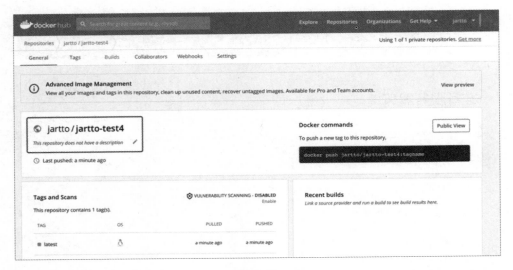

图 2-29

图 2-30

2.7 发布项目

为了将 Web 站点发布到服务器，需要准备一台 Linux 服务器。接下来我们将在服务器端部署 Web 站点。

关于如何申请云服务器，开发人员可以非常方便地在网络上找到很多资源，如阿里云、腾讯云等，这里就不再赘述了。

2.7.1 准备服务器环境

云服务厂商一般会在用户申请下来服务器后为用户提供账号和密码，便于通过 SSH 来远程登录。

```
ssh root@39.*.*.34
```

输入账号和密码后即可登录成功。在终端不但可以看到本次登录信息，而且可以看到最近服务器的用户访问记录。

```
Last failed login: Mon Apr  5 11:20:25 CST 2021 from 101.132.125.87 on ssh:notty
There were 28418 failed login attempts since the last successful login.
Last login: Sun Feb 14 03:49:21 2021 from 221.*.*.78
```

2.7.2 部署项目

（1）要运行 Docker，就需要确保服务器上已经安装了 Docker 实例，可以执行 docker –v 命令来确认。

如果显示以下信息则表明 Docker 实例已经安装成功，并且版本号是 20.10.3。

```
Docker version 20.10.3, build 48d30b5
```

（2）在服务器上执行 docker pull 命令可以从远程仓库拉取 jartto/jartto-test4 镜像，如图 2-31 所示。

```
docker pull jartto/jartto-test4
```

```
[root@iZ2ze0v74nqt3oyrtcvk4pZ ~]# docker pull jartto/jartto-test4
Using default tag: latest
latest: Pulling from jartto/jartto-test4
Digest: sha256:c90fe059a7832558193adc10c52f00f64d039e11e622b7e493f9f13b8d8863cb
Status: Image is up to date for jartto/jartto-test4:latest
docker.io/jartto/jartto-test4:latest
```

图 2-31

如果镜像内容未发生变化，则不会重复拉取。

（3）通过执行 docker run 命令启动 Docker。

```
docker run -d -p 8888:80 --name react-docker-demo jartto/jartto-test4
```

参数说明如下。

- -d：设置容器在后台运行。
- -p：表示端口映射，把本机的 8888 端口映射到容器的 80 端口（这样外网就能通过本机的 8888 端口访问容器内部）。
- --name：设置容器名，此处为 react-docker-demo。
- jartto/jartto-test4：表示镜像名（2.6.3 节中构建的镜像名）。

2.7.3　确定容器是否运行正常

1. 查看容器进程

执行 docker run 命令后，终端会打印出一行 ID，如图 2-32 所示。

```
[root@iZ2ze0v74nqt3oyrtcvk4pZ ~]# docker run -d -p 8888:80 --name react-docker-demo jartto/jartto-test4
aab2595141ca8d0237860fb270e58aa0b79f6e90f71238ef7d163919a21a4f8f
```

图 2-32

如何知道容器是否运行正常呢？

可以通过执行 docker ps 命令来查看进程，如图 2-33 所示。如果容器列表中出现"jartto/jartto-test4"选项，则表明容器运行正常，否认会出现警告并提示异常信息。

```
[root@iZ2ze0v74nqt3oyrtcvk4pZ ~]# docker ps -a
CONTAINER ID   IMAGE                               COMMAND                  CREATED          STATUS              PORTS                        NAMES
aab2595141ca   jartto/jartto-test4                 "/docker-entrypoint…"    About a minute ago  Up About a minute   0.0.0.0:8888->80/tcp         react-docker-demo
60d071e9222a   goharbor/harbor-jobservice:v2.0.6   "/harbor/entrypoint…"    7 weeks ago      Up 7 weeks (healthy)                             harbor-jobservice
33acf265a351   goharbor/nginx-photon:v2.0.6        "nginx -g 'daemon of…"   7 weeks ago      Up 7 weeks (healthy)  0.0.0.0:8936->8080/tcp      nginx
ec15e7d61f1e   goharbor/harbor-core:v2.0.6         "/harbor/entrypoint…"    7 weeks ago      Up 7 weeks (healthy)                             harbor-core
a4b997759745   goharbor/harbor-db:v2.0.6           "/docker-entrypoint…"    7 weeks ago      Up 7 weeks (healthy)  5432/tcp                    harbor-db
c617cdd9e0cf   goharbor/harbor-registryctl:v2.0.6  "/home/harbor/start…"    7 weeks ago      Up 7 weeks (healthy)                             registryctl
58eb5c67ef35   goharbor/redis-photon:v2.0.6        "redis-server /etc/r…"   7 weeks ago      Up 7 weeks (healthy)  6379/tcp                    redis
d2723d24f11d   goharbor/registry-photon:v2.0.6     "/home/harbor/entryp…"   7 weeks ago      Up 7 weeks (healthy)  5000/tcp                    registry
cad52782bb4    goharbor/harbor-portal:v2.0.6       "nginx -g 'daemon of…"   7 weeks ago      Up 7 weeks (healthy)  8080/tcp                    harbor-portal
c09b07903806   goharbor/harbor-log:v2.0.6          "/bin/sh -c /usr/loc…"   7 weeks ago      Up 7 weeks (healthy)  127.0.0.1:1514->10514/tcp   harbor-log
```

图 2-33

2. 进行服务器验证

容器运行正常并不代表部署的服务是正常的。

开发人员可以通过执行 curl -v -i localhost:8888 命令进行服务器验证。控制台的输出如图 2-34 所示。

```
[root@iZ2ze0v74nqt3oyrtcvk4pZ ~]# curl -v -i localhost:8888
* About to connect() to localhost port 8888 (#0)
*   Trying 127.0.0.1...
* Connected to localhost (127.0.0.1) port 8888 (#0)
> GET / HTTP/1.1
> User-Agent: curl/7.29.0
> Host: localhost:8888
> Accept: */*
>
< HTTP/1.1 200 OK
HTTP/1.1 200 OK
< Server: nginx/1.19.8
Server: nginx/1.19.8
< Date: Mon, 05 Apr 2021 04:32:57 GMT
Date: Mon, 05 Apr 2021 04:32:57 GMT
< Content-Type: text/html
Content-Type: text/html
< Content-Length: 3032
Content-Length: 3032
< Last-Modified: Sun, 28 Mar 2021 13:54:37 GMT
Last-Modified: Sun, 28 Mar 2021 13:54:37 GMT
< Connection: keep-alive
Connection: keep-alive
```

图 2-34

Web 站点已经有了返回值并且 HTTP 状态码为 200，说明服务部署就绪，可以正常访问。

> 常见的 HTTP 状态码如下：200 表示请求成功，301 表示资源（网页等）被永久地转移到其他 URL，404 表示请求的资源（网页等）不存在，500 表示内部服务器错误。

2.7.4　线上验证

需要注意的是，本地验证通过，不代表站点上线后也是正常的，还需要进行最后一步验证——确定用户线上访问正常。

在未绑定访问域名之前，可以通过服务器 IP 地址来访问临时站点（如 http://192.168.1.53）。那么如何得知服务器 IP 地址呢？这里可以使用 ifconfig 命令进行查询，如图 2-35 所示。

```
→ code git:(master) ✗ ifconfig
lo0: flags=8049<UP,LOOPBACK,RUNNING,MULTICAST> mtu 16384
    options=1203<RXCSUM,TXCSUM,TXSTATUS,SW_TIMESTAMP>
    inet 127.0.0.1 netmask 0xff000000
    inet6 ::1 prefixlen 128
    inet6 fe80::1%lo0 prefixlen 64 scopeid 0x1
    nd6 options=201<PERFORMNUD,DAD>
gif0: flags=8010<POINTOPOINT,MULTICAST> mtu 1280
stf0: flags=0<> mtu 1280
XHC0: flags=0<> mtu 0
XHC20: flags=0<> mtu 0
en0: flags=8863<UP,BROADCAST,SMART,RUNNING,SIMPLEX,MULTICAST> mtu 1500
    ether 88:e9:fe:6d:8a:db
    inet6 fe80::4cf:5ba2:c1dd:cb2b%en0 prefixlen 64 secured scopeid 0x6
    inet 192.168.1.53 netmask 0xffffff00 broadcast 192.168.1.255
    inet6 2408:8207:6c7f:ce00:dd:6ecd:743a:6ec7 prefixlen 64 autoconf secured
    inet6 2408:8207:6c7f:ce00:85c4:c9f7:cc73:5cb7 prefixlen 64 autoconf temporary
    nd6 options=201<PERFORMNUD,DAD>
    media: autoselect
    status: active
```

图 2-35

得知服务器 IP 地址后，开发人员即可通过在浏览器的地址栏中输入"IP 地址 ＋ 端口号"来访问服务器端部署的 Web 站点，如图 2-36 所示。

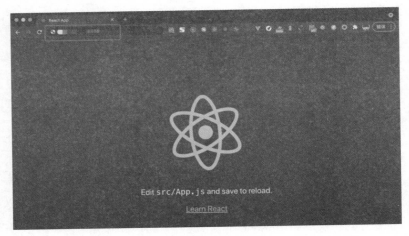

图 2-36

至此，我们从 0 到 1 完成了一个 Web 项目的容器化：开发→构建→部署。

有了这个项目镜像，之后的项目都可以快速、高效地进行部署，开发人员根本不需要关心任何的环境差异问题。部署过程也简化为"先 Pull 再 Run"，完美地实现了"一次构建，处处运行"（Build Once，Run Anywhere）。

2.8　本章小结

通过学习本章，相信读者在脑海中已经初步建立起一个 Docker 地图。在实际开发过程中，这些内容已经可以解决大部分问题。但这还远远不够，我们只打开了 Docker 的大门，要想完全掌握 Docker，还需要探索它的内在奥秘。

第 3 章，让我们扬帆起航，去探究 Docker 的核心原理，领略源码之美吧！

第3章

了解 Docker 的核心原理

第 2 章介绍了一个完整的示例，让读者不仅可以体验 Docker 使用的便捷性，还可以全面了解 Docker 的三大核心概念（镜像、容器、仓库）。但这些还远远不够，Docker 开发人员需要"知其然，知其所以然"。

本章将介绍一些 Docker 底层技术，让读者对 Docker 有更深入的理解，从而更加全面地掌握 Docker 技术。

3.1 熟悉 Docker 架构

软件架构是一系列相关的抽象模式，用于指导大型软件系统各个方面的设计。从本质上来看，软件架构属于一种系统草图。

软件架构所描述的对象就是组成系统的各个抽象组件。可以通过线框、层级将各个抽象组件进行连接，从而比较明确地描述它们之间的关系。在大多数情况下，可以从对象领域展开分析，使用抽象接口来连接各个组件。

软件架构为软件系统提供了一个结构、行为和属性的高级抽象模式。它不仅显示了软件需求和软件结构之间的对应关系，还指定了整个软件系统的组织和拓扑结构，提供了一些设计决策的基本原理。

1. 理解软件架构的重要性

软件架构的重要性就在于，它满足了非功能性需求（也称为质量需求）。这些非功能性需求不仅决定了一个应用程序在运行时的质量（如可扩展性和可靠性），还决定了开发阶段的质量（包括可维护性、可测试性、可扩展性和可部署性）。为应用程序所选择的架构，决定了这些质量的属性。

因此，理解软件架构非常重要。读者可以从 Docker 架构入手，从整体到局部，了解其内部组件的组成、具备的属性，以及它们之间的关系，这样可以达到事半功倍的效果。

2. 镜像、容器、仓库三者之间的关系

Docker 包含几个重要的部分，如图 3-1 所示。

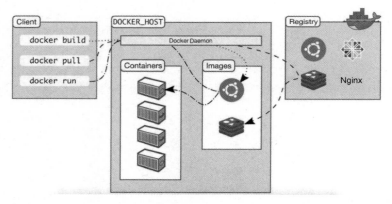

图 3-1

（1）Docker Client（Docker 客户端）。

用户通过 Docker Client 与 Docker Daemon 建立通信，并将请求发送给后者。在 Docker Client 中可以执行 docker build 命令、docker pull 命令和 docker run 命令。从 Docker Client 发送容器管理请求后，由 Docker Daemon 接收并处理请求。在 Docker Client 接收返回的请求并进行相应处理后，一个完整的生命周期就结束了。

（2）Docker Daemon（守护进程）。

Docker Daemon 作为 Docker 架构中的主体部分，常处于后台的系统进程中，用于提供 Docker Server 功能，接收并处理 Docker Client 的请求。

此外，Docker Daemon 在启动时所使用的可执行文件与 Docker Client 在启动时所使用的可

执行文件相同。Docker 在执行命令时，容器通过传入的参数来判断是 Docker Daemon 还是 Docker Client。

Docker Daemon 的架构大致可以分为两部分：Docker Server 和 Docker Engine，如图 3-2 所示。

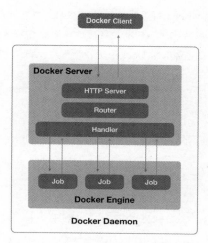

图 3-2

理解了 Docker Daemon 就掌握了 Docker 的半壁江山，那么 Docker Server 和 Docker Engine 又是如何关联的呢？这就需要读者先理解这两部分各自的作用。

- Docker Server：相当于 C/S 架构的服务器端，既可以是本地的，也可以是远程的，作用是接收并分发 Docker Client 发起的请求。Docker Server 接收 Docker Client 的访问请求，并创建一个全新的 Goroutine（Go 语言提供的一种用户态线程，有时也称协程）来服务该请求。

> 在 Goroutine 中，首先读取请求内容并进行解析，然后找到相应的路由项并调用相应的 Handler 来处理该请求，最后回复该请求。

- Docker Engine：Docker 架构中的运行引擎，同时是 Docker 运行的核心模块。它扮演 Docker Container 的角色，并且通过执行 Job 的方式来操纵和管理这些容器，每项工作都是以一个 Job 的形式存在的。

这里需要特殊说明的是 Docker Engine 中的 Job。一个 Job 可以被认为是 Docker 架构中

Engine 内部最基本的工作执行单元。Docker 可以做的每项工作，都可以抽象为一个 Job。例如，在容器内部运行一个进程是一个 Job，创建一个新的容器是一个 Job，Docker Server 的运行过程也是一个 Job，名为 ServeApi。

> 　　在 Job 运行过程中，如果需要容器镜像，则从 Docker Registry 中下载镜像，并通过镜像管理驱动程序 graphdriver 将下载的镜像以 Graph 形式进行存储。
> 　　若需要为 Docker 创建网络环境，则通过网络管理驱动程序 networkdriver 创建并配置 Docker 网络环境。若需要限制 Docker 运行资源或执行用户指令等操作，则通过驱动程序来完成。

（3）Images（镜像）。

镜像是 Docker 的基石，容器基于镜像启动和运行。Docker 镜像是一个层叠的只读文件系统。

（4）Containers（容器）。

容器通过镜像启动。Docker 的容器是 Docker 的执行来源，在容器中可以运行客户的一个或多个进程。如果镜像作用于 Docker 声明周期中的构建和打包阶段，那么容器则作用于启动和执行阶段。

（5）Registry（仓库）。

Docker 用仓库来保存用户构建的镜像。仓库分为公有和私有两种。

在 Docker 的运行过程中，Daemon 会与 Registry 通信，并实现搜索镜像、下载镜像、上传镜像这 3 个功能。这 3 个功能对应的 Job 名称分别为 Search、Pull 与 Push。第 2 章对仓库进行了具体的说明，这里不再赘述。

3. 从整体架构层面理解

Docker Engine 是一个 C/S 架构的应用程序，主要包含下面几个组件（见图 3-3）。

- 常驻后台的进程 Docker Daemon。
- 一个用来和 Docker Daemon 交互的 RESTful API。
- 命令行的 Docker CLI 接口，通过它可以和 RESTful API 进行交互。

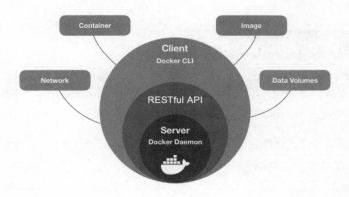

图 3-3

除 Docker Engine 外，还有 Network、Container、Image 及 Data Volumes。Container 和 Image 读者已经很熟悉了，下面重点介绍 Network 和 Data Volumes。

（1）Network：使用它不仅可以很方便地维护和管理 Docker 网络，还可以很方便地在容器之间通过 IP 地址和端口进行交互。

（2）Data Volumes：可以视为容器中的一种特殊的文件路径，用于保存与容器实例生命周期无关的共享数据。它可以存放在一个或多个容器内特定的目录下，提供独立于容器的持久化存储。

Data Volumes 是经过特殊设计的目录，可以绕过 UnionFS（Union File System，联合文件系统），为一个或多个容器提供访问，从而实现容器间的数据共享。它有如下几个特性。

- 在容器创建时初始化。
- 作为文件系统的一部分，但是不受 UnionFS 的管理。
- 便于持久化存储数据和共享数据。
- Data Volumes 的数据是持久化的，删除容器不影响 Data Volumes 的数据。
- 对 Data Volumes 的操作会立刻生效。

4. 总结

Docker 整体架构是相对复杂的，因此本节将其拆分，并进行了详细的讲解。虽然可能存在一些知识点的遗漏，但是整体脉络已经相当清楚。掌握基本架构的相关知识，对于读者后续的深入学习很有帮助。

3.2　Linux 的 Namespace 机制

从本质上来说，Docker 是运行在宿主机上的进程。各个进程之间的资源隔离依赖 Namespace（命名空间）机制，这是在 Linux 内核中实现的。

在 Linux 中，创建任何进程都会把该进程的相关信息记录在操作系统的"/proc"目录下。下面以在 CentOS 7 上安装 Nginx 为例进行介绍。

```
#yum install nginx -y
#systemctl start nginx
#ss -anput | grep nginx
tcp    LISTEN    0    128    *:80    *:*
users:(("nginx",pid=20169,fd=10),("nginx",pid=8777,fd=10),("nginx",pid=8776,fd=10))
```

从上述日志中可以看出，进程 pid=20169。那么进程的相关信息又是如何被存储的呢？不妨进入"/proc"目录下看看，如图 3-4 所示。

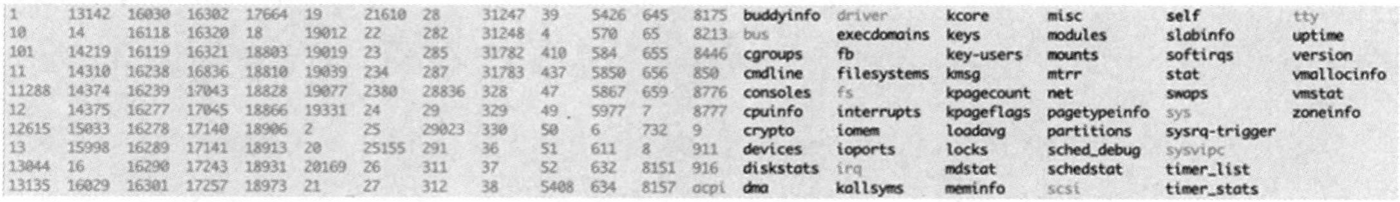

图 3-4

"/proc"目录与其他的目录有所不同，它是一种虚拟文件系统，存储的是内核运行状态的一系列特殊文件。用户可以通过这些文件查看进程或设备的相关信息。

还是用 pid=20169 举例，找到 20169 进程并进入其目录。

```
#cd 20169
#ls
```

这个目录有非常多的信息，如内存、CPU、启动命令、当前状态、挂载等。本章关于 Namespace 和 Cgroup（Control Groups，控制组群）的介绍主要围绕"/proc"目录展开。

1. 关于 Namespace

要了解 Namespace，可以进入"ns"目录一探究竟。执行 ls -lrt 命令，按修改时间倒序列出当前工作目录下的文件。

```
#cd ns
#ls -lrt
```

终端输出日志如下。

```
total 0
lrwxrwxrwx 1 root root 0 Mar 20 14:00 uts -> uts:[4026531838]
lrwxrwxrwx 1 root root 0 Mar 20 14:00 user -> user:[4026531837]
lrwxrwxrwx 1 root root 0 Mar 20 14:00 pid -> pid:[4026531836]
lrwxrwxrwx 1 root root 0 Mar 20 14:00 net -> net:[4026531956]
lrwxrwxrwx 1 root root 0 Mar 20 14:00 mnt -> mnt:[4026531840]
lrwxrwxrwx 1 root root 0 Mar 20 14:00 ipc -> ipc:[4026531839]
```

简单解释一下，"ns"目录就是命名空间目录。可以看到，Linux 中提供了 uts、user、pid、net、mnt、ipc 的资源隔离。通过缩写名称，大概知道它们可以实现主机名/域名、用户、进程、网络、文件系统和信号的隔离。

其中，"uts -> uts:[4026531838]"表示 Nginx 进程在编号为 4026531838 的 uts 命名空间中。如果要看到相同的主机名，则另外一个进程的 uts 编号也必须是 4026531838。

2. Namespace 的底层原理

既然 Docker 也是进程，那么在 Linux 下又是如何创建该进程的呢？下面以 UTS（UNIX Time-sharing System）为例来讲解 Namespace 的底层原理。

下面先引入如下所示的脚本片段。

```
#define _GNU_SOURCE
#include <sched.h>
#include <sys/wait.h>
#include <stdio.h>
#include <stdlib.h>
#include <unistd.h>
#include <string.h>

#define NOT_OK_EXIT(code, msg); {if(code == -1){perror(msg); exit(-1);} }
static int child_func(void *hostname)
{
    sethostname(hostname, strlen(hostname));
```

```
    execlp("bash", "bash", (char *) NULL);
  return 0;
}
static char child_stack[1024*1024];
int main(int argc, char *argv[])
{
    pid_t child_pid;
    if (argc < 2) {
        printf("Usage: %s <child-hostname>\n", argv[0]);
        return -1;
    }
    child_pid = clone(child_func,child_stack + sizeof(child_stack),CLONE_NEWUTS | SIGCHLD,
argv[1]);NOT_OK_EXIT(child_pid, "clone");
    waitpid(child_pid, NULL, 0);
    return 0;
}
```

上面是一段创建子进程的 C 语言代码，读者如果看不懂也完全没关系，只需要重点关注 clone() 函数的实现。

```
child_pid = clone(child_func,child_stack + sizeof(child_stack),CLONE_NEWUTS | SIGCHLD, argv[1]);
```

可以看到，创建不同资源的隔离，就是加入不同的 SIGCHLD。

如果需要创建 PID 的隔离，则将上面的代码改为 "child_pid = clone(child_func,child_stack + sizeof(child_stack), CLONE_NEWPID |SIGCHLD, argv[1])" 即可。

如果主机与进程内部显示的主机名不一样，则需要确认进程编号，如下方代码所示。

```
[root@NewName uts]#ps
  PID TTY          TIME CMD
 5867 pts/0    00:00:00 bash
17045 pts/0    00:00:00 bash
27810 pts/0    00:00:00 uts.o
27811 pts/0    00:00:00 bash
28074 pts/0    00:00:00 ps
```

在上面的代码中，通过执行 ps 命令在日志中输出了 PID 的具体信息。我们启动的是 27811 这个 bash 子进程，原来 Nginx 的进程是 20169。下面进行简单对比。

先列出 "/proc/27811/ns/" 目录。

```
[root@NewName uts]#cd /proc/27811/ns/
[root@NewName ns]#ls -lrt
total 0
lrwxrwxrwx 1 root root 0 Mar 20 15:34 uts -> uts:[4026532467]
lrwxrwxrwx 1 root root 0 Mar 20 15:34 user -> user:[4026531837]
lrwxrwxrwx 1 root root 0 Mar 20 15:34 pid -> pid:[4026531836]
lrwxrwxrwx 1 root root 0 Mar 20 15:34 net -> net:[4026531956]
lrwxrwxrwx 1 root root 0 Mar 20 15:34 mnt -> mnt:[4026531840]
lrwxrwxrwx 1 root root 0 Mar 20 15:34 ipc -> ipc:[4026531839]
```

再列出 "/20169/ns" 目录。

```
[root@NewName ns]#ls -lrt ../../20169/ns
total 0
lrwxrwxrwx 1 root root 0 Mar 20 14:00 uts -> uts:[4026531838]
lrwxrwxrwx 1 root root 0 Mar 20 14:00 user -> user:[4026531837]
lrwxrwxrwx 1 root root 0 Mar 20 14:00 pid -> pid:[4026531836]
lrwxrwxrwx 1 root root 0 Mar 20 14:00 net -> net:[4026531956]
lrwxrwxrwx 1 root root 0 Mar 20 14:00 mnt -> mnt:[4026531840]
lrwxrwxrwx 1 root root 0 Mar 20 14:00 ipc -> ipc:[4026531839]
```

对比上面两段代码可知，除 UTS 外，其他进程的编号都是一样的。

如果要实现其他的资源隔离，则需要配置不同的参数，如表 3-1 所示。

表 3-1

Namespace	系统调用参数	隔离内容
uts	CLONE_NEWUTS	主机名与域名
ipc	CLONE_NEWIPC	信号量、消息队列和共享内存
pid	CLONE_NEWPID	进程编号
network	CLONE_NEWNET	网络设备、网络栈、端口等
mount	CLONE_NEWNS	挂载点（文件系统）
user	CLONE_NEWUSER	用户和用户组

读者可能会有这样的疑问——如果需要同时隔离应该怎么办呢？很简单，按照顺序通过管道符连接即可。

```
CLONE_NEWIPC| CLONE_NEWPID | CLONE_NEWNET | CLONE_NEWNS | CLONE_NEWUSER |CLONE_NEWUTS |SIGCHLD
```

3. Docker 中的进程隔离

在对进程隔离有了一定的认识后，下面介绍在 Docker 中是如何实现进程隔离的。在上述代码片段中增加 pid 隔离参数，重新进行编译。

```
[root@aliyun pid]#./pid.o  AName
[root@AName pid]#echo $$
1
```

通过日志可以看到，进程号已经变成 1。但是，执行 ps –aux 命令后得到的并不是我们预期的结果，仍是 aliyun 这台机器上的进程信息，如下方代码所示，问题出在哪里呢？

```
[root@AName pid]#ps -aux
USER       PID %CPU %MEM    VSZ   RSS TTY      STAT START   TIME COMMAND
root         1  0.0  0.0 125656  3376 ?        Ss   2020  44:25 /usr/lib/systemd/systemd --system
--deserialize 23
root         2  0.0  0.0      0     0 ?        S    2020   0:00 [kthreadd]
root         4  0.0  0.0      0     0 ?        S<   2020   0:00 [kworker/0:0H]
root         6  0.0  0.0      0     0 ?        S    2020   8:08 [ksoftirqd/0]
root         7  0.0  0.0      0     0 ?        S    2020   1:42 [migration/0]
root         8  0.0  0.0      0     0 ?        S    2020   0:00 [rcu_bh]
```

很奇怪，"/proc"目录没有改变！读者会很自然地想到文件系统的隔离。接下来加入 mnt 进行隔离。

```
#gcc -Wall namespace.c -o  ns.o
#./ns.o ANAME
```

mount 中私有挂载的参数是--make-private。

```
[root@ANAME ~]#mount --make-private -t proc proc /proc/
[root@ANAME ~]#ls /proc
```

输出目录，发现进程目录只有两个。

```
#ls /proc
ls: cannot read symbolic link /proc/self: No such file or directory
```

在宿主机中执行 ls /proc 命令并没有成功，因为宿主机会影响主机的"/proc"目录，所以需要在宿主机中重新挂载"/proc"目录。

```
#mount --make-private -t proc proc /proc/
#ls /proc
```

再次执行 ls /proc 命令，已经恢复正常，如图 3-5 所示。

1	11	1432	1826	19	20	241	25	29	38	4556	527	8	bus	diskstats	interrupts	key-users	meminfo	partitions	stat	tty
10	12	1433	18568	19051	2049	243	26	30290	383	47	533	828	cgroups	dma	iomem	kmsg	misc	sched_debug	smaps	uptime
102	12149	1514	18820	19052	21	244	260	3236	39	488	537	9	cmdline	driver	ioports	kpagecount	modules	schedstat	sys	version
1053	12266	16	18859	19053	22	24427	266	36	4	49	6	954	consoles	execdomains	irq	kpageflags	mounts	scsi	sysrq-trigger	vmallocinfo
1059	13	1772	18928	19129	23	245	267	361	4136	50	65	956	cpuinfo	fb	kallsyms	loadavg	mtr	self	sysvipc	vmstat
1072	14	18	18935	19150	236	248	27	3694	4344	51	7		crypto	filesystems	kcore	locks	net	slabinfo	timer_list	zoneinfo
1073	14288	18168	18937	2	24	249	28	37	441	52		771	buddyinfo	devices	fs	keys	mdstat	pagetypeinfo	softirqs	timer_stats

图 3-5

那么这时的进程有什么变化呢？再次进入相应容器进程的命名空间进行验证。

```
#在宿主机中执行此命令
#./ns.o  ANAME
[root@ANAME ~]#mount --make-private -t proc proc /proc/
[root@ANAME ~]#pstree
bash——pstree
```

这时，1 号进程终于是 bash 程序了。但是读者可能会有疑问——为什么不直接将其封装成 private 来挂载呢？

如果在系统中新增一块磁盘，则所有的 Namespace 都应该感知到新挂载的这块磁盘。如果 Namespace 之间是完全隔离的，则每个 Namespace 都需要执行一次挂载，这是非常不便的。因此，在 Linux 2.6.15 版本中加入了一个 Shared Subtree 特性——通过制定 Propagation 来实现指定或全部的 Namespace 挂载到这块磁盘。

3.3　Linux 底层的 Cgroup 隔离机制

Cgroup 是 Linux 内核提供的一种机制。这种机制可以根据特定的行为，把一系列系统任务及其子任务整合（或分隔）到按资源划分的不同等级组内，从而为系统资源管理提供一个统一的框架。

> 在本书 3.2 节中介绍的 Namespace 其实并不是真正实现隔离的机制，因为它只是分隔出一个相对独立的 Shell 环境。真正起资源隔离作用的是 Cgroup。Cgroup 不仅可以隔离资源，还可以记录和限制进程组所使用的物理资源。

Cgroup 也是基于伪文件系统来实现的：通过对文件系统进行修改，即可实现对进程或进程组的资源隔离和限制。

1. 关于 Cgroup 目录

在通常情况下，可以通过执行 ls /sys/fs/cgroup 命令来查看"Cgroup"目录下的内容。

```
#ls /sys/fs/cgroup
total 0
drwxr-xr-x 3 root root  0 Feb 15 07:03 blkio
lrwxrwxrwx 1 root root 11 Feb 15 07:03 cpu -> cpu,cpuacct
lrwxrwxrwx 1 root root 11 Feb 15 07:03 cpuacct -> cpu,cpuacct
drwxr-xr-x 5 root root  0 Mar 31 21:04 cpu,cpuacct
drwxr-xr-x 3 root root  0 Feb 15 07:03 cpuset
drwxr-xr-x 4 root root  0 Feb 15 07:03 devices
drwxr-xr-x 3 root root  0 Feb 15 07:03 freezer
drwxr-xr-x 3 root root  0 Feb 15 07:03 hugetlb
drwxr-xr-x 5 root root  0 Mar 31 21:04 memory
lrwxrwxrwx 1 root root 16 Feb 15 07:03 net_cls -> net_cls,net_prio
drwxr-xr-x 3 root root  0 Feb 15 07:03 net_cls,net_prio
lrwxrwxrwx 1 root root 16 Feb 15 07:03 net_prio -> net_cls,net_prio
drwxr-xr-x 3 root root  0 Feb 15 07:03 perf_event
drwxr-xr-x 3 root root  0 Feb 15 07:03 pids
drwxr-xr-x 4 root root  0 Feb 15 07:03 systemd
```

每个目录都可以称为一个子系统（Subsystem），每个子目录的作用如下。

- blkio：为块设备设定输入/输出限制，如磁盘、固态硬盘等物理设备。
- cpu：使用调度程序提供对 CPU 的 Cgroup 任务访问。
- cpuacct：自动生成 Cgroup 中的任务所使用的 CPU 报告。
- cpuset：为 Cgroup 中的任务分配独立的 CPU（在多核系统中）和内存节点。
- devices：可允许或拒绝 Cgroup 中的任务访问设备。
- freezer：挂起或恢复 Cgroup 中的任务。
- hugetlb：主要针对 HugeTLB 系统进行限制，这是一个大页文件系统。
- memory：设定 Cgroup 中的任务使用的内存限制，并自动生成内存资源使用报告。
- net_cls：使用等级识别符（classid）标记网络数据包，可允许 Linux 流量控制程序（tc）识别从具体 Cgroup 中生成的数据包。
- net_prio：用来设计网络流量的优先级。
- perf_event：允许对某 Cgroup 中的进程进行性能监视。
- pids：限制 Cgroup（及其后代）中可能创建的进程数。
- systemd：通过修改 systemd 单位文件来管理系统资源。

2. 模拟"限制进程使用内存"

为了使读者更好地理解 Cgroup 是如何实现隔离的，接下来模拟"限制进程使用内存"，具体的操作步骤如下。

（1）准备 Shell 脚本。

通过执行 vim 命令新建 lm.sh 文件。

```
#vim lm.sh
```

输入如下代码片段，打印日期信息。

```
#! /bin/bash
while true
do
        date
        echo "abcde" >> /apps/a.log
done
```

（2）设置内存限制条件。

进入 "/sys/fs/cgroup/memory/" 目录，新建 "limitmem" 目录。

```
#cd /sys/fs/cgroup/memory/
#mkdir limitmem
#cd limitmem/
#cat memory.limit_in_bytes
9223372036854771712
```

将内存阈值设置为 64KB。如果超过该阈值，则进程会被 "杀掉"。

```
#echo 64k > memory.limit_in_bytes
```

通过执行 top 命令实时显示系统中所有进程的资源占用情况。

```
#top
...
 PID USER      PR  NI    VIRT    RES    SHR S  %CPU %MEM    TIME+ COMMAND
13989 root     20   0  113684   1848   1200 R  24.3  0.0  0:09.11 sh lm.sh
#echo 13989 > tasks
```

（3）重新启动服务。

重新启动服务，在终端中可以看到日期被不断打印，直到超过设定的 64KB 后，"打印进程" 才被系统 "杀掉"。

```
Fri Mar 26 22:48:43 CST 2021
Fri Mar 26 22:48:43 CST 2021
```

```
Fri Mar 26 22:48:43 CST 2021
Fri Mar 26 22:48:43 CST 2021
Killed
```

至此，我们简单实现了对某个进程的资源限制。

3. 在 Docker 中限制内存

在了解了系统对进程的资源限制原理后，下面介绍在 Docker 中是如何限制内存的。

以 Nginx 为例，使用 docker run 命令启动 Nginx 容器。

```
#docker run -dit --name nginx nginx
```

通过执行 docker ps 命令查看 Docker 进程。在终端输出的日志信息中可以看到 "CONTAINER ID"。

```
$ docker ps
CONTAINER ID    IMAGE    COMMAND               CREATED       STATUS         PORTS     NAMES
e399****db45    nginx    "/docker-entrypoint.…"  9 seconds ago  Up 7 seconds   80/tcp    nginx
```

通过这个 ID 即可查看该容器的内存限制信息。

```
#cat /sys/fs/cgroup/memory/docker/e399***db45/memory.limit_in_bytes
10485760
>>> 10485760/1024/1024
10
```

可以看到，在 "/sys/fs/cgroup/memory" 下的 "Docker" 目录中，"e399***db45" 已经创建了相关的限制（10MB），Docker 启用 Cgroup 实现资源的限制、隔离和记录，这些都是围绕伪文件系统 "/sys/fs/cgroup" 来展开的。

除内存外，CPU、I/O 设置等都可以基于此种方法实现。

3.4 容器的生命周期

容器的本质是 Host 宿主机的进程。操作系统对进程的管理是基于进程的状态切换的。进程从创建到销毁的过程称为生命周期。

3.4.1　容器的生命状态

通常来说，容器在生命周期中有 5 种状态：初建状态（created）、运行状态（running）、停止状态（stopped）、挂起状态（paused）、删除状态（deleted）。理解每种状态对开发人员来说至关重要。

开发人员在使用容器的过程中，可以根据实际需要使用具体的命令管理容器。

3.4.2　容器状态之间的关系

开发人员需要通过命令产生 5 种容器状态。

- docker create：产生初建状态。
- docker unpause：产生运行状态。
- docker stop：产生停止状态。
- docker pause：产生挂起状态。
- docker rm：产生删除状态。

下面通过一个具体的例子进行说明。

1.　创建一个容器

```
docker create [OPTIONS] IMAGE [COMMAND] [ARG...]

#直接根据一个镜像创建容器
Docker create imagedemo
```

docker create 命令用于在指定的镜像上创建一个可写的容器，初始状态为 created，然后将容器 ID 输出到控制台中。一切准备就绪后，开发人员可以随时使用 docker start <container_id>命令启动容器。

2.　启动一个或多个容器

启动容器，需要使用 docker start 命令传入要启动的容器 ID。

```
Usage:  docker start [OPTIONS] CONTAINER [CONTAINER...]
Start one or more stopped containers
Options:
-a, --attach            Attach STDOUT/STDERR and forward signals
-i, --interactive       Attach container's STDIN
```

参数说明如下。

- -a：将当前的输入/输出连接到容器上。
- -i：将当前的输入连接到容器上。

3．运行一个容器

运行容器就比较简单，直接执行 docker run 命令即可。

```
Usage:  docker run [OPTIONS] IMAGE [COMMAND] [ARG...]
```

执行 docker run 命令可以拆解为如下两个过程。

- 执行 docker create 命令创建容器。
- 执行 docker start <container_id>命令启动容器。

可以使用 docker start 命令重新启动一个停止的容器，并且之前的所有更改都不会受到影响。

4．挂起容器

```
#挂起容器
docker pause CONTAINER [CONTAINER...]
```

5．停止容器

```
docker stop [OPTIONS] CONTAINER [CONTAINER...]
#停止容器
Docker stop <container_id, container_name>
```

6．关闭容器

执行 docker kill 命令可以关闭停止或运行中的容器。

```
docker kill [OPTIONS] CONTAINER [CONTAINER...]
```

7．重启一个或多个容器

执行 docker restart 命令可以重启处于初建状态、运行状态、挂起状态和停止状态的容器。需要注意的是，参数-t 的默认值是 10s。

```
docker restart [OPTIONS] CONTAINER [CONTAINER...]
```

具体示例如下。

```
docker restart -t 20 test02
```

8. 删除一个或多个容器

```
Usage: docker rm [OPTIONS] CONTAINER [CONTAINER...]
Remove one or more containers
```

参数说明如下。

- −f：强制删除指定容器。
- −v：删除容器的数据卷。
- −l：删除容器之间底层的连接及网络通信。

具体示例如下。

```
#强制删除容器 test01
docker rm -f test01
# 删除容器 nginx01，并删除容器挂载的数据卷
docker rm -v nginx01
# 删除容器 nginx01 与容器 test01 的连接，连接名为 web
docker rm -l web
```

3.4.3 终止进程的 SIGKILL 信号和 SIGTERM 信号

在 Linux 中，通常使用 SIGKILL 信号和 SIGTERM 信号来终止进程，kill 命令用于向进程发送这些信号。

1. SIGKILL 信号

SIGKILL 信号会无条件地终止进程。进程接收该信号后会立即终止，不进行清理和暂存工作。该信号不能被忽略、处理和阻塞，它可以"杀死"任何进程。

开发人员可以使用参数−9 来发送带有 kill 命令的 SIGKILL 信号，并立即终止进程。

```
kill -9 <process_id>
```

这是"杀死"进程的"野蛮"方式，只能作为最后的手段。假设要关闭一个没有响应的进程，则可以使用 SIGKILL 信号。

2. SIGTERM 信号

SIGTERM 信号也是一个程序终止信号。与 SIGKILL 信号不同的是，SIGTERM 信号可以被阻塞和终止，以便程序在退出前可以保存工作或清理临时文件等。

SIGTERM 信号与 SIGKILL 信号的命令也是类似的，都可以通过 kill 命令来终止进程。

```
kill <process_id>
```

SIGTERM 信号也被称为"软终止"，因为接收 SIGTERM 信号的进程可以选择忽略它，这是一种"礼貌"终止进程的方式。

3. Docker 命令

在 Docker 中是如何使用 SIGKILL 信号与 SIGTERM 信号的呢？

下面通过一组命令进行解释。

（1）docker stop 命令。

docker stop 命令支持"优雅"退出：先发送 SIGTERM 信号，在宽限期（超时时间，默认为10s）之后再发送 SIGKILL 信号。Docker 内部的应用程序在接收 SIGTERM 信号后会做一些"退出前的工作"，如保存状态、处理当前请求等。

（2）docker kill 命令。

通过执行 docker kill 命令发送 SIGKILL 信号，应用程序直接退出。

> 在 Docker 中，一般通过执行 docker stop 命令来实现容器的终止，而不是通过执行 docker kill 命令。因为在 docker stop 命令的等待过程中，如果终止其执行，则容器最终不会被终止；而 docker kill 命令几乎立刻发生，无法撤销。

3.5 Docker 的网络与通信

Docker 容器和服务如此强大的原因之一是，可以将它们连接在一起，或者将它们连接到非 Docker 服务。Docker 容器和服务甚至不需要知道它们已被部署在 Docker 上，也不必知道它们的对应对象是否是 Docker 服务。

无论开发人员的 Docker 主机使用的是 Linux、Windows，还是两者结合使用，都可以使用 Docker 以"与平台无关"的方式进行管理。

3.5.1 网络驱动程序

Docker 的网络子系统可以使用驱动程序来插入。在默认情况下，有多种驱动程序可以选择，它们分别提供联网的核心功能。

- 网桥（Bridge）网络：默认的网络驱动程序。如果未指定驱动程序，则它是正在创建的网络类型。如果应用程序在需要通信的独立容器中运行，则通常使用网桥网络。
- 覆盖（Overlay）网络：将多个 Docker 守护进程连接在一起，并使集群服务能够相互通信。还可以使用覆盖网络来实现集群服务和独立容器之间，或者不同 Docker 守护进程上的两个独立容器之间的通信。这避免了在这些容器之间进行操作系统级路由。
- 主机（Host）网络：对于独立容器，需要删除容器与 Docker 主机之间的网络隔离，然后直接使用主机网络。
- 驱动（Macvlan）网络：该网络允许开发人员为容器分配 MAC 地址，使其在网络上显示为物理设备。Docker 守护进程通过其 MAC 地址，将流量路由到容器。
- None：表示对当前容器禁用所有联网。它通常与自定义网络驱动程序一起使用。None 不适用于集群服务。
- 网络插件：可以在 Docker 中安装和使用第三方网络插件。这些插件可从 Docker Hub 或第三方供应商处获得。

3.5.2　网桥网络

网桥网络是在网段之间转发流量的链路层设备。网桥可以是在主机内核中运行的硬件设备或软件设备。

在 Docker 中，网桥网络使用软件网桥。软件网桥允许连接到同一个网桥网络的容器进行通信，同时提供了"与未连接到该网桥网络的容器的隔离"。Docker 网桥驱动程序会自动在主机中安装规则，以使不同网桥网络上的容器无法直接相互通信。

网桥网络适用于在同一个 Docker 守护进程主机上运行的容器。为了在不同 Docker 守护进程主机上运行的容器之间进行通信，开发人员可以在操作系统级别管理路由，也可以使用覆盖网络。

在启动 Docker 时，会自动创建一个默认的网桥网络，除非另有说明，否则新启动的容器将连接到它。开发人员还可以自定义网桥网络，这将优于默认的网桥网络。

1. 用户自定义的网桥网络与默认的网桥网络的区别

用户自定义的网桥网络与默认的网桥网络的区别如下。

（1）用户自定义的网桥网络可以在容器之间提供自动 DNS 解析功能。

默认的网桥网络上的容器，除使用--link 外，只能通过 IP 地址相互访问。在用户自定义的网桥网络上，容器可以通过名称或别名相互解析。

如果在默认的网桥网络上运行相同的应用程序，则需要在容器之间手动创建链接（使用--link）。这些链接需要双向创建，因此，如果要进行通信的容器超过两个，则创建链接的操作会变得很复杂。虽然可以操作/etc/hosts 容器中的文件，但是会出现难以调试的问题。

（2）用户自定义的网桥网络可以提供更好的隔离。

所有未通过--network 指定的容器，都将连接到默认的网桥网络。这可能是一种风险，因为不相关的堆栈/服务/容器随后能够进行通信。

用户自定义的网桥网络可提供作用域网络，但是只有连接到该网络的容器才能通信。

（3）容器可以随时随地与用户自定义的网桥网络建立连接或断开。

在容器的生命周期内，可以即时将容器与用户自定义的网桥网络进行连接或断开。如果要从默认的网桥网络中删除容器，则需要先停止容器，再使用其他网络选项重新创建它。

（4）每个用户自定义的网桥网络都会默认创建一个可配置的网桥。

如果容器使用的是默认的网桥网络，则可以对其进行配置，但是所有容器都必须使用相同的设置，如 MTU 或 iptables 规则。另外，需要配置默认的网桥网络发生在 Docker 之外，并且需要重新启动 Docker。

通过执行 docker network create 命令可自定义网桥网络。如果不同的应用程序组具有不同的网络要求，则需要在创建时分别配置用户自定义的所有网桥网络。

（5）网桥网络上的链接容器默认共享环境变量。

原来在两个容器之间共享环境变量的唯一方法是使用--linkflag 链接它们。用户自定义的网桥网络无法进行这种类型的变量共享。为了弥补此类问题，衍生出了一些共享环境变量的最佳实践，具体如下。

- 如果有多个容器，则可以使用 Docker 卷来挂载包含共享信息的文件或目录。
- 在使用 Docker Compose 进行多个容器部署时，利用 compose 文件可以定义共享变量的优势。
- 用户群体通过 Swarm 节点连接 Swarm 网络，通过互联网进行数据的存储和分发。

> 网桥连接到同一个容器（用户自定义网桥网络的容器），可以有效地将所有端口彼此公开。为了使端口能够被不同网络上的容器或非 Docker 主机访问，必须使用"或"标识来发布该端口。

2. 管理用户自定义的网桥网络

用户可以使用 docker network create 命令自定义网桥网络。

```
docker network create my-net
```

要将运行中的容器连接到用户自定义的网桥网络，可以使用 docker network connect 命令。以下命令将一个运行中的 my-nginx 容器连接到一个已经存在的 my-net 网桥网络。

```
docker network connect my-net my-nginx
```

要将运行中的容器与用户自定义的网桥网络断开连接，可以使用 docker network disconnect 命令。以下命令将 my-nginx 容器与 my-net 网桥网络断开连接。

```
docker network disconnect my-net my-nginx
```

使用 docker network rm 命令可以删除用户自定义的网桥网络。如果容器当前已连接到网桥网络，则要先断开它们的连接。

```
docker network rm my-net
```

3.5.3 覆盖网络

简单来说，覆盖网络就是应用层网络，它是面向应用层的，不考虑或很少考虑网络层、物理层的问题。覆盖网络的驱动程序会创建多个 Docker 守护进程，以守护主机之间的分布式网络。

覆盖网络位于主机"特定网络"之上（以此形成覆盖的层级结构），使连接到它的容器（包括 Swarm 服务容器）在启用加密后可以安全地进行彼此通信。Docker 以透明的方式处理"每个数据包与正确的 Docker 守护进程和正确的目标容器"之间的路由。

在初始化集群或将 Docker 主机加入现有集群时，将在该 Docker 主机上创建以下两个新网络。

- ingress 覆盖网络：主要处理与 Swarm 服务相关的控制信息和数据通信。当开发人员创建 Swarm 服务而不将其连接到用户自定义的覆盖网络时，它将连接到 ingress 覆盖网络（在默认情况下）。

- docker_gwbridge 网桥网络：将单个 Docker 守护进程连接到参与 Swarm 服务的其他守护进程。

开发人员可以使用 docker network create 命令创建用户自定义的覆盖网络，方法与创建用户自定义的网桥网络相同。

尽管可以将集群服务和独立容器都连接到覆盖网络，但是两者的默认行为和配置参数有所不同，下面将分别进行阐述。

1. 创建覆盖网络

创建覆盖网络需要关注几个先决条件。

（1）使用覆盖网络的 Docker 守护进程的防火墙规则。

（2）开发人员需要打开以下端口，以确保"覆盖网络的每台 Docker 主机"的流量互通。

- TCP 的 2377 端口，用于集群管理通信。
- TCP 和 UDP 的 7946 端口，用于节点之间的通信。
- UDP 的 4789 端口，用于覆盖网络流量。

（3）初始化 Swarm 管理器。

在创建覆盖网络之前，开发人员需要初始化 Docker 守护进程为 Swarm 管理器。

通常使用 docker swarm init 命令或 docker swarm join 命令将 Docker 守护进程加入现有的 Swarm 管理器。这两条命令都将创建默认的 ingress 覆盖网络。在默认情况下，集群服务会使用 ingress 覆盖网络。

要创建用于集群服务的覆盖网络，可以使用如下命令。

```
$ docker network create -d overlay my-overlay
```

那么如何创建覆盖网络呢？如果集群服务或独立容器想要与其他 Docker 守护进程上运行的独立容器进行通信，则需要使用覆盖网络的--attachable 参数进行标识。

```
$ docker network create -d overlay --attachable my-attachable-overlay
```

这里开发人员可以指定 IP 地址的范围、子网、网关和其他参数。

2. 自定义默认入口网络

虽然大多数用户从来不配置 ingress 覆盖网络，但是 Docker 允许这样做。如果自动选择的子网与网络上已经存在的子网冲突，或者开发人员需要自定义其他低级网络设置（如 MTU），则这很有用。

定制 ingress 覆盖网络涉及删除和重新创建这两步。这些操作通常由开发人员在集群中创建服务之前完成。

> 如果具有发布端口的现有服务，则需要先删除这些服务，然后才能删除 ingress 覆盖网络。

在没有 ingress 覆盖网络时，未发布端口的现有服务将继续运行，但负载不平衡。这会影响发布端口的服务，如发布 80 端口的 Nginx 服务。

开发人员可以使用 docker network inspect ingress 命令检查 ingress 覆盖网络，并删除所有与容器连接的服务。这些与容器连接的服务是发布端口的服务，如发布 80 端口的 Nginx 服务。如果未停止所有这些服务，则下一步操作将失败。具体操作如下。

删除现有的 ingress 覆盖网络。

```
$ docker network rm ingress

WARNING! Before removing the routing-mesh network, make sure all the nodes
in your swarm run the same docker engine version. Otherwise, removal may not
be effective and functionality of newly created ingress networks will be
impaired.
Are you sure you want to continue? [y/N]
```

开发人员可以使用--ingress 参数和要设置的自定义选项创建一个新的覆盖网络。下面将 MTU 设置为"1200"，将子网设置为"10.11.0.0/16"，将网关设置为"10.11.0.2"。

```
$ docker network create \
  --driver overlay \
  --ingress \
  --subnet=10.11.0.0/16 \
  --gateway=10.11.0.2 \
  --opt com.docker.network.driver.mtu=1200 \
  my-ingress
```

> 这里将 ingress 覆盖网络命名为 ingress，该网络只能有一个。如果尝试创建第 2 个，则会失败。

3. 自定义虚拟网桥

docker_gwbridge 是一个虚拟网桥，用于将覆盖网络（包括 ingress 覆盖网络）连接到单个 Docker 守护进程的物理网络。在开发人员初始化集群，或者将 Docker 主机加入集群时，Docker 会自动创建它，但它不是 Docker 设备，而是存在于 Docker 主机的内核中。

如果要自定义其设置，则必须在将 Docker 主机加入集群之前，或者从集群中暂时删除主机之后进行。具体操作如下。

（1）停止 Docker，删除现有的 docker_gwbridge 接口。

```
$ sudo ip link set docker_gwbridge down
$ sudo ip link del dev docker_gwbridge
```

（2）启动 Docker。

（3）创建网桥网络。

开发人员可以通过执行 docker network create 命令创建网桥网络，可以通过执行 docker network create--help 命令打印使用说明。

```
docker network create --help
Usage:  docker network create [OPTIONS] NETWORK
Create a network
Options:
      --attachable              Enable manual container attachment
                                driver (default map[])
      --config-only             Create a configuration only network
  -d, --driver string           Driver to manage the Network (default "bridge")
      --gateway strings         IPv4 or IPv6 Gateway for the master subnet
      --ingress                 Create swarm routing-mesh network
      --internal                Restrict external access to the network
  …
      --ipv6                    Enable IPv6 networking
      --label list             Set metadata on a network
  -o, --opt map                 Set driver specific options (default map[])
      --scope string            Control the network's scope
  ...
```

下面选择网段为"10.11.0.0/16"的子网来创建新的 docker_gwbridge。

```
$ docker network create \
--subnet 10.11.0.0/16 \
--opt com.docker.network.bridge.name=docker_gwbridge \
--opt com.docker.network.bridge.enable_icc=false \
--opt com.docker.network.bridge.enable_ip_masquerade=true \
docker_gwbridge
```

（4）修改 docker0 网桥。

在通常情况下，Docker 服务默认会创建一个 docker0 网桥，其上有一个 docker0 内部接口。docker0 内部接口在内核层连通了其他的物理网卡或虚拟网卡，这就将所有容器和本地主机都放到了同一个物理网络中。

修改 docker0 网桥的网段（一般默认是"172.17.0.1/16"），只需要修改/etc/docker/daemon.json 文件中的 bip 配置即可。

```
{
"bip": "172.17.10.1/24",
"default-address-pools":[
{"base":"192.168.20.0/20","size":24}
]
}
```

进行上述修改后，docker0 网桥和 docker_gwbridge 网桥的网段都已经被修改成我们想要的数据了。此时，客户端服务器也可以正常访问 Docker 服务。

有关可自定义选项的完整列表，请读者参阅相关的官方文档。

3.5.4　Macvlan 网络

某些应用程序（尤其是旧版应用程序或监视网络流量的应用程序）被期望直接连接到物理网络。在这种情况下，可以使用 Macvlan 网络驱动程序为每个容器的虚拟网络接口分配 MAC 地址，使其看起来像是直接连接到物理网络的物理接口。

在这种情况下，开发人员需要在 Docker 主机上指定用于连接物理接口的 Macvlan 网络，以及 Macvlan 网络的子网和网关。

> 在特殊情况下，开发人员可以使用不同的物理接口来隔离 Macvlan 网络。开发人员务必记住以下几点。
>
> · IP 地址耗尽或 "VLAN 传播" 很容易在无意间损坏网络。在这种情况下，将在网络中产生大量不正确的 MAC 地址。
>
> · 网络设备需要能够处理 "混杂模式"。在该模式下，可以为一个物理接口分配多个 MAC 地址。
>
> · 如果应用程序可以使用桥接器（在单台 Docker 主机上通信）或覆盖网络（跨多台 Docker 主机进行通信），那么从长远来看可能会更好。

Macvlan 网络在创建后处于下面两种模式之一：桥接模式、802.1q 中继桥接模式。

- 在桥接模式下，Macvlan 网络流量通过主机上的物理设备进行通信。
- 在 802.1q 中继桥接模式下，Macvlan 网络流量通过 Docker 在运行中动态地创建 802.1q 子接口，这使开发人员可以更精细地控制路由和筛选。

1. 桥接模式

要创建 Macvlan 网络与给定物理接口桥接的网络，需要将-d macvlan 命令与 docker network create 命令一起使用。具体如下所示。

```
$ docker network create -d macvlan \
  --subnet=172.16.86.0/24 \
  --gateway=172.16.86.1 \
  -o parent=eth0 pub_net
```

如果需要排除 Macvlan 网络中使用的某个 IP 地址，则使用--aux-address 命令。

```
$ docker network create -d macvlan \
  --subnet=192.168.32.0/24 \
  --ip-range=192.168.32.128/25 \
  --gateway=192.168.32.254 \
  --aux-address="my-router=192.168.32.129" \
  -o parent=eth0 macnet32
```

2. 802.1q 中继桥接模式

如果指定的 parent 是带有点的接口名称，如 eth0.50，则 Docker 会将其解释为子接口 eth0，并自动创建该子接口。

```
$ docker network create -d macvlan \
    --subnet=192.168.50.0/24 \
    --gateway=192.168.50.1 \
    -o parent=eth0.50 macvlan50
```

3. 使用 ipvlan 代替

在桥接模式中，仍在使用 L3 网桥（网络层，因为处于第 3 层所以往往简称 L3，属于中继系统，即路由器）。开发人员也可以改用 ipvlan L2 桥接器。下面的代码指定"-o ipvlan_mode=l2"。

```
$ docker network create -d ipvlan \
    --subnet=192.168.210.0/24 \
    --subnet=192.168.212.0/24 \
    --gateway=192.168.210.254 \
    --gateway=192.168.212.254 \
    -o ipvlan_mode=l2 -o parent=eth0 ipvlan210
```

4. 使用 IPv6

如果已将 Docker 守护进程配置为允许使用 IPv6，则可以使用双栈 IPv4 / IPv6 Macvlan 网络。

```
$ docker network create -d macvlan \
    --subnet=192.168.216.0/24 --subnet=192.168.218.0/24 \
    --gateway=192.168.216.1 --gateway=192.168.218.1 \
    --subnet=2001:db8:abc8::/64 --gateway=2001:db8:abc8::10 \
    -o parent=eth0.218 \
    -o macvlan_mode=bridge macvlan216
```

3.5.5 禁用 Docker 上的网络

如果要完全禁用容器上的网络，则可以在启动容器时使用--network none 命令。这样，在容器内有 loopback 网络（它代表设备的本地虚拟接口，默认被看作永远不会宕掉的接口）被创建。

以下示例说明了这一点。

1. 创建容器

```
$ docker run --rm -dit \
  --network none \
  --name no-net-alpine \
```

```
alpine:latest \
ash
```

2. 检查容器中的网络堆栈

下面通过在容器内执行一些常见的联网命令来检查容器中的网络堆栈。

```
$ docker exec no-net-alpine ip link show

1: lo: <LOOPBACK,UP,LOWER_UP> mtu 65536 qdisc noqueue state UNKNOWN qlen 1
    link/loopback 00:00:00:00:00:00 brd 00:00:00:00:00:00
2: tunl0@NONE: <NOARP> mtu 1480 qdisc noop state DOWN qlen 1
    link/ipip 0.0.0.0 brd 0.0.0.0
3: ip6tnl0@NONE: <NOARP> mtu 1452 qdisc noop state DOWN qlen 1
    link/tunnel6 00:00:00:00:00:00:00:00:00:00:00:00:00:00:00:00 brd
00:00:00:00:00:00:00:00:00:00:00:00:00:00:00:00
$ docker exec no-net-alpine ip route
```

这里需要注意的是，第 2 条命令将返回空值，因为没有路由表。

3. 退出容器

通常使用"docker stop"命令退出容器。

```
$ docker stop no-net-alpine
```

4. 最佳实践

在实际工作中，根据具体场景有一些最佳实践。

- 当多个容器需要在同一台 Docker 主机上进行通信时，最好使用用户自定义的网桥网络。
- 当网络堆栈不应与 Docker 主机隔离，但希望容器的其他方面隔离时，主机网络是最佳选择。
- 当多台 Docker 主机上的容器之间需要进行通信时，或者当多个应用程序使用集群服务一起工作时，覆盖网络是最佳选择。
- 当从虚拟机设置迁移或需要容器看起来像网络上的物理主机时，Macvlan 网络是最佳选择，因为每台主机都有一个唯一的 MAC 地址。
- 第三方网络插件可以将 Docker 与专用网络堆栈集成。

3.6 Docker UnionFS 的原理

在 Docker 整个架构中，文件系统是 Docker 实现容器化的关键。不同镜像之间的文件是如何被存储和共享的呢？容器创建和运行过程中生成的数据，或者日志文件数据是如何被存储和隔离的呢？

用一句话概括：UnionFS 主要解决 Docker 的存储问题。

3.6.1 UnionFS 的概念

UnionFS 由纽约州立大学石溪分校开发，它可以把多个目录（也叫作分支）下的内容联合挂载到同一个目录下，而目录的物理位置是分开的。

> UnionFS 允许只读和可读/写目录并存（即可以同时读取、删除和增加内容）。

UnionFS 的应用场景非常广泛。例如，在多个磁盘分区上合并不同文件系统的主目录，或者把几张光盘合并成一个统一的光盘目录（归档）。另外，具有"写时复制"（Copy on Write）功能的 UnionFS，可以把只读和可读/写文件系统合并在一起，虚拟上允许只读文件系统的修改被保存到可写文件系统中。

3.6.2 加载 Docker 镜像的原理

Bootfs（Boot file system）主要包含 Bootloader 和 Kernel。Bootloader 的主要作用是引导操作系统加载 Kernel。在 Linux 刚启动时会加载 Bootfs 文件系统，Docker 镜像的底层是 Bootfs 文件系统。Bootfs 文件系统与典型的 Linux/UNIX 的原理是一样的，包含 Boot 加载器和内核。当 Boot 加载器完成加载后，内存的使用权已由 Bootfs 转交给内核，系统也会卸载 Bootfs。

对于一个精简的操作系统来说，Rootfs 可以很小，只需要包括最基本的命令、工具和程序库，因为其底层直接使用 Host（宿主机）的 Kernel，操作系统只需提供 Rootfs 就可以。由此可见，对于不同的 Linux 发行版本，Bootfs 基本上是一致的，但 Rootfs 有差别，因此不同的发行版本可以公用 Bootfs。

UnionFS 是一种分层、轻量级且高性能的文件系统，它支持对文件系统的修改作为一次提交来一层层地叠加（像洋葱一样，一层包裹一层）。UnionFS 是 Docker 镜像的基础。镜像可以通过分层来继承。基于基础镜像（没有父镜像），可以制作各种具体的应用镜像。需要注意的是，各 Linux 版本的 UnionFS 不尽相同。

为了便于读者理解，接下来通过一个具体的文件操作示例来认识 UnionFS。

1. 启动一个容器

```
docker run -dt golang:1.8.3 /bin/sh
7bcd***0f34
```

2. 通过容器 ID 查看挂载点

```
ls /var/lib/docker/image/aufs/layerdb/mounts/7bcd***0f34
init-id  mount-id  parent
/var/lib/docker/image/aufs/layerdb/mounts/7bcd***0f34/mount-id
cat e4e2***0a9b#
```

3. 通过容器挂载的目录查看容器内的文件

```
ls /var/lib/docker/aufs/mnt/e4e2***0a9b
bin dev etc go go% home lib lib64 media mnt opt proc root run sbin srv sys tmp
usr var
```

4. 查看 Rootfs 联合挂载的层级结构

首先，通过执行 mount-id 命令查看 AUFS（Advanced Multi-layered Unification Filesytem，其主要功能是把多个目录结合成一个目录，并对外使用）的内部 ID（也叫作 SI）。

```
cat /proc/mounts |grep e4e2***0a9b
none /var/lib/docker/aufs/mnt/e4e2***0a9b aufs rw,relatime,si=63e50947768841ec,dio,dirperm1 0 0
```

然后，使用这个 ID，开发人员可以在 "/sys/fs/aufs" 目录下查看被挂载在一起的各个层的信息。

```
cat /sys/fs/aufs/si_63e50947768841ec/br[0-9]*
/var/lib/docker/aufs/diff/e4e2***0a9b=rw
/var/lib/docker/aufs/diff/e4e2***0a9b-init=ro
/var/lib/docker/aufs/diff/974a***4106=ro
/var/lib/docker/aufs/diff/fd68***9fb1=ro
/var/lib/docker/aufs/diff/0e12***9496=ro
/var/lib/docker/aufs/diff/440b***85c5=ro
```

```
/var/lib/docker/aufs/diff/57e2***bb6f=ro
/var/lib/docker/aufs/diff/55da***9143=ro
```

最终，找到每个增量 Rootfs（即 Layer）所在的目录。

5. Layer 的层级结构

通过目录结构，很容易发现 Layer 有 8 层：6 层只读层、Init 层及可读/写层。这 8 层都被联合挂载到 "/var/lib/docker/aufs/mnt" 目录下，表现为一个完整的操作系统和 golang 环境供容器使用。下面逐一展开介绍。

- 只读层：容器的 Rootfs 结构中最下面的 6 层（以 xxx=ro 结尾）。可以看到，它们的挂载方式都是只读的（ro+wh，即 readonly+whiteout，一般来说只读目录都会有 whiteout 属性）。

- Init 层：一个以-init 结尾的层，夹在只读层和可读/写层之间。Init 层是 Docker 项目单独生成的一个内部层，专门用来存放 "/etc/hosts" 和 "/etc/resolv.conf" 等信息。

> 　　需要 Init 层的原因是，这些文件本来属于只读的系统镜像层的一部分，但是用户往往需要在启动容器时写入一些指定的值（如 Hostname），所以需要在可读/写层对它们进行修改。但是，这些修改往往只对当前的容器有效，我们并不希望在执行 docker commit 命令时把这些信息连同可读/写层一起提交。所以，Docker 底层的做法是，在修改了这些文件后，将这些文件以一个单独的层挂载出来。当用户执行 docker commit 命令时只会提交可读/写层，不会包含这些内容。

- 可读/写层：它是这个容器的 Rootfs 结构中最上面的一层，它的挂载方式为 rw(read write)。在写入文件之前，这个层是空的。而一旦在容器中做了写操作，修改的内容就会以增量的方式出现在这个层中。

删除 ro-wh 层中的文件时，也会在 rw 层创建对应的 whiteout 文件，把只读层中的文件 "遮挡" 起来。

在使用完这个被修改过的容器后，还可以使用 docker commit 命令或 docker push 命令保存这个被修改过的可读/写层，并上传到 Docker Hub 上供其他用户使用。与此同时，原先的只读层中的内容则不会有任何变化。这就是增量 Rootfs 的好处。

3.7 Device Mapper 存储

Device Mapper 是基于 Linux 内核的框架，是 Linux 上许多高级卷管理技术的基础。Docker 的 devicemapper（存储驱动程序）利用此框架的精简配置和快照功能进行图像与容器管理。通常将 Device Mapper 存储驱动程序称为 devicemapper，将内核框架称为 Device Mapper。

虽然 Linux 内核中一般包含 devicemapper 的底层支持，但是需要进行特定的配置才能将其与 Docker 一起使用。该 devicemapper 使用专用于 Docker 的块设备，并在块级别（而非文件级别）运行。可以通过向 Docker 主机添加物理存储来扩展这些设备，这样能显著提升运行性能。

devicemapper 在 Docker Engine 上支持在 CentOS、Fedora、Ubuntu 或 Debian 中运行的系统。devicemapper 需要安装 LVM2 和 device-mapper-persistent-data 两个软件包。更改存储驱动程序会使已经创建的所有容器在本地系统上均不可被访问。

3.7.1 镜像分层和共享

devicemapper 把每个镜像和容器都存储在它自己的虚拟设备中，这些设备是超配的 copy-on-write 快照设备。Device Mapper 技术在块级别运行（而不是文件级别），即 devicemapper 的超配和 copy-on-write 操作直接操作块，而不是整个文件。

> 快照使用的也是 thin 设备或虚拟设备。

在使用 devicemapper 时，Docker 按照如下步骤创建镜像。

（1）使用 devicemapper 创建一个 thin 池，这个池是在块设备或 loop mounted sparse file 上创建的。

（2）使用 Docker 创建一个基础设备，该基础设备是一个带文件系统的 thin 设备。可以通过 docker info 命令中的 Backing filesystem 值来查看后端使用的是哪种文件系统。

（3）每个新的镜像和镜像层都是该基础设备的快照。这些都是超配的 copy-on-write 快照，即它们在初始化时是空的，只有在有数据写向它们时，才会从池中消耗空间。

（4）容器层是基于镜像的快照。容器层使用 devicemapper 和使用镜像一样——复制 copy-on-write 快照。容器快照保存了容器的所有更新，当向容器写数据时，devicemapper 按需从 AUFS 中给容器层分配空间。

3.7.2　在 Docker 中配置 devicemapper

devicemapper 是部分 Linux 发行版本的默认 Docker 存储驱动，其中包括 RHEL 和它的分支。以前的发行版本支持 RHEL/CentOS/Fedora、Ubuntu、Debian、Arch Linux 等驱动。

Docker host 使用 loop-lvm 模式来运行 devicemapper。该模式使用系统文件来创建 thin 池，这些池用于镜像和容器快照，并且这些模式是开箱即用的，无须额外配置。

不建议在产品部署中使用 loop-lvm 模式。开发人员可以通过 docker info 命令来查看是否使用了 loop-lvm 模式。

使用 Overlay2 和 devicemapper 的效果如图 3-6 所示。

```
[root@iZ2ze0v74nqt3oyrtcvk4pZ ~]# docker info
Client:
 Context:    default
 Debug Mode: false
 Plugins:
  app: Docker App (Docker Inc., v0.9.1-beta3)
  buildx: Build with BuildKit (Docker Inc., v0.5.1-docker)

Server:
 Containers: 10
  Running: 5
  Paused: 0
  Stopped: 5
 Images: 17
 Server Version: 20.10.3
 Storage Driver: overlay2
  Backing Filesystem: extfs
  Supports d_type: true
  Native Overlay Diff: false
 Logging Driver: json-file
 Cgroup Driver: systemd
 Cgroup Version: 1
 Plugins:
  Volume: local
  Network: bridge host ipvlan macvlan null overlay
  Log: awslogs fluentd gcplogs gelf journald json-file local logentries splunk syslog
 Swarm: inactive
 Runtimes: io.containerd.runc.v2 io.containerd.runtime.v1.linux runc
 Default Runtime: runc
 Init Binary: docker-init
 containerd version: 269548fa27e0089a8b8278fc4fc781d7f65a939b
 runc version: ff819c7e9184c13b7c2607fe6c30ae19403a7aff
 init version: de40ad0
 Security Options:
  seccomp
   Profile: default
 Kernel Version: 3.10.0-514.16.1.el7.x86_64
 Operating System: CentOS Linux 7 (Core)
 OSType: linux
 Architecture: x86_64
 CPUs: 1
 Total Memory: 1.796GiB
 Name: iZ2ze0v74nqt3oyrtcvk4pZ
 ID: ZKH6:3UDI:OWWV:F4NA:TYHH:L27J:RDL4:SE2F:OSPI:JM5E:36PP:KKQK
 Docker Root Dir: /var/lib/docker
 Debug Mode: false
 Registry: https:           /v1/
 Labels:
 Experimental: false
 Insecure Registries:
  127.0.0.0/8
 Live Restore Enabled: false
```

图 3-6

Docker Host 不仅使用了 devicemapper，还使用了 loop-lvm 模式，因为 "/var/lib/docker/devicemapper/devicemapper" 下有 Data loop file 和 Metadata loop file 这两个文件，这些都是 loopback 映射的稀疏文件（sparse file 是一种计算机文件，它能尝试在文件内容大多为空时更有效率地使用文件系统的空间）。

开发人员可以先通过编辑 daemon.json 文件并设置适当的参数，然后重新启动 Docker 使更改生效。具体配置如下。

```
{
  "storage-driver": "devicemapper",
  "storage-opts": [
    "dm.directlvm_device=/dev/xdf",
    "dm.thinp_percent=95",
    "dm.thinp_metapercent=1",
    "dm.thinp_autoextend_threshold=80",
    "dm.thinp_autoextend_percent=20",
    "dm.directlvm_device_force=false"
  ]
}
```

> 这些配置不支持在 Docker 就绪后更改这些值，否则会导致异常。

3.7.3 配置 loop-lvm 模式

loop-lvm 模式配置仅适用于测试。loop-lvm 模式利用一种"回送"机制，该机制可以读取和写入本地磁盘中的文件，就像它们是实际的物理磁盘或块设备一样。但是，添加"回送"机制和与 OS 文件系统层的交互，意味着 I/O 操作速度可能很慢且占用大量资源。

设置 loop-lvm 模式可以帮助开发人员在尝试启用 direct-lvm 模式所需的更复杂的设置之前，先找出一些基本问题（例如，缺少用户空间软件包、内核驱动程序等）。loop-lvm 模式仅在配置之前用于执行测试 direct-lvm 模式。

具体操作如下。

（1）停止 Docker。

```
$ sudo systemctl stop docker
```

（2）编辑/etc/docker/daemon.json 文件。如果该文件不存在，则需要先创建。如果该文件为空，则先添加以下内容。

```
{
  "storage-driver": "devicemapper"
}
```

（3）启动 Docker。

如果 daemon.json 文件包含格式错误的 JSON 序列，则 Docker 无法启动。

```
$ sudo systemctl start docker
```

（4）验证守护进程是否正在使用 devicemapper。执行 docker info 命令并查找 Storage Driver。

```
$ docker info

  Containers: 0
    Running: 0
    Paused: 0
    Stopped: 0
  Images: 0
  Server Version: 17.03.1-ce
  Storage Driver: devicemapper
  Pool Name: docker-202:1-8413957-pool
  Pool Blocksize: 65.54 kB
  Base Device Size: 10.74 GB
  Backing Filesystem: xfs
  Data file: /dev/loop0
  Metadata file: /dev/loop1
  Data Space Used: 11.8 MB
  Data Space Total: 107.4 GB
  Data Space Available: 7.44 GB
  Metadata Space Used: 581.6 KB
  Metadata Space Total: 2.147 GB
  Metadata Space Available: 2.147 GB
  Thin Pool Minimum Free Space: 10.74 GB
  Udev Sync Supported: true
  Deferred Removal Enabled: false
  Deferred Deletion Enabled: false
```

```
Deferred Deleted Device Count: 0
Data loop file: /var/lib/docker/devicemapper/data
Metadata loop file: /var/lib/docker/devicemapper/metadata
Library Version: 1.02.135-RHEL7 (2016-11-16)
<...>
```

该主机以 loop-lvm 模式运行（生产系统不支持该模式）。这是因为 Data loop file 和 Metadata loop file 均位于/var/lib/docker/devicemapper 文件中，这些都是环回安装的稀疏文件。

3.7.4 配置 direct-lvm 模式

下面将创建一个配置为精简池的逻辑卷，以用作存储池的后备。假设有一个备用的块设备（/dev/xvdf）具有足够的可用空间来完成任务。

设备标识符和卷大小在读者的设备环境中可能会有所不同，因此，读者应该在配置过程中替换为自己设备的值。该过程还假设 Docker 守护进程处于 stopped 状态。

（1）标识要使用的块设备。该设备位于"/dev/"目录下（如"/dev/xvdf"），并且需要足够的可用空间来存储图像和容器层，以供主机运行的工作负载使用。

（2）停止 Docker。

```
sudo systemctl stop docker
```

（3）安装以下软件包。

- RHEL/CentOS 需要安装 device-mapper-persistent-data、LVM2 等依赖。
- Ubuntu/Debian 需要安装 thin-provisioning-tools、LVM2 和所有的依赖。

（4）使用 pvcreate 命令在步骤（1）的块设备上创建物理卷，将设备名称修改为/dev/xvdf。

```
sudo pvcreate /dev/xvdf
Physical volume "/dev/xvdf" successfully created.
```

接下来的几个步骤具有破坏性，因此请读者确保指定了正确的设备。

（5）在 Docker 中使用 vgcreate 命令在同一设备上创建卷组。

```
sudo vgcreate docker /dev/xvdf
Volume group "docker" successfully created
```

（6）使用 lvcreate 命令创建两个名为 thinpool 和 thinpoolmeta 的逻辑卷。最后一个参数（−l）用于指定可用空间量，以在空间不足时允许自动扩展数据或元数据，这是一个权宜之计。

```
$ sudo lvcreate --wipesignatures y -n thinpool docker -l 95%VG

Logical volume "thinpool" created.

$ sudo lvcreate --wipesignatures y -n thinpoolmeta docker -l 1%VG

Logical volume "thinpoolmeta" created.
```

（7）使用 lvconvert 命令将卷转换为"精简池和精简池元数据的存储位置 lvconvert"。

```
$ sudo lvconvert -y \
--zero n \
-c 512K \
--thinpool docker/thinpool \
--poolmetadata docker/thinpoolmeta

WARNING: Converting logical volume docker/thinpool and docker/thinpoolmeta to
thin pool's data and metadata volumes with metadata wiping.
THIS WILL DESTROY CONTENT OF LOGICAL VOLUME (filesystem etc.)
Converted docker/thinpool to thin pool.
```

（8）通过 lvm 配置文件配置精简池的自动扩展。

```
$ sudo vi /etc/lvm/profile/docker-thinpool.profile
```

（9）指定 thin_pool_autoextend_threshold 和 thin_pool_autoextend_percent 的值。

- thin_pool_autoextend_threshold 是在 lvm 尝试自动扩展可用空间之前使用的空间百分比（100 表示禁用，不推荐）。
- thin_pool_autoextend_percent 是在逻辑卷自动扩展时要添加到设备的空间量（0 表示禁用）。

当磁盘使用率达到 80% 时，以下示例将容量增加 20%。

```
activation {
  thin_pool_autoextend_threshold=80
  thin_pool_autoextend_percent=20
}
```

（10）使用 lvchange 命令应用 lvm 配置文件。

```
$ sudo lvchange --metadataprofile docker-thinpool docker/thinpool

Logical volume docker/thinpool changed.
```

（11）确保已启用对逻辑卷的监视。

```
$ sudo lvs -o+seg_monitor

LV      VG     Attr       LSize  Pool Origin Data% Meta% Move Log Cpy%Sync Convert Monitor
thinpool docker twi-a-t--- 95.00g              0.00  0.01                          not monitored
```

如果 Monitor 列中的输出如上所述，报告该卷为 not monitored，则需要显式地启用监视。如果没有执行此步骤，则无论应用的文件如何配置，逻辑卷的自动扩展都不会生效。

```
$ sudo lvchange --monitor y docker/thinpool
```

通过执行 sudo lvs -o+seg_monitor 命令，仔细检查是否已启用监视。按照预期，Monitor 列现在应报告逻辑卷正在被监听（monitored）。

（12）如果曾经在此主机上运行过 Docker，则需要将"/var/lib/docker/"移动到其他目录，以便 Docker 可以使用新的 lvm 池来存储镜像和容器的内容。

```
$ sudo su -
#mkdir /var/lib/docker.bk
#mv /var/lib/docker/* /var/lib/docker.bk
#exit
```

如果以下任何步骤的操作失败都需要还原，则可以将/var/lib/docker 文件删除并替换为/var/lib/docker.bk 文件。

（13）编辑/etc/docker/daemon.json 文件并配置 devicemapper 所需的参数。如果该文件以前为空，则应配置以下内容。

```
{
    "storage-driver": "devicemapper",
    "storage-opts": [
    "dm.thinpooldev=/dev/mapper/docker-thinpool",
    "dm.use_deferred_removal=true",
    "dm.use_deferred_deletion=true"
```

```
    ]
}
```

（14）启动 Docker。

```
$ sudo systemctl start docker
```

（15）使用 docker info 命令验证 Docker 是否正在使用新配置。

```
$ docker info

Containers: 0
 Running: 0
 Paused: 0
 Stopped: 0
Images: 0
Server Version: 17.03.1-ce
Storage Driver: devicemapper
 Pool Name: docker-thinpool
 Pool Blocksize: 524.3 kB
 Base Device Size: 10.74 GB
 Backing Filesystem: xfs
 Data file:
 Metadata file:
 Data Space Used: 19.92 MB
 Data Space Total: 102 GB
 Data Space Available: 102 GB
 Metadata Space Used: 147.5 kB
 Metadata Space Total: 1.07 GB
 Metadata Space Available: 1.069 GB
 Thin Pool Minimum Free Space: 10.2 GB
 Udev Sync Supported: true
 Deferred Removal Enabled: true
 Deferred Deletion Enabled: true
 Deferred Deleted Device Count: 0
 Library Version: 1.02.135-RHEL7 (2016-11-16)
<...>
```

如果 Docker 配置正确，则 Data file 和 Metadata file 为空白，池名称为 docker-thinpool。

（16）确认配置正确后，可以删除/var/lib/docker.bk 文件，以及先前配置的目录。

```
$ sudo rm -rf /var/lib/docker.bk
```

3.7.5 最佳实践

在使用 devicemapper 时，请读者记住如下操作以最大化性能。

- 尽量使用 direct-lvm 模式，因为 loop-lvm 模式的性能不佳，切勿在生产中使用。
- 使用快速存储：SSD 盘提供了比旋转磁盘更快的读/写速度。
- 内存使用率：devicemapper 比其他存储驱动程序使用更多的内存。每个启动的容器都将其文件的一个或多个副本加载到内存中，具体加载多少个副本则取决于同时修改同一文件的多少块。由于内存压力，对于高密度用例中的某些工作负载，用 devicemapper 存储驱动程序可能不是正确的选择。
- 将卷用于繁重的写工作负载：卷可以为繁重的写工作负载提供最佳和最可预测的性能。这是因为它绕过了存储驱动程序，并且不会产生任何精简配置和写时复制所带来的潜在开销。卷还有其他好处，如允许在容器之间共享数据，即使没有正在运行的容器可供使用，也可以持久保存数据。

> 在使用 devicemapper 和 json-file 日志驱动程序时，通常默认由容器生成的日志文件仍存储在 Docker 的 "dataroot" 目录中（路径为 "/var/lib/docker"）。如果容器生成大量日志文件，则可能会导致磁盘使用率增加或由于磁盘已满而无法管理系统。开发人员可以配置日志驱动程序，以用于在外部存储容器生成的日志文件。

3.8 Compose 容器编排

在开始开发 Docker 项目之前，开发人员都会创建 Dockerfile 文件，然后使用 docker build 命令、docker run 命令等操作容器。然而在微服务架构（一个在云中部署应用和服务的新技术，在本书 7.3 节中会重点介绍）中，每个微服务一般都会部署多个实例，如果海量的实例都要手动控制，那么效率将会大大降低。在这种情况下，使用 Compose 就可以轻松而又高效地管理容器。

Compose 是用于定义和运行多个容器 Docker 应用程序的工具。通过 Compose，开发人员可以使用 YAML 文件来配置应用程序的服务。使用一条命令即可从配置中创建并启动所有服务。

这里需要明确的是，使用 Compose 的 3 个核心步骤如下。

（1）定义应用环境，配置 Dockerfile 文件以便可以在任何地方复制它。

（2）定义组成应用程序的服务，配置 docker-compose.yml 文件，以便多个服务可以在隔离的环境中一起运行。

（3）先执行 docker compose up 命令，然后执行 docker compose 命令，启动并运行整个应用程序。开发人员也可以通过执行 docker-compose up 命令使用 docker-compose 二进制文件运行应用程序。

一个简单的配置如下所示。

```
version: "3.9"  #optional since v1.27.0
services:
  web:
    build: .
    ports:
      - "5000:5000"
    volumes:
      - .:/code
      - logvolume01:/var/log
    links:5
      - redis
  redis:
    image: redis
volumes:
  logvolume01: {}
```

3.8.1 安装 Docker Compose

首先，在 CentOS 7 上部署，执行如下命令下载 Docker Compose。

```
$ sudo curl -L "https://［github 官网］
/docker/compose/releases/download/1.28.6/docker-compose-$(uname -s)-$(uname -m)" -o
/usr/local/bin/docker-compose
```

其次，修改 Docker Compose 的权限，并通过软链方式链接到系统环境变量下。

```
$ sudo chmod +x /usr/local/bin/docker-compose
$ sudo ln -s /usr/local/bin/docker-compose /usr/bin/docker-compose
```

最后，检查是否安装成功。

```
$ docker-compose --version
docker-compose version 1.28.6, build 1110ad01
```

3.8.2 基本使用

下面使用 Docker Compose 运行一个简单的 Python Web 应用程序。该应用程序使用 Flask 框架，并且在 Redis 中维护一个计数器。

1. 创建项目目录

```
mkdir compose
cd compose
```

2. 在项目目录中创建 app.py 文件

```python
import time
import redis
from flask import Flask

app = Flask(__name__)
cache = redis.Redis(host='redis', port=6379)
#redis 是应用程序网络上的 Redis 容器的主机名
def get_hit_count():
    retries = 5
    while True:
        try:
            return cache.incr('hits')
        except redis.exceptions.ConnectionError as exc:
            if retries == 0:
                raise exc
            retries -= 1
            time.sleep(0.5)

@app.route('/')
def hello():
    count = get_hit_count()
    return 'Hello World! I have been seen {} times.\n'.format(count)
```

3. 创建 requirements.txt 文件

在项目目录中创建 requirements.txt 文件，并对其进行粘贴。

```
flask
```

148

```
redis
```

4. 在项目目录中创建一个 Dockerfile 文件

```
FROM python:3.7-alpine
WORKDIR /code
ENV FLASK_APP=app.py
ENV FLASK_RUN_HOST=0.0.0.0
RUN apk add --no-cache gcc musl-dev linux-headers
COPY requirements.txt requirements.txt
RUN pip install -r requirements.txt
EXPOSE 5000
COPY . .
CMD ["flask", "run"]
```

5. 创建 docker-compose.yml 文件

在项目目录中创建 docker-compose.yml 文件，这是 Compose 编排的重点。

```
version: "3.9"
services:
  web:
    build: .
    ports:
      - "5000:5000"
  redis:
    image: "redis:alpine"
```

该 Compose 文件定义了两个服务：Web 和 Redis。

6. 运行程序

```
docker-compose up
```

运行结果如图 3-7 所示。

```
Attaching to compose_web_1, compose_redis_1
redis_1  | 1:C 30 Mar 2021 06:46:48.803 # oO0OoO0OoO0Oo Redis is starting oO0OoO0OoO0Oo
redis_1  | 1:C 30 Mar 2021 06:46:48.803 # Redis version=6.0.10, bits=64, commit=00000000, modified=0, pid=1, just started
redis_1  | 1:C 30 Mar 2021 06:46:48.803 # Warning: no config file specified, using the default config. In order to specify a config file use redis-server /path/to/redis.conf
redis_1  | 1:M 30 Mar 2021 06:46:48.804 * Running mode=standalone, port=6379.
redis_1  | 1:M 30 Mar 2021 06:46:48.804 # WARNING: The TCP backlog setting of 511 cannot be enforced because /proc/sys/net/core/somaxconn is set to the lower value of 128.
redis_1  | 1:M 30 Mar 2021 06:46:48.804 # Server initialized
redis_1  | 1:M 30 Mar 2021 06:46:48.804 # WARNING overcommit_memory is set to 0! Background save may fail under low memory condition. To fix this issue add 'vm.overcommit_memory = 1' to /etc/
sysctl.conf and then reboot or run the command 'sysctl vm.overcommit_memory=1' for this to take effect.
redis_1  | 1:M 30 Mar 2021 06:46:48.804 # WARNING you have Transparent Huge Pages (THP) support enabled in your kernel. This will create latency and memory usage issues with Redis. To fix thi
s issue run the command 'echo madvise > /sys/kernel/mm/transparent_hugepage/enabled' as root, and add it to your /etc/rc.local in order to retain the setting after a reboot. Redis must be res
tarted after THP is disabled (set to 'madvise' or 'never').
redis_1  | 1:M 30 Mar 2021 06:46:48.805 * Ready to accept connections
web_1    |  * Serving Flask app "app.py"
web_1    |  * Environment: production
web_1    |    WARNING: This is a development server. Do not use it in a production deployment.
web_1    |    Use a production WSGI server instead.
web_1    |  * Debug mode: off
web_1    |  * Running on http://0.0.0.0:5000/ (Press CTRL+C to quit)
```

图 3-7

3.8.3　验证服务是否正常

可以用 curl 命令来发送请求以验证服务是否正常。

```
#curl http://0.0.0.0:5000/
Hello World! I have been seen 1 times.
#curl http://0.0.0.0:5000/
Hello World! I have been seen 2 times.
#curl http://0.0.0.0:5000/
Hello World! I have been seen 3 times.
#curl http://0.0.0.0:5000/
Hello World! I have been seen 4 times.
#curl http://0.0.0.0:5000/
Hello World! I have been seen 5 times.
```

3.8.4　绑定目录与更新应用

1. 绑定目录并重新运行

编辑 docker-compose.yml 文件，在项目目录中添加绑定安装的 Web 服务。

```
version: "3.9"
services:
  web:
    build: .
    ports:
      - "5000:5000"
    volumes:
      - .:/code
    environment:
      FLASK_ENV: development
  redis:
    image: "redis:alpine"
```

新 "volumes" 密钥将主机上的项目目录（当前目录）"/code" 安装到容器内部，以便开发人员可以即时修改代码，而不必重建镜像。该 environment 属性设置了 FLASK_ENV 环境变量，该变量指示 "flask run" 表示要在开发模式下运行并在更改时重新加载代码。需要注意的是，此模式只能在开发中使用。

2. 使用 docker-compose up 命令更新应用

```
$ curl http://0.0.0.0:5000/
Hello World! I have been seen 6 times.
$ sed -i 's/World/Docker/g' app.py
#再次访问
$ curl http://0.0.0.0:5000/
Hello Docker! I have been seen 7 times.
```

3.8.5　在后台启动服务

如果要在后台启动服务，则需要将-d 参数（用于"分离"模式）传递给 docker-compose up 命令，如以下代码所示。

```
$ docker-compose up -d
Starting composetest_redis_1...
Starting composetest_web_1...
```

在后台启动服务后，可以使用如下命令查询它的状态。

```
$ docker-compose ps
```

3.8.6　部署分布式应用

分布式应用（Distributed Application）指的是应用程序分布在不同的计算机上，通过网络来共同完成一项任务的工作方式。它可以有效地解决单应用的性能瓶颈问题。例如，随着用户量和并发量的增加，单应用可能会因为难以承受如此大的并发请求而导致宕机。

因此，分布式应用尤为重要。下面将演示如何使用 Compose 部署携程开源的应用配置中心。

1. 环境准备

创建 MySQL，使用的 Compose 的版本号为 5.6.17。在"myfolder"目录下创建"mysql"目录，如下所示。

```
cd myfolder
mkdir mysql
```

进入"mysql"目录，并创建"conf"目录。

```
cd mysql
```

```
mkdir conf  datadir mydir
```

通过执行 cat 命令查看配置文件。

```
cat conf/my.cnf
```

具体输出如下。

```
[mysqld]
user=mysql
default-storage-engine=INNODB
character-set-client-handshake=FALSE
character-set-server=utf8mb4
collation-server=utf8mb4_unicode_ci
init_connect='SET NAMES utf8mb4'
[client]
default-character-set=utf8mb4
[mysql]
default-character-set=utf8mb4
```

接下来创建 Compose 文件。

```
vim docker-compose.yaml
```

写入如下配置。

```
version: '3'
services:
  mysql:
    restart: always
    image: mysql:5.7.16
    container_name: mysql
    volumes:
      - ./mydir:/mydir
      - ./datadir:/var/lib/mysql
      - ./conf/my.cnf:/etc/my.cnf
    environment:
      - "MYSQL_ROOT_PASSWORD=apollo"
      - "TZ=Asia/Shanghai"
    ports:
      - 3306:3306
```

如果要运行 Compose 应用，则可以执行 docker-compose 命令。

```
docker-compose up -d
```

2. 初始化数据

分别创建"apollo"目录及"logs"目录，并从 GitHub 上复制 Apollo 项目源码。

```
mkdir apollo
mkdir -p /tmp/logs
git clone https://[github 官网]/ctripcorp/apollo.git
```

由于这里使用的不是主机网络模式，因此需要修改 Eureka 地址。

```
INSERT INTO `ServerConfig` (`Key`, `Cluster`, `Value`, `Comment`)
VALUES
    ('eureka.service.url', 'default', 'http://172.16.220.132:8080/eureka/', 'Eureka 服务的 URL,
多个 service 以英文逗号分隔'),
    ('namespace.lock.switch', 'default', 'false', '一次发布只能有一个人修改开关'),
    ('item.key.length.limit', 'default', '128', 'item key 最大长度限制'),
    ('item.value.length.limit', 'default', '20000', 'item value 最大长度限制'),
    ('config-service.cache.enabled', 'default', 'false', 'ConfigService 是否开启缓存, 开启后能提
高性能, 但是会增加内存消耗! ');
```

导入初始化数据。

```
mysql -uroot -h 172.16.220.132 -papollo <  apollo/scripts/sql/apolloconfigdb.sql
mysql -uroot -h 172.16.220.132 -papollo <  apollo/scripts/sql/apolloportaldb.sql
```

3. 准备 Compose 文件

创建 apollo-compose 文件夹并进入该目录。

```
mkdir apollo-compose
cd apollo-compose
```

通过执行 vi 命令新建 docker-compose.yml 文件。

```
vi docker-compose.yml
```

写入如下配置。

```
version: '3.7'

services:
  apollo-configservice:
```

```
    container_name: apollo-configservice
    image: apolloconfig/apollo-configservice
    volumes:
      - type: volume
        source: logs
        target: /opt/logs
    ports:
      - "8080:8080"
    environment:
      -
SPRING_DATASOURCE_URL=jdbc:mysql://172.16.220.132:3306/ApolloConfigDB?characterEncoding=utf8
      - SPRING_DATASOURCE_USERNAME=root
      - SPRING_DATASOURCE_PASSWORD=apollo
    restart: always

  apollo-adminservice:
    depends_on:
      - apollo-configservice
    container_name: apollo-adminservice
    image: apolloconfig/apollo-adminservice
    volumes:
      - type: volume
        source: logs
        target: /opt/logs
    ports:
      - "8090:8090"
    environment:
      -
SPRING_DATASOURCE_URL=jdbc:mysql://172.16.220.132:3306/ApolloConfigDB?characterEncoding=utf8
      - SPRING_DATASOURCE_USERNAME=root
      - SPRING_DATASOURCE_PASSWORD=apollo
    restart: always

  apollo-portal:
    depends_on:
      - apollo-adminservice
    container_name: apollo-portal
    image: apolloconfig/apollo-portal
    volumes:
```

```
    - type: volume
      source: logs
      target: /opt/logs
  ports:
    - "8081:8070"
  environment:
    -
SPRING_DATASOURCE_URL=jdbc:mysql://172.16.220.132:3306/ApolloPortalDB?characterEncoding=utf8
    - SPRING_DATASOURCE_USERNAME=root
    - SPRING_DATASOURCE_PASSWORD=apollo
    - APOLLO_PORTAL_ENVS=dev
    - DEV_META=http://172.16.220.132:8080
  restart: always

volumes:
  logs:
    driver: local
    driver_opts:
      type: none
      o: bind
      device: /tmp/logs
```

4．启动服务并访问

使用 docker-compose up 命令启动服务。

```
docker-compose up -d
```

通过本机 IP 地址即可访问服务，如图 3-8 所示。

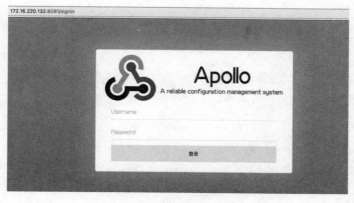

图 3-8

至此，部署完成。读者可以使用 Apollo 来管理应用配置中心，系统默认的登录账号和密码分别为 admin 和 apollo。

3.9 Docker 源码分析

要想更深入地学习 Docker，不妨从源码入手。本节将对 Docker 源码进行逐层分析，从代码结构到数据流转，再到各个模块的运行机制，由浅入深，从而帮助读者快速地融会贯通。Docker 源码体系庞大，初学者应该从哪里入手呢？不要着急，本节将从如下几个方面展开介绍。

3.9.1 给初学者的建议

开发人员对代码的追求是永无止境的。学习源码不仅可以提升编码能力，还能提高技术深度。另外，高质量的源码一般包含一些思想精粹，开发人员可以学习借鉴，并由此"站在巨人的肩膀上"更快地成长。当然，开发人员也可以将所学应用到实际开发中，从而产生直接收益。

开发人员可以非常方便地在 GitHub 上找到与 Docker 相关的源码，从而对其体系有一个宏观的认识。Docker 源码的目录结构如图 3-9 所示。

图 3-9

从图 3-9 中可以看出，Docker 有一个庞大的体系，其中包含大量的模块。如果随机选择一个模块入手，初学者肯定会晕头转向，不知所云。

> 看源码也需要有一些技巧。针对单一体系的源码，很容易找到入口。但是对于一些庞大的体系，一定要从架构中寻找思路，逐层递进。Docker 的学习过程完全遵循后者，因此从 "C/S" 架构入手再合适不过了。

3.9.2　学习 Docker 源码的思路

3.1 节重点介绍了 Docker 架构。在开始学习 Docker 源码之前，读者还要了解如下几个问题。

1. 学习源码的整体思路是怎样的

既然要从 C/S 架构入手，那么读者可以首先从 Docker Client 开始，因为这是最先接触的部分。打开 iTerm2，在控制台中输入 "docker version"，这样就可以看到 Docker 各部分的构成和版本，如图 3-10 所示。

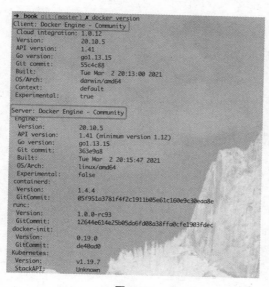

图 3-10

从图 3-10 中可以看出，Docker 整体由两个模块组成，即 Docker Client 和 Docker Server，要真正地掌握 Docker 原理，这两个模块至关重要。从核心模块入手，顺着启动程序探索，即可梳理出各个模块的内部关联及调用关系。

2. 从哪里开始学习

既然找到了两个最重要的模块，那么应该从哪个模块开始学习呢？当然要从 Docker 核心模块 docker-ce 开始。打开目录，结构如下所示。

```
.
├── CHANGELOG.md
├── CONTRIBUTING.md
├── LICENSE
├── Makefile
├── README.md
├── VERSION
├── components
│      ├── cli
│      ├── engine
│      └── packaging
└── components.conf
```

可以看到，其中都是配置文件，暂时可以忽略。读者只需要关注 "components" 目录下的 cli、engine 和 packaging。

- Docker Client 对应这里的 cli。
- Docker Server 对应这里的 engine。
- packaging 中存放了打包 Docker CE 相关的源码。这是非重点内容，可以暂时跳过。

3.9.3 容器是如何被启动的

当执行 docker start <container>命令时，Docker Client 需要访问 Docker Server 提供的 RESTful API，这时 Docker Engine 就需要对 RESTful API 进行监听，从而执行后续的操作。

那么 Docker CLI 命令行又是如何工作的呢？

1. 目录结构

拿到源文件，第一时间就要了解其目录结构，以对总体有一个认识。通过执行 tree -L 1 命令可以快捷地输出一级目录的结构。对目录结构理解清楚后，按照功能职责拆分，就可以很容易找到入口文件。

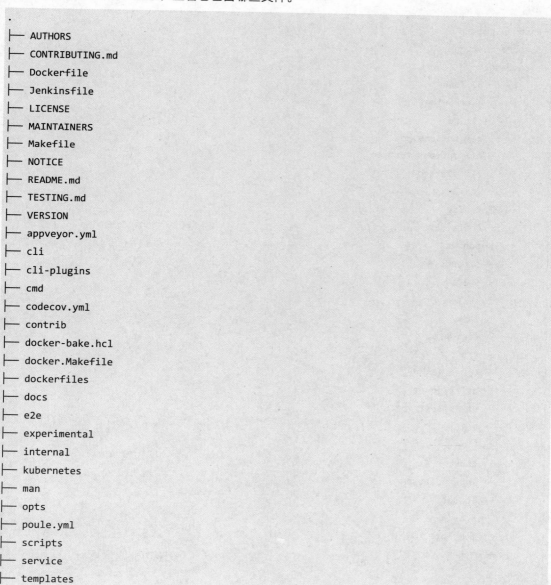

```
.
├── cli
├── engine
└── packaging
```

紧接着进入"cli"目录，查看它包含哪些文件。

```
.
├── AUTHORS
├── CONTRIBUTING.md
├── Dockerfile
├── Jenkinsfile
├── LICENSE
├── MAINTAINERS
├── Makefile
├── NOTICE
├── README.md
├── TESTING.md
├── VERSION
├── appveyor.yml
├── cli
├── cli-plugins
├── cmd
├── codecov.yml
├── contrib
├── docker-bake.hcl
├── docker.Makefile
├── dockerfiles
├── docs
├── e2e
├── experimental
├── internal
├── kubernetes
├── man
├── opts
├── poule.yml
├── scripts
├── service
├── templates
```

```
├── vendor
└── vendor.conf
```

"cli" 目录下的配置文件较多，我们依然聚焦 cli 文件。首先通过执行 cd cli 命令进入 "cli" 目录，然后通过执行 tree –L2 命令输出二级目录，具体结构如下。

```
.
├── cobra.go
├── cobra_test.go
├── command
│       ├── builder
│       ├── checkpoint
│       ├── cli.go
│       ├── cli_options.go
│       ├── cli_options_test.go
│       ├── cli_test.go
│       ├── commands
│       ├── config
│       ├── container
│       ├── context
│       ├── streams.go
│       ├── swarm
│       ├── system
│       ├── task
│       ├── testdata
│       ├── trust
│       ├── trust.go
│       ├── utils.go
│       ├── utils_test.go
│       └── volume
├── compose
│       ├── convert
│       ├── interpolation
│       ├── loader
│       ├── schema
│       ├── template
│       └── types
├── config
│       ├── config.go
```

```
|       ├──── config_test.go
|       ├──── configfile
|       ├──── credentials
|       └──── types
├──── debug
|       ├──── debug.go
|       └──── debug_test.go
├──── error.go
├──── flags
|       ├──── client.go
|       ├──── common.go
|       └──── common_test.go
├──── manifest
|       ├──── store
|       └──── types
├──── registry
|       └──── client
├──── required.go
├──── required_test.go
├──── streams
|       ├──── in.go
|       ├──── out.go
|       └──── stream.go
├──── trust
|       ├──── trust.go
|       └──── trust_test.go
├──── version
|       └──── version.go
└──── winresources
        └──── res_windows.go
```

2. 入口文件

每个功能模块都有一个入口文件。根据经验分析可知，Docker Client 的入口文件为 docker.go，位于 "cli/cmd/docker/" 目录中。打开文件，折叠函数后，会发现一个名为 main 的函数，具体如下。

```
func main() {
    dockerCli, err := command.NewDockerCli()
```

```
    if err != nil {
        fmt.Fprintln(os.Stderr, err)
        os.Exit(1)
    }
    logrus.SetOutput(dockerCli.Err())

    if err := runDocker(dockerCli); err != nil {
        if sterr, ok := err.(cli.StatusError); ok {
            if sterr.Status != "" {
                fmt.Fprintln(dockerCli.Err(), sterr.Status)
            }
            //have a non-zero exit status, so never exit with 0
            if sterr.StatusCode == 0 {
                os.Exit(1)
            }
            os.Exit(sterr.StatusCode)
        }
        fmt.Fprintln(dockerCli.Err(), err)
        os.Exit(1)
    }
}
```

函数内部做了简单的判空及异常输出，值得开发人员关注的是 runDocker()方法。继续往下查看，找到当前文件下的 runDocker()方法，具体如下。

```
func runDocker(dockerCli *command.DockerCli) error {
    tcmd := newDockerCommand(dockerCli)

    cmd, args, err := tcmd.HandleGlobalFlags()
    if err != nil {
        return err
    }

    if err := tcmd.Initialize(); err != nil {
        return err
    }

    args, os.Args, err = processAliases(dockerCli, cmd, args, os.Args)
    if err != nil {
```

```
        return err
    }


    if len(args) > 0 {
        if _, _, err := cmd.Find(args); err != nil {
            err := tryPluginRun(dockerCli, cmd, args[0])
            if !pluginmanager.IsNotFound(err) {
                return err
            }
            //For plugin not found we fall through to
            //cmd.Execute() which deals with reporting
            //"command not found" in a consistent way
        }
    }


    //We've parsed global args already, so reset args to those
    //which remain
    cmd.SetArgs(args)
    return cmd.Execute()
}
```

可以看到，runDocker()方法中实例化了 DockerCommand()构造函数，紧接着解析了 Docker CLI 中传过来的参数，在函数最后返回了 cmd 的执行结果。

3. 命令集合

这时读者可能会有一些疑问，在 Docker Client 中，docker --hlep 命令是如何工作的？要解开这个疑问，不妨进入"cli/cli/command"目录一探究竟。是不是很眼熟？每个目录其实对应一条子命令，这意味着所有的子命令都可以在这里找到源码实现。

4. 找到启动文件

启动文件涉及容器启动流程，需要在"/cli/cli/command/container"目录中查找。进入目录后，可以清晰地看到容器相关命令对应的文件。

```
.
├── attach.go
├── attach_test.go
├── client_test.go
```

```
├── cmd.go
├── commit.go
├── cp.go
├── …
├── signals_linux_test.go
├── signals_notlinux.go
├── signals_test.go
├── start.go
├── stats.go
├── stats_helpers.go
├── stats_helpers_test.go
├── stats_unit_test.go
├── stop.go
├── testdata
├── top.go
├── tty.go
├── tty_test.go
├── unpause.go
├── update.go
├── utils.go
├── utils_test.go
└── wait.go
```

至此可以看出，该目录结构和命令行的结构十分相似。找到 start.go 文件，发现多个函数调用了 runStart()函数，通过名字我们也可以猜出其大概的作用，不妨看一看函数的具体实现。

```
//4. Start the container.
    if err := dockerCli.Client().ContainerStart(ctx, c.ID, startOptions); err != nil {
        cancelFun()
        <-cErr
        if c.HostConfig.AutoRemove {
            //wait container to be removed
            <-statusChan
        }
        return err
    }
```

runStart()函数调用 dockerCli.Client().ContainerStart()来启动容器。命令和容器最终产生了关联。那么，Docker Client 是如何访问 Docker Server 的呢？

3.9.4 Docker Client 是如何访问 Docker Server 的

dockerCli 指向 command.Cli，而 command.Cli 中的 Docker Client 指向 "docker/docker/client"，于是找到了 client.go 文件。

components/engine/client/client.go

问题变得简单、清晰了，通过搜索关键字，最终在 container_start.go 文件中发现了目标方法。代码比较少，我们来具体看一看。

```
package client //import "github.com/docker/docker/client"

import (
    "context"
    "net/url"

    "github.com/docker/docker/api/types"
)

//ContainerStart sends a request to the docker daemon to start a container
func (cli *Client) ContainerStart(ctx context.Context, containerID string, options
types.ContainerStartOptions) error {
    query := url.Values{}
    if len(options.CheckpointID) != 0 {
        query.Set("checkpoint", options.CheckpointID)
    }
    if len(options.CheckpointDir) != 0 {
        query.Set("checkpoint-dir", options.CheckpointDir)
    }

    resp, err := cli.post(ctx, "/containers/"+containerID+"/start", query, nil, nil)
    ensureReaderClosed(resp)
    return err
}
```

通过 import 导包路径可以知道具体的文件位置，ContainerStart() 函数最终执行了 cli.post，这就是核心所在，原来 dockerCli 通过 RESTful API 向 Container 发送了 post 请求，从而启动了容器。这样，Docker Client 的基本流程就梳理清楚了。接下来，学习 Docker Engine 是如何工作的。

3.9.5 Docker Engine 是如何工作的

按照 Docker Client 的梳理方法，Docker Engine 也有对应的函数入口，非常幸运，该入口也是 docker.go 文件。但是它不是重点，暂时先跳过。

请求都找到了，目标还会遥远吗？在通常情况下，Docker Client 发送请求，服务器端一定会有对应的监听事件，对于当前的场景，通过接口路由可以迅速定位。

components/engine/api/server/router/container/container.go

打开上述文件，映入眼帘的是一张超大的路由表，如下所示。

```go
//initRoutes initializes the routes in container router
func (r *containerRouter) initRoutes() {
    r.routes = []router.Route{
        …
        //GET
        router.NewGetRoute("/containers/json", r.getContainersJSON),
        router.NewGetRoute("/exec/{id:.*}/json", r.getExecByID),
        …
        //POST
        router.NewPostRoute("/containers/create", r.postContainersCreate),
        …
        router.NewPostRoute("/containers/{name:.*}/restart", r.postContainersRestart),
        router.NewPostRoute("/containers/{name:.*}/start", r.postContainersStart),
        router.NewPostRoute("/containers/{name:.*}/stop", r.postContainersStop),
        …
        router.NewPostRoute("/containers/prune", r.postContainersPrune),
        router.NewPostRoute("/commit", r.postCommit),
        //PUT
        router.NewPutRoute("/containers/{name:.*}/archive", r.putContainersArchive),
        //DELETE
        router.NewDeleteRoute("/containers/{name:.*}", r.deleteContainers),
    }
}
```

这里读者只需要关注 "/containers/{name:.*}/start" 路由。从代码中可以看到，router.NewPostRoute 的第二个回调方法为 r.postContainersStart。那么，问题就变得简单了，读者只需要查看 r.postContainersStart 方法做了什么事情。采用路由追溯的方式，即可轻松地找到该方法所在的文件。

components/engine/api/server/router/container/container_routes.go

源码如下。

```go
func (s *containerRouter) postContainersStart(ctx context.Context, w http.ResponseWriter, r
*http.Request, vars map[string]string) error {

    version := httputils.VersionFromContext(ctx)
    var hostConfig *container.HostConfig
    //A non-nil json object is at least 7 characters
    if r.ContentLength > 7 || r.ContentLength == -1 {
        if versions.GreaterThanOrEqualTo(version, "1.24") {
            return bodyOnStartError{}
        }

        if err := httputils.CheckForJSON(r); err != nil {
            return err
        }

        c, err := s.decoder.DecodeHostConfig(r.Body)
        if err != nil {
            return err
        }
        hostConfig = c
    }

    if err := httputils.ParseForm(r); err != nil {
        return err
    }


    checkpoint := r.Form.Get("checkpoint")
    checkpointDir := r.Form.Get("checkpoint-dir")
    if err := s.backend.ContainerStart(vars["name"], hostConfig, checkpoint, checkpointDir);
err != nil {
        return err
    }


    w.WriteHeader(http.StatusNoContent)
    return nil
}
```

跳过一些逻辑判断，找到核心方法 s.backend.ContainerStart()，它位于当前同级目录的 backend.go 文件中，具体如下。

```
type stateBackend interface {
    ContainerCreate(config types.ContainerCreateConfig) (container.ContainerCreateCreatedBody,
error)
    ContainerKill(name string, sig uint64) error
    ContainerPause(name string) error
    ContainerRename(oldName, newName string) error
    ContainerResize(name string, height, width int) error
    ContainerRestart(name string, seconds *int) error
    ContainerRm(name string, config *types.ContainerRmConfig) error
    ContainerStart(name string, hostConfig *container.HostConfig, checkpoint string,
checkpointDir string) error
    ContainerStop(name string, seconds *int) error
    ContainerUnpause(name string) error
    ContainerUpdate(name string, hostConfig *container.HostConfig)
(container.ContainerUpdateOKBody, error)
    ContainerWait(ctx context.Context, name string, condition containerpkg.WaitCondition) (<-chan
containerpkg.StateStatus, error)
}
```

显然，文件中定义了 ContainerStart 接口，具体实现依赖 Daemon。继续查找，这里相对复杂一些，读者可以直接进入如下目录查看 start.go 文件。

```
components/engine/daemon/start.go
```

源码部分较长，下面依然选择核心部分进行演示。

```
func (daemon *Daemon) ContainerStart(name string, hostConfig *containertypes.HostConfig,
checkpoint string, checkpointDir string) error {
    …
    if err := validateState(); err != nil {
        return err
    }
    …
    //check if hostConfig is in line with the current system settings
    //It may happen cgroups are umounted or the like
    if _, err = daemon.verifyContainerSettings(ctr.OS, ctr.HostConfig, nil, false); err != nil
{
```

```
        return errdefs.InvalidParameter(err)
    }
    if hostConfig != nil {
        if err := daemon.adaptContainerSettings(ctr.HostConfig, false); err != nil {
            return errdefs.InvalidParameter(err)
        }
    }
    return daemon.containerStart(ctr, checkpoint, checkpointDir, true)
}
```

当前的 ContainerStart() 方法指向 daemon.containerStart() 方法。Daemon 的核心方法均在 daemon.containerStart() 方法中，大概有 100 行代码，感兴趣的读者可以细细品味。这里不再深入讲解，毕竟我们的目标不是重写 Docker 源码。

3.10　本章小结

本章重点介绍了 Docker 的核心原理，Docker 架构和底层隔离机制都是读者需要重点掌握的内容。除此之外，Docker 的网络与通信、UnionFS、Device Mapper 存储及 Compose 容器编排在实际开发中的应用非常频繁，懂得底层原理才能在实际使用过程中游刃有余。

当然，源码分析部分也是非常精彩的。对 Docker 源码进行分析，顺着 Docker Client 找到了 Docker Server 请求，并逐步深入学习 Docker Engine 原理。相信读者对整个过程有了明确的认识，从"黑盒的外部使用"到"白盒的源码解析"，揭开了 Docker 技术的神秘面纱。

熟练地掌握加上合理地运用，相信读者一定能够掌握 Docker 技术的精髓。

第 4 章
趁热打铁，Docker 项目实战

本章将进入 Docker 项目实战部分，手把手引导读者打造 Docker 应用。为了满足全栈开发的需求，本章将从前端项目和后端项目分别展开介绍。

4.1 前端环境准备

一个完整的 Web 应用涉及项目、运行环境及托管服务器。

通常来说，静态站点 Web 应用采用 Nginx 作为托管服务器；动态站点，如 SSR（Server Side Render，服务器端渲染）项目，则采用 Node.js 作为托管服务器。

下面将从静态站点和动态站点两部分展开介绍，并逐层深入。

4.1.1 Web 服务器——安装 Nginx

Nginx 是一个用于 HTTP、HTTPS、SMTP、POP3 和 IMAP 协议的开源反向代理服务器，同时是一个负载均衡器、HTTP 缓存和一个 Web 服务器（源服务器）。在第 1 章中重点介绍它，本节直接进入安装环节。

1. 安装 Nginx 镜像

（1）访问 Docker Hub，在搜索框中输入"nginx"，如图 4-1 所示。

图 4-1

（2）打开终端，输入如下命令拉取最新的 Nginx 官方镜像。

```
docker pull nginx
```

（3）待命令执行完毕就可以看到目前最新的 Nginx 镜像版本，如图 4-2 所示。

```
~/Documents/workspace via  v10.16.3
→ docker pull nginx
Using default tag: latest
latest: Pulling from library/nginx
75646c2fb410: Pull complete
6128033c842f: Pull complete
71a81b5270eb: Pull complete
b5fc821c48a1: Pull complete
da3f514a6428: Pull complete
3be359fed358: Pull complete
Digest: sha256:bae781e7f518e0fb02245140c97e6ddc9f5fcf6aecc043dd9d17e33aec81c832
Status: Downloaded newer image for nginx:latest
docker.io/library/nginx:latest
```

图 4-2

（4）输入如下命令验证本地是否已经存在镜像。

```
docker images
```

（5）运行容器，查看 Nginx 实际的运行效果。

```
docker run --name nginx-demo -p 8080:80 -d nginx
```

为了使读者更好地理解，下面对上述命令做一些简要的解释。

- --name：容器名。
- -p：端口，将宿主机的 8080 端口映射到容器内的 80 端口。
- -d：启动后台运行。

一切就绪后，打开浏览器即可访问。本地服务运行后的效果如图 4-3 所示，这表明 Nginx 服务已经就绪。

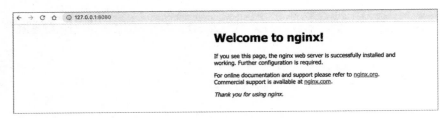

图 4-3

2. 总结

在实际工作中，根据项目情况可以设计不同的配置项。通常有以下两种情况。

- 映射 Nginx 配置：根据 Nginx 配置确定是否使用-v 参数，这样可以配置线上 Nginx 是否使用远程仓库管理，从而确保项目的稳定性。
- 映射前端资源：把对应的前端资源使用-v 参数映射出来，这样可以非常方便地实现前后端分离，达到解耦 "前端资源" 与 "配置更新" 的目的。

4.1.2　服务器端环境——安装 Node.js

Node.js 是一个事件驱动 I/O 的服务器端 JavaScript 环境，它基于 Google 的 V8 引擎（V8 引擎使用 C++开发，它将 JavaScript 编译成原生机器码 IA-32、x86-64、ARM、MIPS CPUs 等，并且使用内联缓存等方法来提高性能）运行。

Node.js 是前端工作重要的环境之一，提供本地编译、工具化、Web 服务等功能。

1. 安装 Node.js

（1）查看 Docker Hub 上的 Node.js 的版本，根据项目依赖的 Node.js 的版本找到对应的标签，如图 4-4 所示。

当然，也可以通过在命令行中直接执行 docker search 命令来查看 Node.js 的版本。

```
docker search node
```

（2）拉取最新版本的 Node.js 代码。

```
docker pull nano/node.js
```

（3）查看镜像是否已经下载到本地。

```
docker images
```

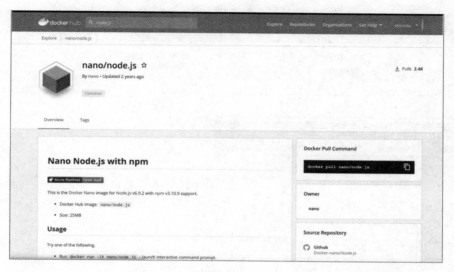

图 4-4

（4）运行容器。

```
docker run -itd --name node-demo node
```

（5）进入容器，检查 Node.js 的版本。

```
docker exec -it node-test /bin/bash
node -v
```

如果能正确打印版本信息（如 v14.17.5），则说明 Node.js 安装正常。

2. 在工作中使用 Node.js

下面列举 3 种常见的场景。

（1）通过 Node.js 编译代码。

对前端项目进行编译（如对 React、Vue.js、Angular 等框架的项目进行编译），或者对 Next.js、Nuxt.js 等 SSR 项目进行编译。

（2）将 Node.js 项目作为 SSR 服务运行。

这种情况还需要结合进程维护程序（如 PM2 等）来实现。

（3）将 Node.js 项目作为 WebServer 来提供服务。

此时需要做好网络通道管理，以提高网络请求效率。

配置-v 参数直接映射待编译文件目录，并把输出目录映射出去。这样做可以把对应的静态资源直接发到 CDN，以实现资源加速。

4.2 前端应用 1——Web 技术栈

既然 Nginx 和 Node.js 环境都已经准备就绪，那么是时候运行 Web 应用了。下面将从几类比较流行的 Web 框架展开讲解。

4.2.1 Web 框架 1——React 实战

React 是一个用于构建用户界面的 JavaScript 库，主要用于构建 UI。它起源于 Facebook 的内部项目，用来架设 Instagram 的网站，于 2013 年 5 月开源。

React 拥有较高的性能，代码逻辑非常简单，越来越多的人开始关注和使用它。目前，React 已经成为开源社区十分受欢迎的前端框架之一。在容器中运行 React 框架分为以下几个步骤。

（1）使用脚手架 create-react-app 创建项目（这里以 5.0.1 版本举例，前端框架升级较快，不同版本可能存在差异性，需要对版本保持一定的敏感性）。

```
npm install -g create-react-app
npm init react-app my-app
cd my-app/
npm start      // 启动项目
npm run build  // 构建结果产物
```

通常，在执行 build 命令后，在项目根目录下会生成与 build 同名的文件夹（构建的结果产物都存放在该文件夹下）。

（2）在项目根目录下创建 Dockerfile 文件，配置如下。

```
FROM nginx
COPY build/ /data/nginx/html/
COPY default.conf /etc/nginx/conf.d/default.conf
```

（3）在项目根目录下创建 Nginx 配置文件 default.conf。

```
server {
    listen       80;
    server_name  localhost;

    location / {
        root   /data/nginx/html;
        index  index.html index.htm;
    }
}
```

（4）使用 docker build 命令生成镜像。

```
docker build -t react-docker-demo .
```

（5）使用 docker tag 命令和 docker push 命令将镜像推送到远程仓库中。

```
#docker tag SOURCE_IMAGE[:TAG] TARGET_IMAGE[:TAG]
#docker push [OPTIONS] NAME[:TAG]
#docker push {Harbor 地址}:{端口}/{自定义镜像名}:{自定义 tag}
docker tag react-docker-demo:0.1 react-docker-demo:0.1
docker push harbo.test.com/react-docker-demo:0.1
```

如果要在本地运行，则需要映射本地的 8080 端口。

```
Docker run -name react-demo -d -p 8080:80 react-docker-demo
```

（6）预览效果。

一切准备就绪后即可运行容器，具体效果如图 4-5 所示。

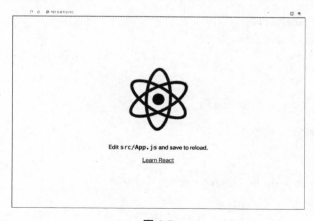

图 4-5

4.2.2　Web 框架 2——Vue.js 实战

Vue.js 是用于构建用户界面的渐进式框架。它只关注视图层，采用自下向上增量开发的设计方式。Vue.js 的目标是——通过尽可能简单的 API 响应数据绑定和组合视图组件。

在容器中运行 Vue.js 框架的步骤如下。

（1）初始化及运行项目。

```
npm install --global vue-cli
vue init webpack my-project
cd my-project
npm install
npm run dev
npm run build //构建结果产物
```

（2）在项目根目录下创建 Dockerfile 文件，配置如下。

```
FROM nginx
COPY dist/ /data/nginx/html/
COPY default.conf /etc/nginx/conf.d/default.conf
```

（3）在项目根目录下创建 Nginx 配置文件 default.conf。

```
server {
    listen       80;
    server_name  localhost;

    location / {
        root   /data/nginx/html;
        index  index.html index.htm;
    }
}
```

（4）使用 docker build 命令生成镜像。

```
docker build -t vue-docker-demo .
```

（5）在本地运行。

```
docker run -name vue-demo -d -p 8080:80 vue-docker-demo
```

（6）预览效果。

一切准备就绪后即可运行容器，具体效果如图 4-6 所示。

图 4-6

4.2.3　Web 框架 3——其他

除上述两大 Web 框架外，Angular 框架也有一定的市场占比。本节介绍使用 Angular 框架如何实现容器化改造，并总结前端框架容器化改造的通用逻辑。

1. 改造 Angular 项目

（1）安装 CLI 工具，并初始化项目。

```
npm install -g @angular/cli
ng new my-app-ng
# 进入项目根目录
cd my-app-ng
npm run build
```

执行上述命令后，控制台会输出如图 4-7 所示的内容。

（2）在项目根目录下创建 Dockerfile 文件，配置如下。

```
FROM nginx
COPY my-app-ng/dist/ /data/nginx/html/
COPY default.conf /etc/nginx/conf.d/default.conf
```

（3）在项目根目录下创建 Nginx 配置文件 default.conf。

```
server {
    listen       80;
    server_name  localhost;
```

```
    location / {
        root   /data/nginx/html;
        index  index.html index.htm;
    }
}
```

```
~/Documents/workspace
→ npm install -g @angular/cli
npm WARN deprecated request@2.88.2: request has been deprecated, see https://github.com/request/request/issues/3142
npm WARN deprecated har-validator@5.1.5: this library is no longer supported
/Users/piaoyuzhixia/.nvm/versions/node/v10.16.3/bin/ng -> /Users/piaoyuzhixia/.nvm/versions/node/v10.16.3/lib/node_modules/@angular/cli/bin/ng

> @angular/cli@11.2.10 postinstall /Users/piaoyuzhixia/.nvm/versions/node/v10.16.3/lib/node_modules/@angular/cli
> node ./bin/postinstall/script.js

? Would you like to share anonymous usage data with the Angular Team at Google under
Google's Privacy Policy at https://policies.google.com/privacy? For more details and
how to change this setting, see https://angular.io/analytics. No
+ @angular/cli@11.2.10
added 242 packages from 181 contributors in 41.151s

~/Documents/workspace took 41s
→ ng new my-app-ng
? Do you want to enforce stricter type checking and stricter bundle budgets in the workspace?
  This setting helps improve maintainability and catch bugs ahead of time.
  For more information, see https://angular.io/strict Yes
? Would you like to add Angular routing? Yes
? Which stylesheet format would you like to use? Less   [ http://lesscss.org                ]
CREATE my-app-ng/README.md (1017 bytes)
CREATE my-app-ng/.editorconfig (274 bytes)
CREATE my-app-ng/.gitignore (631 bytes)
CREATE my-app-ng/angular.json (3729 bytes)
CREATE my-app-ng/package.json (1210 bytes)
CREATE my-app-ng/tsconfig.json (783 bytes)
CREATE my-app-ng/tslint.json (3185 bytes)
CREATE my-app-ng/.browserslistrc (703 bytes)
CREATE my-app-ng/karma.conf.js (1426 bytes)
CREATE my-app-ng/tsconfig.app.json (287 bytes)
CREATE my-app-ng/tsconfig.spec.json (333 bytes)
CREATE my-app-ng/src/favicon.ico (948 bytes)
CREATE my-app-ng/src/index.html (293 bytes)
CREATE my-app-ng/src/main.ts (372 bytes)
CREATE my-app-ng/src/polyfills.ts (2830 bytes)
CREATE my-app-ng/src/styles.less (80 bytes)
CREATE my-app-ng/src/test.ts (753 bytes)
CREATE my-app-ng/src/assets/.gitkeep (0 bytes)
CREATE my-app-ng/src/environments/environment.prod.ts (51 bytes)
CREATE my-app-ng/src/environments/environment.ts (662 bytes)
CREATE my-app-ng/src/app/app-routing.module.ts (245 bytes)
CREATE my-app-ng/src/app/app.module.ts (393 bytes)
CREATE my-app-ng/src/app/app.component.less (0 bytes)
CREATE my-app-ng/src/app/app.component.html (24955 bytes)
CREATE my-app-ng/src/app/app.component.spec.ts (1066 bytes)
CREATE my-app-ng/src/app/app.component.ts (214 bytes)
CREATE my-app-ng/e2e/protractor.conf.js (904 bytes)
CREATE my-app-ng/e2e/tsconfig.json (274 bytes)
CREATE my-app-ng/e2e/src/app.e2e-spec.ts (660 bytes)
CREATE my-app-ng/e2e/src/app.po.ts (274 bytes)
✓ Packages installed successfully.
    Successfully initialized git.
```

图 4-7

（4）使用 docker build 命令生成镜像。

```
docker build -t ng-docker-demo .
```

（5）启动本地服务。

```
docker run -name ng-demo -d -p 8080:80 ng-docker-demo
```

（6）运行效果如图 4-8 所示。

图 4-8

2．Web 框架容器化改造总结

学习了前面对 Web 框架（React、Vue.js、Angular 等）的容器化改造后，相信读者已经发现了一些 Web 框架容器化改造的共同之处。

（1）编译过程。

通过执行编译命令 npm run build 生成 dist 文件夹，其中包含静态资源和 index.html。当然，这里的配置是最简单的，线上一般会将配置文件和其他静态资源做成模板，并且将 CDN 文件进行分离存储。

（2）创建并配置 Nginx 文件和 Dockerfile 文件。

这是容器化改造的核心步骤，配置 Dockerfile 文件的操作必不可少。

（3）创建镜像并将其提交到远程仓库中。

开发人员通常直接把 HTML 资源和静态资源打包到镜像中。当然，还可以采用其他配置方式。例如，把 Static 和 Template 分开，并使用-v 参数映射到宿主机中，这样便于版本管理和线上运维操作。

关于 Docker 的持续集成和发布在第 5 章中会深入讲解。

4.3 前端应用 2——Node.js

Node.js 有两种使用场景：①编译项目过程；②运行 SSR 或 WebServer。

从渲染方式来看，Node.js 分为 CSR（Client Side Rendering，客户端渲染）和 SSR（Server Side Rendering，服务器端渲染）两种常见类型。

4.3.1 客户端渲染（CSR）实战

CSR 是指以 JSON 方式从浏览器端请求数据，并根据 JavaScript 逻辑渲染 DOM。

CSR 有如下几个优点。

- 加载 HTML 资源的速度很快，直接访问静态模板文件。
- 不需要服务器端判断处理。
- 需要根据接口判断权限，然后控制路由。

当然，没有什么方案是尽善尽美的。CSR 也有不足之处，具体包括以下几点。

- 不能对 SEO 提供很好的支持。
- 权限控制、精细控制难度高，因为 CSR 是依赖接口的，所以只能做到路由控制。要做到更精细化的控制，则需要配合使用一套完整的权限控制方案。

在 4.2 节中介绍的 React、Vue.js 都是 CSR。

基于上述原因，SSR 得到了更多公司的青睐。

4.3.2 服务器端渲染（SSR）实战

顾名思义，SSR 是在服务器端进行的。SSR 直接使用 Nginx 作为代理，并且使用后端语言（如 Java、PHP、Python、Go、Node.js 等）启动服务器。

Node.js 社区比较有影响力的 SSR 有很多种，如 Next.js、Nuxt.js、Express.js、Koa.js、Egg.js 等。

下面以 Next.js 为例介绍如何使用 Docker 容器化 SSR。

（1）初始化项目。

```
npx create-next-app
npm install next react react-dom
# 进入项目根目录，如：my-app
cd my-app
npm run build //构建结果产物
```

（2）在项目根目录下创建 Dockerfile 文件。

```
FROM node:alpine
#设置工作目录
WORKDIR /usr/app

#全局安装
RUN npm install --global pm2
#复制 package* package-lock.json
COPY ./package*.json ./
#安装依赖
RUN npm install --production
#复制文件
COPY ./ ./
#构建应用
RUN npm run build
#暴露服务端口
EXPOSE 3000
#设置用户
USER node
#执行启动命令
CMD [ "pm2-runtime", "start", "npm", "--", "start" ]
```

（3）通过 PM2 管理服务进程。

通过执行 RUN npm install --global pm2 命令在 Node 镜像中安装 PM2。

（4）使用 Docker build 命令生成镜像，并利用 docker tag 命令和 docker push 命令将镜像保存到远程仓库中。这在 4.2 节中已经有详细介绍，这里不再赘述。

```
Docker build -t TARGET_IMAGE[:TAG]
docker tag SOURCE_IMAGE[:TAG] TARGET_IMAGE[:TAG]
docker push {Harbor 地址}:{端口}/{自定义镜像名}:{自定义 tag}
```

4.4　后端环境准备

通常，后端容器化比前端容器化稍微复杂一些，因为需要提前安装好数据库。本节将介绍如何安装 Redis、MySQL 及 MongoDB 等应用。

4.4.1　注册中心——ZooKeeper

ZooKeeper 是 Apache Software Foundation 的一个软件项目，用于为大型分布式系统提供开源的分布式配置服务、同步服务和命名注册表服务。虽然 ZooKeeper 是 Hadoop 的一个子项目，但是现在俨然成为一个顶级明星项目。鉴于此，ZooKeeper 成了开发人员必须掌握的技能之一。

本节将介绍 ZooKeeper 的安装和使用。

（1）打开 Docker Hub，在搜索框中输入"zookeeper"，如图 4-9 所示。

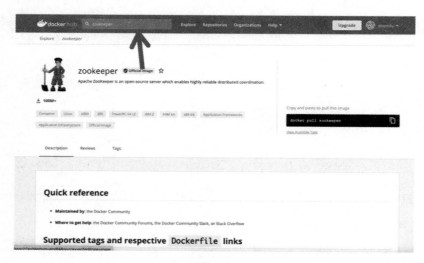

图 4-9

当然，开发人员也可以打开终端，输入以下命令查看版本。

```
docker search zookeeper
```

控制台输出日志如图 4-10 所示。

```
~ via @ v14.15.4
→ docker search zookeeper
NAME                              DESCRIPTION                                 STARS    OFFICIAL    AUTOMATED
zookeeper                         Apache ZooKeeper is an open-source server wh… 1118     [OK]
jplock/zookeeper                  Builds a docker image for Zookeeper version … 165                 [OK]
wurstmeister/zookeeper                                                        151                 [OK]
mesoscloud/zookeeper              ZooKeeper                                    73                  [OK]
digitalwonderland/zookeeper       Latest Zookeeper - clusterable               23                  [OK]
mbabineau/zookeeper-exhibitor                                                  23                  [OK]
tobilg/zookeeper-webui            Docker image for using 'zk-web' as ZooKeeper… 15                  [OK]
debezium/zookeeper                Zookeeper image required when running the De… 14                  [OK]
confluent/zookeeper               [deprecated - please use confluentinc/cp-zoo… 13                  [OK]
31z4/zookeeper                    Dockerized Apache Zookeeper.                 9                   [OK]
thefactory/zookeeper-exhibitor    Exhibitor-managed ZooKeeper with S3 backups … 6                   [OK]
engapa/zookeeper                  Zookeeper image optimised for being used int… 3
harisekhon/zookeeper              Apache ZooKeeper (tags 3.3 - 3.4)            2                   [OK]
emccorp/zookeeper                 Zookeeper                                    2
openshift/zookeeper-346-fedora20  ZooKeeper 3.4.6 with replication support     2
paulbrown/zookeeper               Zookeeper on Kubernetes (PetSet)             1
duffqiu/zookeeper-cli                                                          1                   [OK]
perrykim/zookeeper                k8s - zookeeper  ( forked k8s contrib )      1                   [OK]
josdotso/zookeeper-exporter       ref: https://github.com/carlpett/zookeeper_e… 1                   [OK]
strimzi/zookeeper                                                             1
midonet/zookeeper                 Dockerfile for a Zookeeper server.           0                   [OK]
pravega/zookeeper-operator        Kubernetes operator for Zookeeper            0
humio/zookeeper-dev               zookeeper build with zulu jvm.               0
phenompeople/zookeeper            Apache ZooKeeper is an open-source server wh… 0                   [OK]
dabealu/zookeeper-exporter        zookeeper exporter for prometheus            0                   [OK]
```

图 4-10

（2）拉取指定版本镜像。

```
docker pull zookeeper:latest
//查看本地镜像
docker images
```

（3）启动 ZooKeeper 镜像。

```
docker run --name some-zookeeper --restart always -d zookeeper
```

该镜像会暴露 4 个端口，分别为 2181 端口（ZooKeeper 客户端端口）、2888 端口（Follower 端口）、3888 端口（选举端口）、8080 端口（AdminServer 端口），外部可以直接使用对应的端口服务。

（4）从 Docker 中链接 ZooKeeper。

```
docker run --name some-app --link some-zookeeper:zookeeper -d application-that-uses-zookeeper
```

（5）链接 ZooKeeper 命令行客户端。

```
docker run -it --rm --link some-zookeeper:zookeeper zookeeper zkCli.sh -server zookeeper
```

（6）通过执行 docker stack deploy 命令或 docker-compose 命令进行部署。

在部署 ZooKeeper 时需要用到 stack.yml 文件，具体配置如下。

```
version: '3.1'

services:
  zoo1:
    image: zookeeper
    restart: always
```

183

```
    hostname: zoo1
    ports:
      - 2181:2181
    environment:
      ZOO_MY_ID: 1
      ZOO_SERVERS: server.1=zoo1:2888:3888;2181 server.2=zoo2:2888:3888;2181 server.3=zoo3:
2888:3888;2181

  zoo2:
    image: zookeeper
    restart: always
    hostname: zoo2
    ports:
      - 2182:2181
    environment:
      ZOO_MY_ID: 2
      ZOO_SERVERS: server.1=zoo1:2888:3888;2181 server.2=zoo2:2888:3888;2181 server.3=zoo3:
2888:3888;2181

  zoo3:
    image: zookeeper
    restart: always
    hostname: zoo3
    ports:
      - 2183:2181
    environment:
      ZOO_MY_ID: 3
      ZOO_SERVERS: server.1=zoo1:2888:3888;2181 server.2=zoo2:2888:3888;2181 server.3=zoo3:
2888:3888;2181
```

待一切就绪后，执行 docker stack deploy –c stack.yml zookeeper 命令或 docker-compose–f stack.yml up 命令并等待 ZooKeeper 容器完全初始化。此时，2181～2183 端口将被暴露出来，方便其他服务调用。

在一台机器上设置多个容器实例不会产生任何冗余。如果机器宕机，则所有的 ZooKeeper 容器实例都将处于离线状态。完全符合冗余要求的每个容器实例都有自己的机器。每个容器实例必须是一个完全独立的物理服务器。同一台物理主机上的多个容器仍然容易受该主机故障的影响。

（7）配置 ZooKeeper 配置文件。

ZooKeeper 配置文件位于"/conf"目录下，可以将配置文件安装为卷。

```
docker run --name some-zookeeper --restart always -d -v $(pwd)/zoo.cfg:/conf/zoo.cfg zookeeper
```

（8）存储 ZooKeeper 数据。

在通常情况下，ZooKeeper 会把容器数据存储在"/data"目录下。对于业务日志，则使用"/datalog"目录存储。

```
docker run --name some-zookeeper --restart always -d -v $(pwd)/zoo.cfg:/conf/zoo.cfg zookeeper
```

> 设置专用的事务日志设备是保持良好性能的关键。将日志放在频繁操作的设备上会对性能产生不利影响。

（9）配置日志记录。

在默认情况下，ZooKeeper 将标准输出（Stdout）和标准错误（Stderr）重定向到控制台上。开发人员可以通过环境变量 ZOO_LOG4J_PROP 来获取，并将日志写入/logs/zookeeper.log 文件中。

```
docker run --name some-zookeeper --restart always -e ZOO_LOG4J_PROP="INFO,ROLLINGFILE" zookeeper
```

4.4.2　消息队列框架——Kafka

Kafka 是一个开源分布式事件流平台，被众多企业用于高性能数据管道、流分析、数据集成和关键任务应用中。它具有水平可扩展性、容错性、快速性等特点，在大型企业的生产环境中运行稳定。

> Kafka 不能单独使用，它需要连接 ZooKeeper 服务。

1. Kafka 的特性

（1）Kafka 有以下四大核心功能。

- 高吞吐量：使用延迟低至 2ms 的机器集群，主要以网络有限的吞吐量传递消息。
- 可扩展性：具备强大的弹性扩展和收缩存储的能力。Kafka 将生产集群扩展到多达 1000 个代理、每天数万亿条消息、PB 级数据、数十万个分区。

- 永久存储：通常数据流被安全地存储在分布式、持久、容错的集群中。
- 高可用性：在可用区上有效地扩展集群或跨地理区域连接单独的集群。

（2）强大的生态系统。

Kafka 内置了"流式处理"，用于构建流式处理应用的客户端库，其中输入和输出数据是存储在 Kafka 集群中的，一般通过连接、聚合、过滤和转换等处理事件流。

Kafka 开箱即用的 Connect 接口可以与数百个事件源和事件接收器集成，包括 Postgres、JMS、Elasticsearch、AWS S3 等。丰富的生态链让 Kafka 成为社区有名的大型开源项目。

（3）可靠性和易用性。

Kafka 支持"关键任务用例"，从而为"排序"、"零消息丢失"和"高效的一次性处理"提供保障。也正是因为 Kafka 具备较高的易用性，所以它受到众多组织（从互联网巨头到汽车制造商再到证券交易所）的信任。

此外，Kafka 是 Apache 软件基金会的 5 个项目之一，提供了丰富的在线资源、文档、在线培训课程、指导教程、示例项目、Stack Overflow 等。

2. 安装 Kafka 的准备工作

在安装 Kafka 之前，需要先准备容器环境。

（1）安装 docker-compose。

```
docker-compose https://[docker 官网地址]/compose/install/
```

（2）修改 docker-compose.yml 文件。

开发人员需要修改 docker-compose.yml 文件中的 KAFKA_ADVERTISED_HOST_NAME 配置。很简单，只需修改为符合映射容器 IP 地址即可。

> 在代理上不使用 localhost 或 127.0.0.1 作为容器的 IP 地址。

（3）自定义 Kafka 参数。

如果开发人员想自定义任何 Kafka 参数，则需要将它们添加到 docker-compose.yml 文件中。例如，为了增加 message.max.bytes 参数，需要将环境变量设置为 KAFKA_MESSAGE_MAX_BYTES: 2000000。

读者可以参考 Kafka 官网了解更多参数的配置。

（4）使用 Log4j 输出日志。

开发人员可以利用 Log4j 把日志输出到 Kafka 队列中。一般通过添加前缀为"LOG4J_"的环境变量自定义配置，这些配置将被映射到 log4j.properties 中。

```
LOG4J_LOGGER_KAFKA_AUTHORIZER_LOGGER=DEBUG, authorizerAppender
```

3. 使用 Kafka

一切准备就绪之后，下面开始使用 Kafka。

（1）启动 Kafka 集群。

```
docker-compose up -d
```

（2）添加更多代理。

```
docker-compose scale kafka=3
```

（3）配置代理 ID。

一般可以通过两种方式配置代理 ID。

- 变量：使用 KAFKA_BROKER_ID 变量来配置。
- 命令：通过 BROKER_ID_COMMAND 命令来执行。

```
BROKER_ID_COMMAND: "hostname | awk -F'-' '{print $$2}'"
```

如果没有在 docker-compose 文件中指定代理 ID，则系统会自动生成（向上和向下扩展）。

> 如果没有指定代理 ID，为了保留容器名称和 ID，建议使用--no-recreatedocker-compose 参数来确保不会重新创建容器。

（4）配置自动创建 Topic。

可以将一个 Topic 看作一个消息的集合。Topic 可以接收多个生产者（Producer）推送（Push）过来的消息，也可以让多个消费者（Consumer）从中消费（Pull）消息。

如果想让 kafka-docker 在创建时自动在 Kafka 中创建 Topic，则需要修改 docker-compose.yml 文件中的 KAFKA_CREATE_TOPICS 的配置。

```
environment:
```

```
KAFKA_CREATE_TOPICS: "Topic1:1:3,Topic2:1:1:compact"
```

按照上述配置，Topic1 将有 1 个分区和 3 个副本，Topic 2 将有 1 个分区和 1 个副本，清理策略（cleanup.policy）为 compact 模式（清理策略通常只有 delete 模式和 compact 模式）。

（5）销毁 Kafka 集群。

销毁 Kafka 集群的操作非常简单，使用 stop 命令即可。

```
docker-compose stop
```

4.4.3　微服务框架——Dubbo

Dubbo 是一款微服务开发框架，它提供了 RPC 通信与微服务治理两大关键功能。这意味着，使用 Dubbo 开发的微服务，将具备相互之间的远程发现与通信功能。另外，利用 Dubbo 提供的微服务治理功能，可以实现服务发现、负载均衡、流量调度等服务治理功能。

Dubbo 是高度可扩展的，用户几乎可以在任意功能点定制自己的功能，从而改变框架的默认行为，以满足自己的业务需求。

> Dubbo 3 在保持 Dubbo 2 原有核心功能特性的同时，在易用性、超大规模微服务实践、云原生基础设施适配等方面进行了全面升级。

以下内容是基于 Dubbo 3 展开的。

1. 安装 Dubbo

（1）下载 Dubbo 源码。

开发人员可以在 GitHub 中下载 Dubbo 源码。

```
git clone https://[github 官网]/apache/dubbo-admin.git
```

（2）在 application.properties 文件中指定注册地址。

application.properties 文件位于 "dubbo-admin-server/src/main/resources/" 目录下。

```
#集群方式
#dubbo.registry.address=zookeeper://xxx.xxx.xxx.xxx:2181?backup=xxx.xxx.xxx.xxx:2181,xxx.xxx.
xxx.xxx:2181
#单机 IP 地址方式
```

```
#dubbo.registry.address=zookeeper://xxx.xxx.xxx.xxx:2181
#容器 service 方式
dubbo.registry.address=zookeeper://zk:2181
```

（3）打包并启动 dubbo-admin-server 项目。

```
mvn clean package -Dmaven.test.skip=true
mvn --projects dubbo-admin-server spring-boot:run
cd dubbo-admin-distribution/target; java -jar dubbo-admin-0.1.jar
```

（4）预览效果。

一切准备就绪后，即可在浏览器的地址栏中输入 "http://localhost:8080" 进行访问。

> 系统默认的账号和密码都是 root，开发人员登录后可自行修改。

2. 启动和维护 Dubbo 项目

细心的读者可能发现了，前面在本地启动了服务。那么，如何在 Docker 中启动和维护 Dubbo 项目呢？

（1）创建 Dockerfile 文件。

```
FROM java:8
VOLUME /tmp

add dubbo-admin-0.0.1-SNAPSHOT.jar dubbo.jar
#命令
ENTRYPOINT ["java","-Djava.security.egd=file:/dev/./urandom","-jar","/dubbo.jar"]
```

（2）生成 dubbo-admin 镜像。

```
docker build -t dubbo-admin:1.0 .
```

（3）创建 docker-compose.yml 文件。

```
version: '3'

services:
  zookeeper1:
    image: zookeeper:3.4
```

```
    container_name: zookeeper1
    restart: always
    hostname: zookeeper1
    ports:
      - "2181:2181"
    environment:
      ZOO_MY_ID: 1
      ZOO_SERVERS: server.1=0.0.0.0:2888:3888 server.2=zookeeper2:2888:3888

Zookeeper2:
    image: zookeeper:3.4
    container_name: zookeepe2
    restart: always
    hostname: zookeeper2
    ports:
      - "2182:2181"
    environment:
      ZOO_MY_ID: 2
      ZOO_SERVERS: server.1=zookeeper1:2888:3888 server.2=0.0.0.0:2888:3888

dubbo-admin:
    image: dubbo-admin:1.0
    container_name: dubbo-admin
    links:
      - zookeeper:zk   #配置容器别名
    depends_on:
      - zookeeper1
      - zookeeper2
    ports:
      - 7001:7001
    restart: always
```

（4）启动 docker-compose。

```
#根据 docker-compose.xmk 启动容器
docker-compose up -d
#停止 services
docker-compose stop
```

190

```
#开启 services
docker-compose start
```

至此，Dubbo 的安装和使用就介绍完了。接下来开始介绍数据库部分。

4.4.4　数据库 1——安装 Redis

Redis 是一个开源的、使用 ANSI C 语言编写、遵守 BSD 协议、支持网络、可基于内存、分布式、可选持久性的键值对（key-value）存储数据库，并提供多种语言的 API。

Redis 通常被称为数据结构服务器，因为其值（value）可以是字符串（string）、哈希（hash）、列表（list）、集合（sets）和有序集合（sorted sets）等类型。

1.　安装 Redis

（1）打开 Docker Hub，搜索"Redis"并进行安装。

（2）拉取最新版本的 Redis 镜像。

```
//拉取最新版本的镜像
docker pull redis:latest
//查看本地镜像
docker images
```

（3）启动 Redis。

```
docker run -itd --name redis-demo -p 6379:6379 redis
```

这里需要关注以下两个参数。

- -p：端口映射，形式为"宿主机端口:容器端口"。
- --name：容器名称。

（4）查看 Redis 的运行情况。

```
docker exec -it redis-demo /bin/bash
```

2.　分离数据配置

对于数据库，很关键的一步是分离数据（数据库及日志需要独立部署为数据容器，以便于备份和存储），具体的操作步骤如下。

（1）抽取 Redis 配置文件 redis.conf。

（2）创建 Dockerfile 文件。

```
FROM redis
COPY redis.conf /usr/local/etc/redis/redis.conf
CMD [ "redis-server", "/usr/local/etc/redis/redis.conf" ]
```

（3）根据具体的启动情况，可能还会扩展 Network 及 Volume。

（4）使用 build 命令生成镜像，打出对应版本的 Tag 标识，并将其存储到仓库中。

4.4.5　数据库 2——安装 MySQL

MySQL 是非常流行的关系数据库管理系统。在 Web 应用方面，MySQL 是很好的应用软件之一。关系数据库的一大特点就是，将数据保存在不同的表中，而不是将所有数据放在一个大仓库中，这样可以提高数据库的运行速度和灵活性。

1. 安装 MySQL

（1）打开 Docker Hub，搜索"MySQL"并进行安装。也可以通过如下命令进行搜索。

```
docker search mysql
```

（2）拉取最新版本的 MySQL 镜像。

```
//拉取最新版本的镜像
docker pull mysql:latest
//查看本地镜像
docker images
```

（3）启动 MySQL。

```
docker run -itd --name mysql-test -p 3306:3306 -e MYSQL_ROOT_PASSWORD=123456 mysql
```

参数较多，具体的解释如下。

- -p：端口映射，形式为"宿主机端口:容器端口"。
- --name：容器名称。
- -e：需要传递的环境变量。
- MYSQL_ROOT_PASSWORD：MySQL 中 Root 用户的密码。

（4）查看 MySQL 的运行情况。

```
docker exec -it mysql-demo /bin/bash
```

2. 分离数据配置

同 Redis 数据库一样，MySQL 数据库也需要分离数据。

```
sudo docker run
-p 3306:3306
--name mysql
-v /usr/local/docker/mysql/conf:/etc/mysql
-v /usr/local/docker/mysql/logs:/var/log/mysql
-v /usr/local/docker/mysql/data:/var/lib/mysql
-e MYSQL_ROOT_PASSWORD=123456
-d mysql
```

这里补充一点，通常把数据、日志、配置通过-v 参数映射到宿主机上，以便于运维人员进行管理和操作。

4.4.6　数据库 3——安装 MongoDB

MongoDB 是一个基于分布式文件存储的数据库，使用 C++编写，旨在为 Web 应用提供可扩展的高性能数据存储解决方案。它是一个介于关系数据库和非关系数据库之间的产品，是非关系数据库中功能最丰富且最像关系数据库的产品。

1. 安装 MongoDB

（1）打开 Docker Hub，搜索"Mongo"并进行安装。也可以通过如下命令进行搜索。

```
docker search mongo
```

（2）拉取最新版本的 MongoDB 镜像。

```
//拉取最新版本的镜像
docker pull mongo:latest
//查看本地镜像
docker images
```

（3）启动 MongoDB。

```
docker run -itd --name mongo -p 27017:27017 mongo --auth
```

其参数与其他类型数据库的参数类似，如下所示。

- -p：端口映射，形式为"宿主机端口:容器端口"。

- --name：容器名称。
- --auth：表示需要输入密码才可以访问。

（4）设置管理员角色。

数据库都会设置管理员角色，开发人员可以通过以下命令创建新用户。

```
docker exec -it mongo mongo admin
db.createUser({ user:'admin',pwd:'123456',roles:[ { role:'userAdminAnyDatabase', db: 'admin'},
"readWriteAnyDatabase"]});
```

这里将用户设置为 admin，并且将其默认密码设置为 123456。设置成功后，可以通过 db.auth
来验证。

```
db.auth('admin', '123456')
```

2. 分离和备份数据的配置

分离和备份数据的具体配置如下。

```
docker run
--name mongod
-p 27017:27017
-v /data/opt/mongodb/data/configdb:/data/configdb/
-v /data/opt/mongodb/data/db/:/data/db/
-d mongo
--auth
```

4.5 后端容器 1——Java 技术栈

Java 具有简单性、面向对象、分布式、健壮性、安全性、平台独立与可移植性、多线程、动态
性等特点。众多的特性使 Java 覆盖了更多的业务场景，如编写桌面应用、Web 应用、分布式系统
和嵌入式系统应用等。

4.5.1 Java 常用框架

早些年，行业内用得最多的 Java 框架是 Struts、Spring 和 Hibernate，简称 SSH。之后几
年逐步开始采用 Spring、SpringMVC 和 MyBatis，简称 SSM。而现在 Java 开发用得最多的框

架其实是 Spring Boot。

因此，下面将重点围绕 Spring Boot 框架展开介绍。

1. Spring Boot 框架

（1）Spring Boot 框架简介。

Spring Boot 是 Pivotal 团队在 Spring 的基础上提供的一套全新的开源框架，其目的是简化 Spring 应用的搭建和开发过程。Spring Boot 框架去除了大量的 XML 配置文件，简化了复杂的依赖管理。

Spring Boot 框架具有 Spring 框架的一切优秀特性。Spring 框架能做的事，Spring Boot 框架都可以做，而且使用更加简单、功能更加丰富、性能更加稳定和健壮。

（2）Spring Boot 框架的特点。

使用 Spring Boot 框架，微服务可以从小规模开始并快速迭代。这就是 Spring Boot 成为 Java 微服务框架标准的原因。

值得一提的是，Spring Boot 框架的嵌入式服务器模型，可以在几分钟内准备好项目，开发效率很高。

Spring Boot 框架的特点包括以下几点。

- 可以快速开发 Spring 应用。
- 内嵌了 Tomcat、Jetty 或 Undertow（无须部署 WAR 文件），不需要单独安装容器，可以通过 JAR 包直接发布一个 Web 应用。
- 提供了简捷的"入门"依赖项以简化构建配置，可以"一站式"引入各种依赖。
- 基于注解的"零配置"思想。
- 提供了生产状态检测功能，如指标、运行状况检查和外部化配置。

也正是基于这些特点，加上微服务技术的流行，Spring Boot 框架成了时下十分受欢迎的技术。

2. Spring Cloud 框架

（1）Spring Cloud 简介。

Spring Cloud 是基于 Spring Boot 实现的云原生应用开发工具，它为基于 JVM 的云原生应用开发中涉及的配置管理、服务发现、熔断器、智能路由、微代理、控制总线、分布式会话和集群状态管理等功能提供了一种简单的开发方式。

> 尽管 Spring Cloud 带有 Cloud 这个单词，但它并不是云计算解决方案，而是在 Spring Boot 框架的基础之上构建的，用于快速构建分布式系统的工具集。

（2）分布式系统的挑战。

分布式系统的挑战在于，系统复杂性从应用层转移到了网络层，这就需要服务之间进行更多的交互。"云原生"意味着需要处理外部配置、无状态、日志记录和连接到支持服务等问题。

Spring Cloud 项目套件包含云端运行所需的很多服务，因此成为微服务方案的首选。

（3）支持服务发现。

在云端，应用无法知道其他服务的确切位置。常见的"服务注册中心"方案包括 Netflix Eureka、SideCar 和 HashiCorp Consul 等。

Spring Cloud 支持具备"服务发现"能力的常见框架，如 Eureka、Consul、ZooKeeper 等。除此之外，Spring Cloud 负载均衡器可以实现在服务实例之间分配负载。

（4）具备 API 网关能力。

通常，在云架构中如果包含一层 API 网关，则在运行较多的客户机和服务器时它非常有用。API 网关可以负责保护和路由消息、隐藏服务、限制负载，以及做许多其他有用的事情。

Spring Cloud 框架的 API 网关提供对 API 层的精确控制，并集成了服务发现和客户端负载均衡解决方案，因此其配置和维护过程非常容易。

（5）支持云端配置。

一般来说，在云端不能将配置简单地嵌入应用中。为了应对多个应用、环境和服务实例，并在不停机的情况下处理动态变化，则配置必须足够灵活。Spring Cloud 减轻了这些负担，并提供了与 Git 等版本控制系统的集成，从而确保配置安全。

（6）提供熔断器功能。

分布式系统可能存在不可靠性。请求可能会遇到超时或完全失败。熔断器可以帮助其缓解这些状况，并且 Spring Cloud 的熔断器提供了 3 种流行的框架，即 Resilience4J、哨兵和 Hystrix。

（7）提供"链路追踪"功能。

调试分布式应用可能很复杂并且需要花费很长的时间。对于任何给定的故障，开发人员需要将来自多个独立服务的信息拼凑在一起。

（8）基于约定的测试。

在云架构中，获得可靠、值得信赖、稳定的 API 非常难。基于约定的方式进行测试是高绩效团队保持高效的关键工具。它有助于规范 API 的内容并围绕它们构建测试，从而确保代码处于检查状态。

下面将从 Spring Boot 实战开始，一步步介绍 Java 微服务容器化的思路。

4.5.2　Java 微服务容器化实战——Spring Boot

Java 微服务容器化有两个核心步骤：初始化 Spring Boot 项目和容器化改造。

1. 初始化 Spring Boot 项目

（1）创建 Spring Boot 项目。

下面将通过 IntelliJ IDEA 开发工具来创建 Spring Boot 项目。单击"Create New Project"按钮，如图 4-11 所示。

图 4-11

（2）指定 SDK 版本和 Custom 版本。

选择"Spring Initializr"选项，指定对应的 SDK 版本（如 Java Version 16.0.2）。因为

"start.spring.io"可能存在网络下载问题，所以通常选择"Custom"选项，然后自定义下载源地址"https://[阿里云官网]"，如图 4-12 所示。

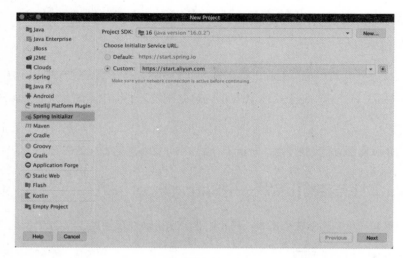

图 4-12

（3）选择依赖的类库和工具。

按照操作提示，选择"Web"选项，并勾选"Spring Web"复选框，然后单击"Next"按钮，如图 4-13 所示。

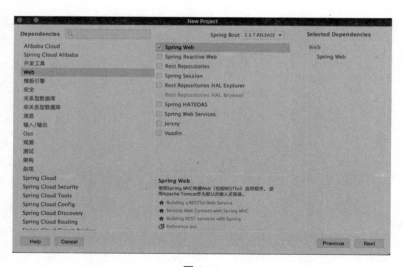

图 4-13

（4）配置项目 Metadata（元数据）。

Metadata 文件提供了所有支持的配置属性的详情（如属性名称、类型等），如图 4-14 所示。这些文件在开发人员使用 application.properties 文件或 application.yml 文件时，可以提供上下文帮助和自动代码完成功能。完成配置后单击"Next"按钮。

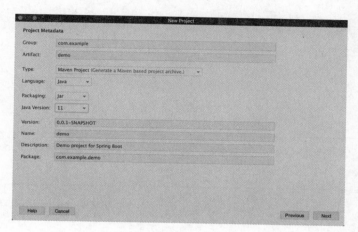

图 4-14

至此项目初始化完成，如图 4-15 所示。

图 4-15

（5）运行项目。

开发人员可以利用 IntelliJ IDEA 运行项目（单击 IntelliJ IDEA 右上角的"运行"按钮，如图 4-16 所示）。

按照流程启动后，endpoint（端口）输出"Tomcat started on port(s): 8080 (http) with context path"，这是因为默认启动的端口是 8080。

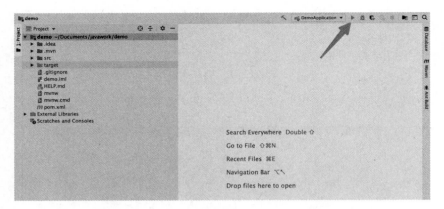

图 4-16

> 如果要自定义端口，则需要在"resources"目录下的 application.properties 文件中增加一行配置，即"server.port=8088"，如图 4-17 所示。

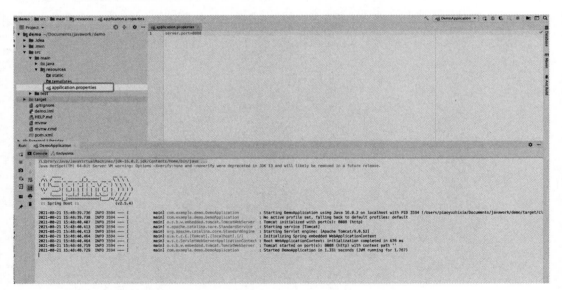

图 4-17

2. 容器化改造

（1）创建 Dockerfile 文件。

开发人员需要在项目根目录下创建 Dockerfile 文件，具体配置如下。

```
#基础镜像
FROM openjdk:16.0-jdk-buster
#VOLUME 指定了临时的日志或数据目录
VOLUME /tmp
VOLUME /log
#将 JAR 包添加到容器中，并更名为 module-name.jar
ADD target/demo-0.0.1-SNAPSHOT.jar module-name.jar
EXPOSE 8080
#运行 JAR 包
ENTRYPOINT ["java","-jar","/module-name.jar"]
```

（2）使用 Maven 打包 JAR 包。

Maven 是一个跨平台的项目管理工具。它是 Apache 的一个开源项目，主要用于基于 Java 平台的项目构建、依赖管理和项目信息管理。使用 Maven 打包后，会在 "Target" 目录下生成对应的 JAR 包。

（3）构建项目镜像。

在 Dockerfile 文件所在的目录下，运行构建镜像的命令 docker build –t bootdocker .，如图 4-18 所示。

```
Documents/javawork/demo on ⬡ v19.03.12 took 11m 14s
→ docker build -t bootdocker .
Sending build context to Docker daemon  17.61MB
Step 1/6 : FROM openjdk:16.0-jdk-buster
 ---> 408a85222357
Step 2/6 : MAINTAINER eangulee <eangulee@gmail.com>
 ---> Using cache
 ---> 97a6f392e18f
Step 3/6 : VOLUME /tmp
 ---> Using cache
 ---> 6bfad363aeec
Step 4/6 : ADD ./target/demo-0.0.1-SNAPSHOT.jar app.jar
 ---> Using cache
 ---> f8d434631983
Step 5/6 : RUN bash -c 'touch /app.jar'
 ---> Using cache
 ---> 25e86f705649
Step 6/6 : ENTRYPOINT ["java","-Djava.security.egd=file:/dev/./urandom","-jar","/app.jar"]
 ---> Using cache
 ---> 433b2031e2c1
Successfully built 433b2031e2c1
Successfully tagged bootdocker:latest
```

图 4-18

在镜像构建成功后，可以在控制台中运行 docker images 命令查看镜像信息，如图 4-19 所示。

图 4-19

（4）启动容器。

通过运行镜像命令启动 bootdocker 镜像的容器。

```
docker run -d -p 8080:8080 bootdocker
```

（5）访问站点。

打开浏览器，在地址栏中输入"127.0.0.1:8080/hello"。如果页面中出现"Hello SpringBoot"（见图 4-20），则说明项目已经顺利地完成了容器化改造。

图 4-20

至此，完成了 Spring Boot 项目的容器化改造。之后开发人员即可专注于业务功能的开发。

4.5.3　Java 技术栈改造的常见问题

看起来一切都相当完美，容器化改造过程非常顺利。但事实并非如此，整个过程还存在一些"坑点"问题。本节将聚焦 Java 技术栈改造的常见问题，为读者提供一份参考指南。

1. 创建 Spring Boot 模板时报错

在使用 IntelliJ IEDA 创建 Spring Boot 项目的过程中，Spring Initializr 报出"connect timed out"异常信息，如图 4-21 所示。

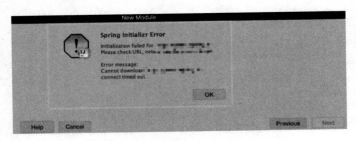

图 4-21

这是因为 Maven 项目源在国外，下载速度特别慢，所以下载失败。

这时可以设置国内镜像源，以加快下载速度。解决方案很简单——打开 Maven 的配置文件 setting.xml，修改源地址即可。

```
<!-- 设置 aliyun maven 仓库镜像地址 -->
<mirror>
        <id>alimaven</id>
        <mirrorOf>central</mirrorOf>
        <name>aliyun maven</name>
        <url>http://[阿里云官网]/nexus/content/repositories/central/</url>
    </mirror>
    <mirror>
        <id>nexus-aliyun</id>
        <mirrorOf>*</mirrorOf>
        <name>Nexus aliyun</name>
        <url>http://[阿里云官网]/nexus/content/groups/public</url>
    </mirror>
```

很多企业有内部的 Nexus 私服，主要用于在各种环境中切换 Maven 配置。可以通过以下配置来设置 Nexus 代理 aliyun maven 镜像源。

```
<mirrors>
        <!--配置仓库镜像-->
        <mirror>
         <id>nexus</id>
         <mirrorOf>*</mirrorOf>
         <name>Human Readable Name for this Mirror.</name>
         <url>http://nexus.xxx.com/content/groups/public/</url>
        </mirror>
```

2. 如何选择 SDK 镜像

Java 提供了标准的 SDK 镜像，从安全性和稳定性两方面考虑，开发人员都应该优先选择这些标准的 SDK 镜像，如 openjdk:16.0-jdk-buster 版本。

开发人员可以在 Docker Hub 上面搜索关键字"java"。

找到 OpenJDK 的镜像后，选择 18-slim-buster 版本，通过执行 docker pull openjdk 命令即可下载，如图 4-22 所示。

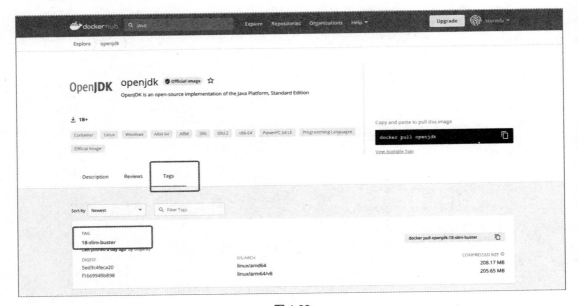

图 4-22

当然，在 Java 技术栈容器化改造过程中可能还会碰到其他问题，这里就不再一一列举了。

4.6　后端容器 2——Go 语言技术栈

Go（又称 Golang）是 Google 发布的一种静态强类型、编译型语言。Go 语言简洁、干净且高效，其并发机制可以充分利用多核。其新颖的类型系统，可以实现灵活和模块化的程序构建。

Go 语言代码可以被快速编译为机器代码。Go 语言具有垃圾回收的便利性和运行时反射的能力。本节将重点探索 Go 语言技术栈。

4.6.1　Go 语言常用框架

框架一直是敏捷开发中的利器，能让开发人员很快上手并快速开发出应用。因此，新生的技术栈都会衍生出很多优秀框架，Go 语言也不例外。

社区中涌现出一些知名的 Go 语言框架，下面进行简单介绍。

1. Gin

Gin 是用 Go 语言编写的 Web 微框架，封装优雅、API 友好、源码注释明确，并且具有快速灵活、容错方便等特点。

2. Iris

Iris 是一个快速、简单、功能齐全且非常有效的 Web 框架。Iris 以简单且强大的 API 而闻名。它是唯一一个拥有 MVC 架构模式，并且支持 Go 语言的 Web 框架，性能成本接近于零。

3. Beego

Beego 是一个用于快速开发 Go 应用的 HTTP 框架，可以用于快速开发 API、Web、后端服务等各种应用，是一个 RESTful 框架。其设计灵感主要来源于 Tornado、Sinatra、Flask 这 3 个框架，并结合了 Go 语言本身的一些特性（interface、struct 继承等）。

4. Buffalo

Buffalo 能帮助开发人员生成一个 Web 项目，从前端（JavaScript、CSS 等）到后端（数据库、路由等）。它使用简单的 API 快速构建 Web 应用。Buffalo 不只是一个框架，还有完整的 Web 开发环境和项目结构。

上面介绍的 Go 语言框架各有所长，下面选择 Gin 和 Beego 进行实战演练。如果读者对其他的框架感兴趣，也可以在社区查找相应的学习资料，这里不再扩展介绍。

4.6.2　Web 框架改造 1——Gin 实战

Gin 是一个性能极高的 API 框架。如果开发人员对性能有所追求，那么它非常适合。

1. Gin 框架的特性

（1）极好的性能。Gin 框架提供基于 Radix 树的路由，内存占用率较低。

（2）支持中间件特性。传入的 HTTP 请求，可以由一系列中间件和最终操作来处理。

（3）完善的 Crash 处理。Gin 框架可以捕获（Catch）发生在 HTTP 请求中的异常，并尝试修复它，这样可以保证服务始终可用。

（4）提供 JSON 验证。Gin 框架可以解析并验证请求的 JSON 数据，如检查所需值是否存在。

（5）更好地组织路由。路由可以确定是否需要授权、区分不同的 API 版本等。另外，路由可以无限制地嵌套，而不会降低性能。

（6）便捷的异常日志管理。Gin 框架提供了一种方便的方法，用来收集 HTTP 请求期间发生的所有错误。最终，中间件可以将它们写入日志文件或数据库中，并持久存储起来。

（7）提供内置渲染能力。Gin 框架为 JSON、XML 和 HTML 提供了易于使用的 API。

（8）具备可扩展性。一般来说，可扩展性往往依赖中间件。Gin 框架不但提供了海量的第三方中间件，而且提供了自定义中间件的扩展方式。

2. Gin 项目实战

下面通过一个项目实战来帮助读者进一步加深对 Gin 框架的理解。

（1）新建项目并安装依赖。

```
//根据项目具体情况设置 GO111MODULE = auto | on | off
go env -w GO111MODULE=auto
go get -u github.com/gin-gonic/gin
```

（2）新建 hello.go 文件。

在 "Go_PATH" 下创建 "hello" 目录，并创建 hello.go 文件，代码如下。

```
package main

import (
    "net/http"
    "github.com/gin-gonic/gin"
)

func main() {
    //1.创建路由
    r := gin.Default()
    //2.绑定路由规则
    //gin.Context，封装了 request 和 response
    r.GET("/", func(c *gin.Context) {
        c.String(http.StatusOK, "hello world!")
    })
```

```
//3.监听端口，默认为 8080 端口
//Run("里面不指定端口号，默认为 8080")
 r.Run(":8000")
}
```

（3）启动 Go 服务。

在编写好代码后，使用 run 命令启动 Go 服务。

```
$go run hello.go
[GIN-debug] [WARNING] Creating an Engine instance with the Logger and Recovery middleware already
attached.

[GIN-debug] [WARNING] Running in "debug" mode. Switch to "release" mode in production.
 - using env:	export GIN_MODE=release
 - using code:	gin.SetMode(gin.ReleaseMode)

[GIN-debug] GET    /                       --> main.main.func1 (3 handlers)
[GIN-debug] Listening and serving HTTP on :8000
[GIN] 2021/08/16 - 02:07:12 | 200 |        71.206µs |         127.0.0.1 | GET        "/"
```

（4）验证服务是否正常。

在默认情况下，服务会启动 8000 端口，因此开发人员可以通过"http://127.0.0.1:8000"链接进行访问，从而验证服务是否正常，如图 4-23 所示。

图 4-23

如果浏览器中正常显示"hello world!"，则表明服务已经就绪。

（5）新建 Dockerfile 文件。

紧接着对 Gin 项目进行容器化改造，新建 Dockerfile 文件并写入如下配置。

```
#base image
FROM golang
#ENV GOPATH /go
WORKDIR /go/src/hellogin
#Install beego & bee
```

```
RUN go env -w GOPROXY=https://[goproxy 官网]direct
RUN go env -w GO111MODULE=on
RUN go get -u github.com/gin-gonic/gin

COPY . .
EXPOSE 8000
CMD [ "go", "run" , "hello.go" ]
```

（6）构建项目镜像。

构建项目镜像的操作比较简单，运行"docker build –t image-name 项目目录"命令即可。

```
#定义镜像的名称，以及要以什么目录执行前面的动作
docker build -t hellogin .
```

构建项目镜像的过程比较慢，构建日志如图 4-24 所示。

```
→ docker build -t hellogin .
Sending build context to Docker daemon  9.728kB
Step 1/9 : FROM golang
 ---> 0821480a2b48
Step 2/9 : MAINTAINER storm lu 422386546@qq.com
 ---> Using cache
 ---> 1b8bce757033
Step 3/9 : WORKDIR /go/src/hellogin
 ---> Running in 492067a34fee
Removing intermediate container 492067a34fee
 ---> b79fe8abf10e
Step 4/9 : RUN go env -w GOPROXY=https://goproxy.io,direct
 ---> Running in 685b034e0266
Removing intermediate container 685b034e0266
 ---> 90492dfa2a0e
Step 5/9 : RUN go env -w GO111MODULE=on
 ---> Running in cc602bbbbe9f
Removing intermediate container cc602bbbbe9f
 ---> 9e663a99fe79
Step 6/9 : RUN go get -u github.com/gin-gonic/gin
 ---> Running in 5538b205400b
go: downloading github.com/gin-gonic/gin v1.7.4
go: downloading github.com/gin-contrib/sse v0.1.0
go: downloading github.com/mattn/go-isatty v0.0.12
go: downloading github.com/json-iterator/go v1.1.9
go: downloading github.com/go-playground/validator/v10 v10.4.1
go: downloading github.com/golang/protobuf v1.3.3
go: downloading github.com/ugorji/go v1.1.7
go: downloading github.com/ugorji/go/codec v1.1.7
go: downloading gopkg.in/yaml.v2 v2.2.8
go: downloading github.com/json-iterator/go v1.1.11
go: downloading github.com/mattn/go-isatty v0.0.13
go: downloading github.com/go-playground/validator/v10 v10.9.0
go: downloading github.com/go-playground/validator v9.31.0+incompatible
go: downloading gopkg.in/yaml.v2 v2.4.0
go: downloading golang.org/x/sys v0.0.0-20200116001909-b77694299b42
go: downloading github.com/modern-go/concurrent v0.0.0-20180228061459-e0a39a4cb421
go: downloading github.com/ugorji/go v1.2.6
go: downloading github.com/ugorji/go/codec v1.2.6
go: downloading github.com/modern-go/reflect2 v0.0.0-20180701023420-4b7aa43c6742
go: downloading github.com/go-playground/universal-translator v0.17.0
go: downloading github.com/golang/protobuf v1.5.2
go: downloading github.com/leodido/go-urn v1.2.0
go: downloading golang.org/x/crypto v0.0.0-20200622213623-75b288015ac9
go: downloading github.com/modern-go/concurrent v0.0.0-20180306012644-bacd9c7ef1dd
go: downloading github.com/go-playground/universal-translator v0.18.0
go: downloading github.com/modern-go/reflect2 v1.0.1
go: downloading github.com/go-playground/locales v0.13.0
go: downloading golang.org/x/sys v0.0.0-20210809222454-d867a43fc93e
go: downloading github.com/leodido/go-urn v1.2.1
go: downloading golang.org/x/crypto v0.0.0-20210813211128-0a44fdfbc16e
go: downloading github.com/go-playground/locales v0.14.0
go: downloading google.golang.org/protobuf v1.26.0
go: downloading google.golang.org/protobuf v1.27.1
go: downloading golang.org/x/text v0.3.6
go: downloading golang.org/x/text v0.3.7
Removing intermediate container 5538b205400b
 ---> aae3e4d8c93d
Step 7/9 : COPY . .
 ---> 842277da28de
Step 8/9 : EXPOSE 8000
 ---> Running in 03498ee3ad7f
Removing intermediate container 03498ee3ad7f
 ---> e18d5ed0af92
Step 9/9 : CMD [ "go", "run" , "helloworld.go" ]
 ---> Running in 1dfe543403d6
Removing intermediate container 1dfe543403d6
 ---> 875cb77fdc14
Successfully built 875cb77fdc14
Successfully tagged hellogin:latest
```

图 4-24

如果看到 Successfully built 875cb77fdc14 日志，则表明镜像已经构建成功。

（7）启动 Gin 项目容器。

```
docker run --name project-gin -p 8000:8000 -d hellogin
```

（8）服务验证。

在容器正常启动后，通过执行 docker ps 命令进行服务验证。从进程信息中可以看到，使用 hellogin 镜像启动的容器已经成功运行了，如图 4-25 所示。

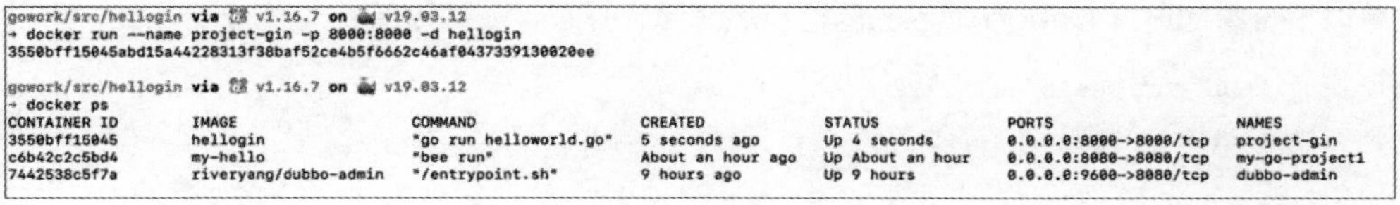

```
gowork/src/hellogin via 🐹 v1.16.7 on 🐳 v19.03.12
→ docker run --name project-gin -p 8000:8000 -d hellogin
3550bff15045abd15a44228313f38baf52ce4b5f6662c46af0437339130020ee
gowork/src/hellogin via 🐹 v1.16.7 on 🐳 v19.03.12
→ docker ps
CONTAINER ID   IMAGE                    COMMAND                 CREATED          STATUS            PORTS                     NAMES
3550bff15045   hellogin                 "go run helloworld.go"  5 seconds ago    Up 4 seconds      0.0.0.0:8000->8000/tcp    project-gin
c6b42c2c5bd4   my-hello                 "bee run"               About an hour ago Up About an hour  0.0.0.0:8080->8080/tcp    my-go-project1
7442538c5f7a   riveryang/dubbo-admin    "/entrypoint.sh"        9 hours ago      Up 9 hours        0.0.0.0:9600->8080/tcp    dubbo-admin
```

图 4-25

至此，Gin 项目的初始化及容器化改造都已经完成。虽然这只是一个简单的应用，但涉及全部的流程。因为这里的重点是 Docker 容器化，所以并没有涉及数据库、前后端分离等内容。在实际开发过程中，开发人员还需要做更多的细节扩展，这里就不再展开介绍。

4.6.3　Web 框架改造 2——Beego 实战

Beego 被设计出来就是为了实现功能模块化，它是一个典型的高度解耦的框架。

1．Beego 框架的特性

（1）易用性。Beego 框架可以借助 RESTful、MVC 模型和 Bee 等方案，快速构建出应用。此外，Beego 框架具有代码热编译、自动化测试、自动打包和部署等功能，非常易用。

（2）高可用性。Beego 框架通过智能路由和监控，能够监控服务器的 QPS、内存和 CPU 的使用情况，以及 goroutine 状态。其完善的监控体系，使开发人员拥有更完整的控制权限，从而确保了较高的可用性。

（3）模块化设计思路。Beego 框架具有强大的内置模块，包括会话控制、缓存、日志记录、配置解析、性能监督、上下文处理、ORM（Object Relational Mapping，对象关系映射）支持和请求模拟等模块。

（4）高性能。Beego 框架使用原生的 Go HTTP 包来处理请求，通过 goroutine 来高效处理并发。也正是因为这种原因，基于 Beego 框架可以处理大流量请求。

2. Beego 项目实战

下面通过项目实战来帮助读者进一步加深对 Beego 框架的理解。

（1）安装项目依赖。

安装 Beego 框架依赖和 Bee 工具（一个为了协助 Beego 项目的快速开发而创建的项目，通过 Bee 可以很容易地进行 Beego 项目的创建、热编译、开发、测试和部署）。

```
go get -u github.com/beego/beego/v2
go get -u github.com/beego/bee/v2
```

（2）新建 hello.go 文件。

在"Go_PATH"下创建"hello"目录，并创建 hello.go 文件，代码如下。

```
package main
import (
    "github.com/beego/beego/v2/server/web"
)
type MainController struct {
    web.Controller
}
func (this *MainController) Get() {
    this.Ctx.WriteString("hello world")
}
func main() {
    web.Router("/", &MainController{})
    web.Run()
}
```

（3）构建项目。

通过执行 go build 命令构建项目。

```
go build -o hello hello.go
```

（4）启动 Go 服务。

在项目构建后，会生成"hello"目录及产物文件，我们直接运行产物文件。

```
./hello
```

（5）验证服务是否正常。

在默认情况下，服务会启动 8080 端口，因此开发人员可以通过"http://127.0.0.1:8080"链接进行访问，从而验证服务是否正常，如图 4-26 所示。

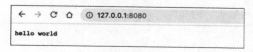

图 4-26

如果浏览器中正常显示了"hello world"，则表明服务已经就绪。

（6）新建 Dockerfile 文件。

下面对 Beego 项目进行容器化改造。新建 Dockerfile 文件，并写入如下配置。

```
#base image
FROM golang
#ENV GOPATH /go
WORKDIR /go/src/hello
#Install beego & bee
RUN go env -w GOPROXY=https://[goproxy 官网],direct
RUN go env -w GO111MODULE=on
RUN go get github.com/astaxie/beego
RUN go get github.com/beego/bee

COPY . .
EXPOSE 8080
CMD [ "bee", "run" ]
```

（7）构建项目镜像。

构建项目镜像比较简单，运行"docker build –t image-name 项目目录"命令即可。

```
#定义镜像的名称，以及要在什么目录范围内执行前面的动作
docker build -t hello .
```

（8）启动 Beego 项目容器。

启动 Beego 项目容器（镜像名为 my-hello）。

```
docker run --name my-go-project -p 8080:8080 -d my-hello
```

（9）服务验证。

Beego 项目和 Gin 项目类似，在容器正常启动后，需要通过执行 docker ps 命令进行服务验证。从打印出的进程信息中可以看到，使用 my-hello 镜像启动的容器已经成功运行，如图 4-27 所示。

```
gowork/src/hellogin via 🐹 v1.16.7 on 🐳 v19.03.12 took 43s
→ docker ps
CONTAINER ID    IMAGE           COMMAND         CREATED           STATUS          PORTS                    NAMES
c6b42c2c5bd4    my-hello        "bee run"       About an hour ago Up About an hour 0.0.0.0:8080->8080/tcp   my-go-project
```

图 4-27

> 在 Go 项目中，每次执行 go build 命令后，都会动态地将文件（包括可执行文件和静态资源）生成到容器中。后期成本较小的一种维护方式是，每次只考虑重新生成，并把对应的资源打包进去。

4.6.4　Go 语言技术栈改造的常见问题

本节将聚焦 Go 语言技术栈改造的常见问题，为读者提供一份参考指南。

1.　在下载过程中出现 Timeout 问题

如果出现 Timeout 问题，则说明没有设置好正确的代理，可能的报错信息如下。

```
go get github.com/beego/beego/v2@latest
go get github.com/beego/beego/v2@latest: module github.com/beego/beego/v2: Get "https://[Go 官网]/github.com/beego/beego/v2/@v/list": dial tcp 172.217.27.145:443: i/o timeout
```

解决方案很简单——重新设置环境变量 GOPROXY 和 GO111MODULE。

```
go env -w GOPROXY=https://[goproxy 官网]/direct
go env -w GO111MODULE=on
```

2.　在 Build 过程中出现异常

如果在代码中使用了第三方库，则直接执行 run 命令或 build 命令会报下面所示的错误。

```
missing go.sum entry for module providing package <package_name>
```

这是因为在 go.mod 中并没有同步更新第三方库，输出日志如图 4-28 所示。

对于"没有同步更新第三方库"的问题，通常需要使用 go mod tidy 模块来管理依赖。go mod tidy 模块有如下作用。

- 删除不需要的依赖包。

- 下载新的依赖包。

- 更新 go.sum（最关键的一步）。

```
gowork/src/hello via 🐹 v1.16.7 took 7s
→ go build hello.go
../../../../go/pkg/mod/github.com/beego/beego/v2@v2.0.1/server/web/staticfile.go:29:2: missing go.sum entry for module providing package github.com/hashicorp/golang-lru; to add:
        go mod download github.com/hashicorp/golang-lru
../../../../go/pkg/mod/github.com/beego/beego/v2@v2.0.1/core/config/ini.go:31:2: missing go.sum entry for module providing package github.com/mitchellh/mapstructure; to add:
        go mod download github.com/mitchellh/mapstructure
../../../../go/pkg/mod/github.com/beego/beego/v2@v2.0.1/server/web/admin/command.go:18:2: missing go.sum entry for module providing package github.com/pkg/errors; to add:
        go mod download github.com/pkg/errors
../../../../go/pkg/mod/github.com/beego/beego/v2@v2.0.1/server/web/admin_controller.go:25:2: missing go.sum entry for module providing package github.com/prometheus/client_golang/prometheus/promhttp; to add:
        go mod download github.com/prometheus/client_golang
../../../../go/pkg/mod/github.com/beego/beego/v2@v2.0.1/core/logs/console.go:24:2: missing go.sum entry for module providing package github.com/shiena/ansicolor; to add:
        go mod download github.com/shiena/ansicolor
../../../../go/pkg/mod/github.com/beego/beego/v2@v2.0.1/server/web/server.go:32:2: missing go.sum entry for module providing package golang.org/x/crypto/acme/autocert; to add:
        go mod download golang.org/x/crypto
../../../../go/pkg/mod/github.com/beego/beego/v2@v2.0.1/server/web/parser.go:31:2: missing go.sum entry for module providing package golang.org/x/tools/go/packages; to add:
        go mod download golang.org/x/tools
../../../../go/pkg/mod/github.com/beego/beego/v2@v2.0.1/server/web/context/output.go:34:2: missing go.sum entry for module providing package gopkg.in/yaml.v2; to add:
        go mod download gopkg.in/yaml.v2
```

图 4-28

执行 go mod tidy 命令查看效果，如图 4-29 所示。

```
gowork/src/hello via 🐹 v1.16.7
→ go mod tidy
go: downloading golang.org/x/tools v0.0.0-20201211185031-d93e913c1a58
go: downloading github.com/stretchr/testify v1.4.0
go: downloading github.com/elazarl/go-bindata-assetfs v1.0.0
go: downloading github.com/mitchellh/mapstructure v1.3.3
go: downloading golang.org/x/net v0.0.0-20201021035429-f5854403a974
go: downloading gopkg.in/check.v1 v1.0.0-20200227125254-8fa46927fb4f
go: downloading golang.org/x/sys v0.0.0-20200930185726-fdedc70b468f
go: downloading github.com/google/go-cmp v0.5.0
go: downloading github.com/niemeyer/pretty v0.0.0-20200227124842-a10e7caefd8e
go: downloading github.com/davecgh/go-spew v1.1.1
go: downloading github.com/pmezard/go-difflib v1.0.0
go: downloading github.com/kr/text v0.1.0
go: downloading golang.org/x/text v0.3.3
```

图 4-29

> 单独的命令可能容易忽略，因此可以在 build 过程中增加 mod 参数，如 "go build-mod= mod"。

当然，异常可能远不止这些。通常的处理方法是，先找到问题的关键字，如 timeout、module 和 not found，然后抽丝剥茧，见招拆招。

4.7　后端容器 3——Python 技术栈

Python 是一种解释型、交互式、面向对象的开源编程语言。它结合了模块、异常、动态类型，以及非常高级的动态数据类型和类。

Python 不仅具有强大的功能和非常清晰的语法，还具有许多系统调用和库，以及各种窗口系统的接口，并且可以在 C 或 C++中进行扩展。它还可以用作需要可编程接口的应用的扩展语言。

最重要的是，Python 是可移植的，可以在 UNIX 变体、macOS 和 Windows 2000 及更高版本上运行。

4.7.1　Python 常见框架

Python 框架数不胜数。按照前后端的思路，Python 框架大致分为两类：Web 框架和微服务框架。

1. Web 框架

（1）Django：Python Web 应用开发框架。

Django 是一个开源的 Web 应用开发框架，使用 Python 编写。它采用 MVC 软件设计模式，即模型（M）、视图（V）和控制器（C）。Django 最出名的是其全自动化的管理后台：只需要使用 ORM，并进行简单的对象定义，就能自动生成数据库结构，以及功能齐全的管理后台。

（2）Diesel：基于 Greenlet 的事件 I/O 框架。

Diesel 提供的 API 用来编写网络客户端和服务器端，支持 TCP 和 UDP 协议。非阻塞 I/O 使 Diesel 运行非常快速，并且容易扩展。

（3）Flask：用 Python 编写的轻量级 Web 应用框架。

Flask 也被称为 Micro Framework。Flask 没有默认使用的数据库、窗体验证工具。然而，Flask 保留了扩增的弹性，可以用 flask-extension 加入很多功能，如 ORM、窗体验证工具、文件上传、各种开放式身份验证技术。

（4）Cubes：轻量级 Python OLAP 框架。

Cubes 是一个轻量级 Python 框架，包含 OLAP、多维数据分析和浏览聚合数据（Aggregated Data）等工具。它的主要特性之一是逻辑模型——抽象物理数据并提供给终端用户层。

（5）Kartograph.py：创造矢量地图的轻量级 Python 框架。

Kartograph 是一个 Python 库，用来为 ESRI 生成 SVG 地图。Kartograph.py 目前仍处于 Beta（测试）阶段，开发人员可以在 virtualenv 环境下进行测试。

（6）Tornado：异步非阻塞 I/O 的 Python Web 框架。

Tornado 的全称是 Torado Web Server，从名字上看就知道它可以用作 Web 服务器，同时它是一个 Python Web 开发框架。Tornado 有较出色的抗负载能力，官方用 Nginx 反向代理的方式部署 Tornado，并将其与其他 Python Web 应用框架进行对比，结果最大浏览量超过第 2 名近 40%。

此外，它的源码也可以作为开发人员学习与研究 Python 的材料。

2. 微服务框架

（1）Nameko。

Nameko 是 Python 的微服务框架，可以让开发人员专注于应用逻辑。它既支持通过 RabbitMQ 消息队列传递的远程过程调用（Remote Procedure Call，RPC），也支持 HTTP 调用。

（2）Japronto。

Japronto 是一个全新的、为微服务量身打造的微服务框架。该框架的主要特点是运行速度快、可扩展和轻量化。Japronto 的性能甚至比 Node.js 和 Go 语言还要高。

Japronto 配合 Python 3.3 的 asyncio 模块，可以提供编写单线程并发代码的能力。它使用协同程序和多路复用 I/O 访问 Sockets 与其他资源，为开发人员同时编写同步和异步代码提供了可能。

虽然 Python 的框架多种多样，但是我们只需要选择一个 Web 框架和一个微服务框架就可以构建出一个完整的应用。因此，下面将选取一个 Web 框架（Django）和一个后端微服务框架（Nameko）展开介绍。

4.7.2 Web 框架改造——Django 实战

使用 Django 可以在几个小时内实现 Web 应用从概念到启动。使用 Django 可以处理 Web 开发的大部分问题，因此，开发人员可以专注于编写应用，而无须重新发明轮子。

1. Django 框架的特性

Django 框架的特性如下。

- 运行速度非常快。Django 旨在帮助开发人员尽快实现 Web 应用从概念到启动。
- Web 开发支持。Django 包含许多附加功能，可用于处理常见的 Web 开发任务。Django 提供用户身份验证、内容管理、站点地图管理、RSS 提要等功能，非常便捷，开箱即用。
- 安全保障。Django 非常重视安全性，可以帮助开发人员避免许多常见的安全错误，如 SQL

注入、跨站点脚本、跨站点请求伪造和单击劫持。其用户身份验证系统提供了一种安全的方式，用来管理用户账户和密码。

- 支持大型站点。很多大型网站使用 Django 来满足需求。
- 广泛的行业应用范围。很多公司、组织和政府机构已经使用 Django 构建出了各种各样的东西——从内容管理系统到社交网络，再到科学计算平台。

2. Django 项目实战

（1）下载 Django。

进入 Django 官网进行下载，如图 4-30 所示。

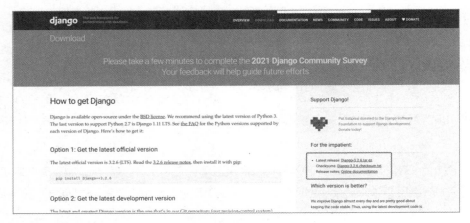

图 4-30

（2）解压缩并安装 Django。

下载的 Django 文件包需要解压缩，解压缩后使用 Python 进行安装。

```
#解压缩下载的文件包
tar xzvf Django-3.2.6.tar.gz
#使用 Python 3 安装 Django，进入下载目录执行以下命令
Python3 setup.py install
```

等待安装程序执行完成，输出的日志如图 4-31 所示。

（3）检查 Django 是否安装成功。

一般通过查看安装包版本来确定软件或程序是否安装成功。输入"--version"查看 Django 的版本号。

```
#查看 Django 的版本号
python3 -m django --version
```

如果终端输出了具体的版本号（3.2.6），则表明 Django 已经成功安装，如图 4-32 所示。

```
Installed /Library/Frameworks/Python.framework/Versions/3.9/lib/python3.9/site-packages/pytz-2021.1-py3.9.egg
Searching for ■■■'■'■ >=3.3.2
Reading http■.■▀'▄  ■■simple/asgiref/
Downloading ▶■  ■ ■ ■s.pythonhosted.org/packages/fe/66/577f32b54c50dcd8dec38447258e82ed327ecb86820d67ae7b3dea784f13/asgiref-3.4.1-py3-none-any.whla
8e6f175673e7b1b3b7af4fdb0ecb738fc5c8b88f69f055c2415214
Best match: asgiref 3.4.1
Processing asgiref-3.4.1-py3-none-any.whl
Installing asgiref-3.4.1-py3-none-any.whl to /Library/Frameworks/Python.framework/Versions/3.9/lib/python3.9/site-packages
Adding asgiref 3.4.1 to easy-install.pth file

Installed /Library/Frameworks/Python.framework/Versions/3.9/lib/python3.9/site-packages/asgiref-3.4.1-py3.9.egg
Finished processing dependencies for Django==3.2.6
```

图 4-31

```
~/Documents/dockerWork
↓→ python3 -m django --version
3.2.6
```

图 4-32

（4）创建 djangoproject 项目。

使用 django-admin 命令行工具创建 djangoproject 项目，在当前目录下会生成新目录 "djangoproject"。

```
django-admin startproject djangoproject
```

为了更清楚地了解项目结构，可以打印出目录，如图 4-33 所示。

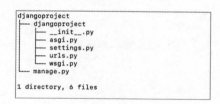

```
djangoproject
├── djangoproject
│   ├── __init__.py
│   ├── asgi.py
│   ├── settings.py
│   ├── urls.py
│   └── wsgi.py
└── manage.py

1 directory, 6 files
```

图 4-33

项目中的文件并不是很多，下面分别介绍各个文件的用途。

- 外部 "djangoproject" 目录：根目录，项目的容器，它的名称对 Django 来说并不重要（可以重命名为任何名称）。
- manage.py：一个命令行实用程序，可以让开发人员以各种方式与此 Django 项目进行交互。
- 内部 "djangoproject" 目录：项目实际的 Python 包。它的名称是需要用来导入其中的任何内容的 Python 包的名称（如 djangoproject.urls ）。

- __init__.py：一个空文件，告诉 Python 这个目录应该被认为是一个 Python 包。
- settings.py：此 Django 项目的配置。
- urls.py：此 Django 项目的 URL 声明。
- asgi.py：兼容 ASGI 的 Web 服务器的入口点，可以为项目提供服务。
- wsgi.py：WSGI 兼容的 Web 服务器的入口点，可以为项目提供服务。

（5）启动开发服务器。

验证 Django 项目是否有效。如果还没有进入外部"djangoproject"目录，则需要切换到外部目录，然后运行以下命令。

```
#启动开发服务器
Python3 manage.py runserver
```

执行过程如图 4-34 所示。

```
Documents/dockerWork/djangoproject
+ python3 manage.py runserver
Watching for file changes with StatReloader
Performing system checks...

System check identified no issues (0 silenced).

You have 18 unapplied migration(s). Your project may not work properly until you apply the migrations for app(s): admin, auth, contenttypes, sessions.
Run 'python manage.py migrate' to apply them.
August 14, 2021 - 09:21:11
Django version 3.2.6, using settings 'djangoproject.settings'
Starting development server at http://127.0.0.1:8000/
Quit the server with CONTROL-C.
```

图 4-34

（6）预览效果。

打开浏览器，访问"http://127.0.0.1:8000/"链接，如图 4-35 所示。

图 4-35

如果看到欢迎界面，则意味着服务已经正常运行，可以进行容器化改造。

（7）Django 项目容器化改造。

通过执行 docker search django 命令可以直观地看到是否有可用的 Django 官方镜像，如图 4-36 所示。

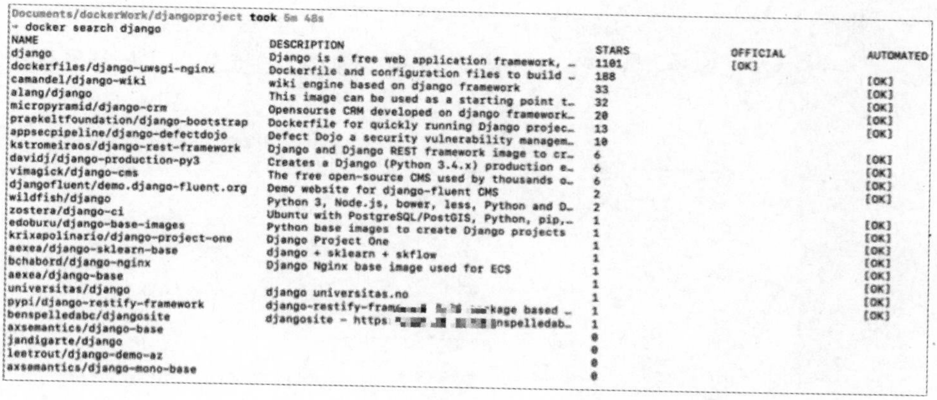

图 4-36

（8）下载 Django 官方镜像。

通过执行 docker pull 命令下载 Django 官方镜像。

```
docker pull django:onbuild
```

（9）创建 Dockerfile 文件。

在根目录下创建 Dockerfile 文件，具体配置如下。

```
FROM django:onbuild

WORKDIR /usr/src/app
COPY requirements.txt ./
RUN pip install -r requirements.txt
COPY . .

EXPOSE 8000
CMD ["python", "manage.py", "runserver", "0.0.0.0:8000"]
```

需要注意，requirements.txt 需要执行 pip freeze > requirements.txt 管理项目包版本，详细请参阅 4.7.4 节。

（10）构建 Django 镜像。

```
docker build -t djangoproject .
```

（11）服务验证。

使用 djangoproject 镜像启动容器，并设置外部映射端口号为 8000。

```
docker run --name my-project -p 8000:8000 -d djangoproject
```

开发人员可以通过浏览器访问"http://localhost:8000"链接来验证服务是否正常，如图 4-37 所示。

图 4-37

至此，Django 项目开发完成。

4.7.3 微服务框架改造——Nameko 实战

Nameko 是用 Python 构建微服务的框架。它具有开箱即用的特点，可以构建一个服务，该服务可以响应 RPC 消息、针对某些操作分派事件，以及监听来其他服务的事件。它还可以为无法使用 AMQP 的客户端提供 HTTP 接口，以及用作 JavaScript 客户端的 WebSocket 接口。

此外，Nameko 也是可扩展的。开发人员可以定义自己的传输机制和服务依赖项，以根据需要进行混合和匹配。

1. Nameko 的使用场景

Nameko 旨在帮助开发人员创建、运行和测试微服务。如果出现以下几种情况，则可以优先选择使用 Nameko。

- 后端需要微服务架构。
- 向现有系统添加微服务。
- 基于 Python 技术栈。
- Nameko 从单个服务的单个实例扩展到具有许多不同服务的多个实例的集群。

> Nameko 不是 Web 框架。它内置了对 HTTP 的支持，但仅限于在微服务领域使用。如果开发人员想构建一个供用户使用的 Web 应用，那么应该使用 Django、Flask 这样的 Web 框架（请参考 4.7.1 节中的 Web 框架部分）。

2. 创建 Nameko 微服务文件

创建 hello.py 文件，并写入如下代码。

```
from nameko.rpc import rpc
class GreetingService:
    name = "micro_service"

    @rpc
    def hello(self, name):
        return "Hello, {}!".format(name)
```

下面对上述代码片段进行简单的说明。

- 微服务使用 class 类进行包装（GreetingService），name 字段是必需的，因为它主要用来标识微服务。
- 在微服务类中可以定义各种实例方法，如果需要将某些实例方法暴露出去，则在方法前面增加一个装饰器@rpc 即可。

3. 运行微服务

使用 nameko run 命令执行 hello.py 文件。

```
$ nameko run hello
starting services: micro_service
...
```

4. 调用微服务

那么如何调用微服务呢？读者可以创建一个 service.py 文件，使用 RPC 方式调用微服务，如下所示。

```
from nameko.standalone.rpc import ClusterRpcProxy

CONFIG={'AMQP_URI':"amqp://username}:{password}@{host}"}

with ClusterRpcProxy(CONFIG) as rpc:
        //使用 remote_data 即可
        remote_data = rpc.micro_service.hello(name="World")
```

真正起关键作用的是 "rpc.micro_service.hello(name='World')" 这一行代码，它表明调用方式为 RPC，使用 micro_service 微服务中的 hello()方法，并且传入参数 World。执行 service.py 文件，成功后会返回 "Hello,World!"。

5. 改造微服务框架

改造微服务框架需要创建 docker-compose.yml 文件，具体配置如下。

```
version: "3"
services:
    rabbitmq:
        image: "rabbitmq"
        networks:
            - nameko_net
    nameko-microservice:
        build: "./helloservice/"
        networks:
            - nameko_net
        environment:
            - nameko_username=guest
            - nameko_password=guest
        depends_on:
            - rabbitmq
        restart: always
    nameko-app:
        build: "./my-app/"
        depends_on:
            - nameko-microservice
        ports:
            - "5000:5000"
        networks:
            - nameko_net
```

```
        environment:
            - nameko_username=guest
            - nameko_password=guest
        restart: always

networks:
    nameko_net:
        driver: bridge
```

上述配置相对简单，但实际的开发过程会更加复杂。开发人员需要对 RabbitMQ、服务、Web 应用及数据库等做好容器数据存储工作（如数据卷、日志数据卷、监控、数据库备份等）。

4.7.4　Python 技术栈改造的常见问题

本节将介绍 Python 技术栈改造的常见问题，为读者提供一份参考指南。

1. Python 项目中 requirements.txt 文件的使用规范

在 Python 项目中必须包含一个 requirements.txt 文件，用于记录所有的依赖包及其精确的版本号。项目在环境部署和扩展实例时，requirements.txt 文件可以通过 pip 命令自动生成和安装项目依赖包。

下面演示如何使用 requirements.txt 文件。

（1）使用 pip freeze 命令导出 Python 安装包环境。

这一步主要是为了生成 requirements.txt 文件。

```
pip freeze > requirements.txt
```

（2）安装 requirements.txt 文件的依赖。

安装依赖的操作也很简单，进入 requirements.txt 文件所在的目录，使用 pip install 命令安装文件中涉及的库即可。

```
pip install -r requirements.txt
```

2. Django 项目中 manage.py 文件的权限问题

manage.py 文件涉及一些权限问题，通常可以通过执行 chmod 命令（chmod 用于控制用户对文件的使用权限）来解决。

开发人员需要在 Dockerfile 文件中增加如下命令（–x 参数表示可执行权限）。

```
RUN chmod -x /app/manage.py
```

3. RabbitMQ 3.9 版本弃用的变量

使用 docker-compose 命令启动 RabbitMQ 时，可能会报出如下错误。

```
error: RABBITMQ_DEFAULT_PASS is set but deprecated
error: RABBITMQ_DEFAULT_USER is set but deprecated
error: RABBITMQ_DEFAULT_VHOST is set but deprecated
error: deprecated environment variables detected
Please use a configuration file instead; visit https://[rabbitmq 官网]/configure.html to learn more
```

这是因为，从 RabbitMQ 3.9 版本开始，下面列出的所有特定于 Docker 的变量都已被弃用，请改用配置文件。

```
#在 3.9 及更高版本中，如下变量不可用
RABBITMQ_DEFAULT_PASS_FILE
RABBITMQ_DEFAULT_USER_FILE
RABBITMQ_MANAGEMENT_SSL_CACERTFILE
RABBITMQ_MANAGEMENT_SSL_CERTFILE
RABBITMQ_MANAGEMENT_SSL_DEPTH
RABBITMQ_MANAGEMENT_SSL_FAIL_IF_NO_PEER_CERT
RABBITMQ_MANAGEMENT_SSL_KEYFILE
RABBITMQ_MANAGEMENT_SSL_VERIFY
RABBITMQ_SSL_CACERTFILE
RABBITMQ_SSL_CERTFILE
RABBITMQ_SSL_DEPTH
RABBITMQ_SSL_FAIL_IF_NO_PEER_CERT
RABBITMQ_SSL_KEYFILE
RABBITMQ_SSL_VERIFY
RABBITMQ_VM_MEMORY_HIGH_WATERMARK
```

此类问题可以通过更换 3.9 以下的 RabbitMQ 版本来解决。另外，RabbitMQ 官方也提供了通过配置文件来解决的方案，感兴趣的读者可以关注官方说明。

4.8 Docker 测试实战

在实际开发过程中，测试工作主要是由专业的测试人员完成的。对于核心流程，很多公司会做对应的自动化测试。一旦核心流程变动，若更新不及时则很容易引起线上问题。

在复杂的业务中，测试有很多类型，如业务功能测试、黑盒测试、白盒测试、压力测试、性能测试等。Docker 可以完成部分自动化测试工作，但其也有自身的局限性，不可能做到完全替代人工测试。

本节将提供一套通过 Docker 实现的自动化测试方案，涉及 K8s、Jenkins、GitLab、Puppeteer 等技术。

4.8.1　Docker 自动化测试

要做自动化测试，一定离不开 Jenkins 和 GitLab。

- Jenkins：自动化服务器，可以执行各种自动化构建、测试或部署任务。
- GitLab：代码仓库，用来管理代码。

将这两者结合起来，开发人员通过 GitLab 提交代码，使用 Jenkins 以一定的频率自动执行测试、构建和部署的任务，开发团队由此可以更高效地集成和发布代码。

1. 安装 Jenkins

（1）下载 Jenkins 镜像。

```
docker pull jenkinsci/blueocean
```

（2）启动 Jenkins 容器。

```
docker run -d
--name jk -u root
-p 9090:8080
-v /var/jenkins_home:/var/jenkins_home
jenkinsci/blueocean
```

需要注意的是，要运行容器，需要预先在容器中安装一些基本软件，如 APK、Git、JDK、Maven 等。

2. 安装 GitLab

（1）下载 GitLab 镜像。

```
#下载镜像
docker pull gitlab/gitlab-ce:latest
```

（2）启动 GitLab 容器。

```
docker run
```

```
-itd
-p 9980:80
-p 9922:22
-v /usr/local/gitlab-test/etc:/etc/gitlab
-v /usr/local/gitlab-test/log:/var/log/gitlab
-v /usr/local/gitlab-test/opt:/var/opt/gitlab
--restart always
--privileged=true
--name gitlab-test
gitlab/gitlab-ce
```

命令解释如下。

- -i：以交互模式运行容器，通常与-t 参数同时使用。
- -t：为容器重新分配一个伪输入终端，通常与-i 参数同时使用。
- -d：在后台运行容器，并返回容器 ID。
- -p 9980:80：将容器内的 80 端口映射至宿主机的 9980 端口，这是访问 GitLab 的端口。
- -p 9922:22：将容器内的 22 端口映射至宿主机的 9922 端口，这是访问 SSH 的端口。
- -v /usr/local/gitlab-test/etc:/etc/gitlab：将容器的 "/etc/gitlab" 目录挂载到宿主机的 "/usr/local/gitlab-test/etc" 目录下。若宿主机内不存在此目录，则会自动创建它，其他两个挂载同理。
- --restart always：容器自启动。
- --privileged=true：让容器获取宿主机的 Root 权限。
- --name gitlab-test：将容器名设置为 gitlab-test。
- gitlab/gitlab-ce：镜像名，这里也可以写镜像 ID。

（3）在容器内执行命令。

接下来的配置需要在容器内进行修改，不要在挂载到宿主机的文件上进行修改，否则可能会出现配置更新不到容器内（或不能即时更新到容器内），GitLab 启动成功，但是无法访问的问题。

```
docker exec -it gitlab-test /bin/bash
```

（4）修改 gitlab.rb 文件。

gitlab.rb 是 GitLab 的配置文件。通过执行 vi 命令对 GitLab 地址，以及 SSH 主机 IP 地址和连接端口进行修改，具体配置如下。

```
#打开文件
vi /etc/gitlab/gitlab.rb
```

```
#GitLab 访问地址，可以写域名
external_url 'http://192.168.52.128:9980'
#SSH 主机 IP 地址
gitlab_rails['gitlab_ssh_host'] = '192.168.52.128'
#SSH 连接端口
gitlab_rails['gitlab_shell_ssh_port'] = 9922
```

（5）执行 reconfigure 命令让修改的配置生效。

```
gitlab-ctl reconfigure
```

（6）重启 GitLab。

```
gitlab-ctl restart
```

（7）运行 UI 自动化脚本，并启动自动化脚本项目。

主流程自动化测试分为公共逻辑封装、流程用例编写、主流程变动及时更新用例。在生成环境中，每次上线都会运行一次主流程测试用例。

4.8.2　使用 Docker 测试静态网站

通过 Docker 可以简单、快捷地部署静态网站，因此将其用于测试场景非常合适。

本节将结合 Puppeteer 库来演示如何使用 Docker 测试静态网站。

1. 初始化项目

执行 npm init 命令可以迅速初始化一个项目，如图 4–38 所示。

2. 添加 Puppeteer 库依赖

Puppeteer 是一个 Node 库，提供了一个高级 API（通过 DevTools 协议控制 Chromium 或 Chrome）。Puppeteer 库默认以 Headless 模式（内存浏览器，没有可视化界面）运行，也可以通过修改配置文件以正常的浏览器模式运行。

（1）Puppeteer 库功能介绍。

Puppeteer 库提供了如下功能。

- 生成界面的屏幕截图和 PDF。
- 爬取 SPA（单页应用），并生成预渲染的内容，即 SSR（服务器端渲染）。
- 自动进行表单提交、UI 测试、键盘输入，以及模拟单击等用户操作。

227

- 创建最新的自动化测试环境。例如，使用最新版本的 JavaScript 和浏览器，直接在最新版本的 Chrome 中运行测试等。

- 捕获站点的时间线跟踪，以帮助诊断性能问题。

- 测试 Chrome 扩展程序。

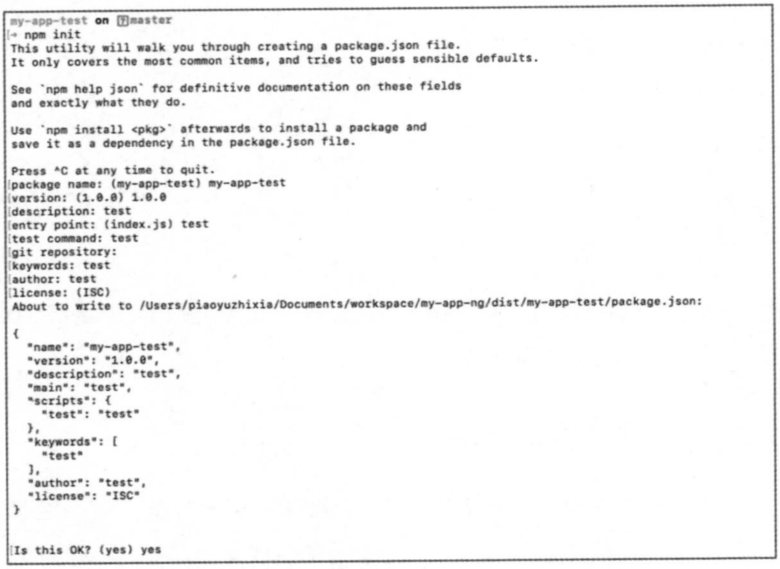

```
my-app-test on  master
|→ npm init
This utility will walk you through creating a package.json file.
It only covers the most common items, and tries to guess sensible defaults.

See `npm help json` for definitive documentation on these fields
and exactly what they do.

Use `npm install <pkg>` afterwards to install a package and
save it as a dependency in the package.json file.

Press ^C at any time to quit.
package name: (my-app-test) my-app-test
version: (1.0.0) 1.0.0
description: test
entry point: (index.js) test
test command: test
git repository:
keywords: test
author: test
license: (ISC)
About to write to /Users/piaoyuzhixia/Documents/workspace/my-app-ng/dist/my-app-test/package.json:

{
  "name": "my-app-test",
  "version": "1.0.0",
  "description": "test",
  "main": "test",
  "scripts": {
    "test": "test"
  },
  "keywords": [
    "test"
  ],
  "author": "test",
  "license": "ISC"
}

Is this OK? (yes) yes
```

图 4-38

（2）在项目中使用 Puppeteer 库。

开发人员可以使用 NPM 工具为项目安装 Puppeteer 库依赖，具体操作如下。

```
npm install --save puppeteer
```

3. 准备自动化脚本

Puppeteer 库可以自动执行一些程序，前提是开发人员要准备好需要执行的自动化脚本文件。

新建自动化脚本文件 index.js，并写入如下代码。

```
const puppeteer = require('puppeteer');

(async () => {
  //启动浏览器，新建一个页面
  const browser = await puppeteer.launch();
  const page = await browser.newPage();
```

```
//定义 onCustomEvent 事件监听
await page.exposeFunction('onCustomEvent', (e) => {
  console.log(`${e.type} fired`, e.detail || '');
});

await page.goto('https://[测试网址]', {
  waitUntil: 'networkidle0',
});

await browser.close();
})();
```

下面简单介绍关于自动化脚本文件中的内容。

- 通过 puppeteer.launch()启动一个 Headless 模式的浏览器。
- 打开新的页面，监听 onCustomEvent 事件。
- 打开指定的网站"https://[测试网址]"进行自动化测试。

4. 启动自动化脚本

为了便于启动，在根目录的 package.json 文件中增加如下配置。

```
"test": "node index.js"
```

之后即可通过执行 npm run test 命令快速启动自动化脚本。

```
npm run test
```

脚本启动后，会自动打开一个浏览器并运行测试站点。

5. 进行容器化改造

在确保项目可以正常访问后，下面进行最后一步操作——容器化改造。

（1）创建 Dockerfile 文件。

自动化测试项目和其他项目一样，也需要创建 Dockerfile 文件，写入如下配置即可。

```
FROM node:alpine
#设置工作目录
WORKDIR /usr/app
#全局安装
RUN npm install --global pm2
```

```
#复制 package* package-lock.json
COPY ./package*.json ./
#安装依赖
RUN npm install --production
#复制文件
COPY ./ ./
#构建应用
RUN npm run build
#Expose the listening port
EXPOSE 3000
#设置用户
USER node
#启动命令
CMD [ "pm2-runtime", "start", "npm", "--", "start" ]
```

（2）使用 Docker build 命令构建镜像，并利用 docker tag 命令和 docker push 命令将镜像保存到远程仓库中。

```
Docker build -t TARGET_IMAGE[:TAG]
docker tag SOURCE_IMAGE[:TAG] TARGET_IMAGE[:TAG]
docker push {Harbor 地址}:{端口}/{自定义镜像名}:{自定义 tag}
```

至此，一个完整的自动化测试项目就完成了。

Docker 的优点如下。

- 保证了构建环境的一致性，每个测试版本都是一样的，降低了因测试版本不同而导致的风险。
- 可移植性较好，便于多名测试人员协调工作。
- 依赖镜像的复用能力，测试人员不用每次都编写自动化脚本。

这里只演示了一个简单的 Docker 自动化测试案例。在实际工作中，对于测试项目，还要调整目录结构、编写符合业务的自动化脚本，以及完善整个业务核心流程用例。

4.8.3 使用 Docker 进行 UI 自动化测试

4.8.2 节演示了如何借助 Docker 实现自动化测试静态网站。那么如何将 Docker 应用到 UI 自动化测试中呢？本节将通过一个完整的案例进行讲解。

1. 准备项目环境

（1）初始化 React 项目。

通过使用 create-react-app 脚手架工具，可以快速初始化一个 React 项目。

```
yarn create react-app my-app
```

（2）安装 puppeteer 模块和 jest 模块。

```
npm install --save-dev jest-puppeteer puppeteer jest babel-jest
```

（3）配置 test 命令启动脚本。

为了快速启动测试脚本，通常会在 package.json 文件的 scripts 对象中添加 test 属性。这样，开发人员即可通过执行 npm run test 命令快速启动测试脚本。

```
{
  "scripts": {
    "test": "jest -c jest.config.js --watch",
  }
}
```

（4）创建测试配置文件 jest.config.js。

要进行自动化测试，还需要创建一个测试配置文件。在根目录下创建 jest.config.js 文件，并写入如下配置。

```
module.exports = {
    preset: "jest-puppeteer",
    testRegex: "./*\\.test\\.js$",
    transform: {
        "^.+\\.js": "babel-jest",
    },
};
```

至此，项目环境已准备就绪。

2. 准备测试脚本文件

（1）创建测试脚本文件 app.test.js。

在根目录下创建测试脚本文件 app.test.js，并写入如下配置。

```
describe("app", () => {
    beforeEach(async () => {
        await page.goto("https://[测试网址]");
    });
```

```
    it("访问百度，是否有百度字段", async () => {
        await expect(page).toMatch("百度");
    });
    it("是否有百度新闻入口", async () => {
        await expect(page).toMatch("新闻");
    });
});
```

（2）项目结构。

在进行下一步操作之前，先来看一下目前的项目结构，如图 4-39 所示。

图 4-39

3．生成测试报告

测试最重要的是需要一些量化数据，即通常我们所说的测试报告。基于目前的项目文件进行微小调整，即可自动生成测试报告。

（1）修改测试配置文件 jest.config.js。

在测试配置文件中添加 testResultsProcessor 属性，目的是提供给结果处理文件使用。

```
testResultsProcessor: "./resultReport",
```

（2）新建结果处理文件。

为了处理测试结果数据，开发人员需要创建结果处理文件/resultReport/index.js，并写入如下配置。

```
function test(arguments){
    console.log(arguments)
}
module.exports = test
```

（3）输出测试结果日志。

在结果处理文件中会打印出一个较大的对象，它包含整个测试的结果数据，具体如下。

```
{
  numFailedTestSuites: 3,
  numFailedTests: 6,
  numPassedTestSuites: 0,
  numPassedTests: 0,
  numPendingTestSuites: 0,
  numPendingTests: 0,
  numRuntimeErrorTestSuites: 0,
  numTodoTests: 0,
  numTotalTestSuites: 3,
  numTotalTests: 6,
  openHandles: [],
  startTime: 1629626203729,
  success: false,
  testResults: [
    {
      leaks: false,
      numFailingTests: 2,
      numPassingTests: 0,
      numPendingTests: 0,
      numTodoTests: 0,
      openHandles: [],
      perfStats: [Object],
      skipped: false,
      snapshot: [Object],
      testFilePath: '/Users/**/app.test.js',
      testResults: [Array],
      failureMessage: '\x1B**\x1B[1mapp › 访问百度，是否有百度字段\x1B[39m\x1B[22m\n' +
        '\n' +
        '\x1B**[1mapp › 是否有百度新闻入口\x1B[39m\x1B[22m\n' +
```

```
        '\n' +
        '\x1B[2m\x1B[22m\n' +
      sourceMaps: undefined,
      coverage: undefined,
      console: undefined
    }
  ],
wasInterrupted: false
}
```

（4）生成 HTML 格式的报告数据。

虽然通过 JSON 格式的数据也可以看到测试结果，但这种方式并不直观。因此，下面尝试生成 HTML 格式的报告数据。

> Jest 与 jest-html-reporter 插件结合使用即可生成 HTML 格式的文件。

继续修改 jest.config.js 文件。

```
"testResultsProcessor": "./node_modules/jest-html-reporter",
"reporters": [
    "default",
    ["./node_modules/jest-html-reporter", {
        "pageTitle": "Test Report"
    }]
]
```

（5）编写 server.js 文件。

只修改配置不会生成 HTML 格式的文件，还需要编写一个脚本文件。因此，在根目录下创建 server.js 文件，并写入如下代码。

```
var http = require("http");

//引入文件模块
var fs = require("fs");
var server = http
    .createServer(function (req, res) {
```

```
    //设置头信息
    res.setHeader("Content-Type", "text/html;charset='utf-8'");
    //读文件
    fs.readFile("./test-report.html", "utf-8", function (err, data) {
        if (err) {
            console.log(err);
        } else {
            //返回 test-report.html 页面
            res.end(data);
        }
    });
    //监听端口
})
.listen(8888);
```

（6）预览 HTML 格式的测试报告。

调用 server.js 文件后会生成 HTML 文件，开发人员需要找到项目下新生成的 test-report.html 文件，并通过浏览器打开，如图 4-40 所示。

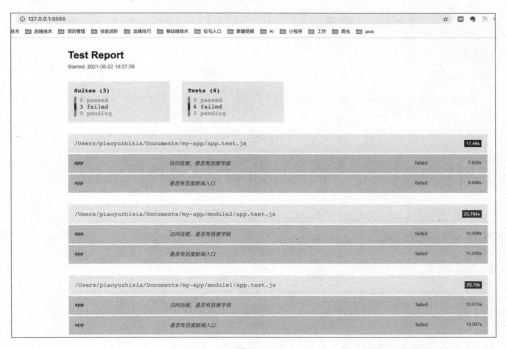

图 4-40

测试报告通过可视化页面展现在眼前，是不是很清楚呢？

4. 容器化改造

项目成功运行后，即可进行 Docker 容器化改造。

（1）创建 Dockerfile 文件。

创建 Dockerfile 文件，并写入如下配置。

```
FROM node:14-alpine3.14
#设置工作目录
WORKDIR /usr/app
#复制 package* package-lock.json
COPY ./package*.json ./
#安装依赖
RUN npm install --production
#复制文件
COPY ./ ./
#构建应用
RUN npm run test
#Expose the listening port
EXPOSE 8888
CMD ["node", "server.js"]
```

（2）构建 UI 测试项目的镜像。

构建镜像读者也比较熟悉了，直接使用 docker build 命令即可。

```
docker build -t test-docker-demo .
```

（3）启动 UI 测试项目容器。

使用上面构建的 test-docker-demo 镜像来启动容器。

```
docker run -d -p 8888:8888 test-docker-demo
```

（4）预览效果。

一切准备就绪后，读者可以通过浏览器访问"http://127.0.0.1:8888"链接来查看 UI 测试项目是否成功运行。

（5）Puppeteer 兼容配置。

这里需要注意的是，Puppeteer 在 macOS 或 Windows 中是可以正常使用的，但是它并不支持在 Linux、CentOS、Ubuntu 等中使用。

> 针对不兼容的系统，解决方案如下：通过兼容配置，或者直接使用 Headless 模式来处理。

接下来通过兼容配置来处理。需要创建 jest-puppeteer.config.js 文件，并写入如下配置。

```
module.exports = {
    launch: {
        launch: ['--no-sandbox', '--disable-setuid-sandbox']
    }
}
```

重新启动后即可兼容多个系统。

4.9　本章小结

本章内容主要涉及 Docker 项目实战，因为在第 3 章中对 Docker 的核心原理进行了剖析，所以本章主要通过项目实战来帮助读者加强理解。

本章的实战项目是经过精心筛选的，从前端应用到后端应用，再到测试实战，完全遵守实际开发过程中的开发流程。读者可以按照本章内容一步步实践，享受成为全栈架构师的乐趣。

需要补充的是，在实际工作中，线上稳定是第一要务。无论做多少事情，如果因为一件事情导致线上不稳定，所有的努力就都白费了——这也突出了自动化测试的重要性。而依赖 Docker 则会让这一切变得高效。

第 5 章
Docker 的持续集成与发布

在云原生时代，容器化已经越来越普遍，Docker 容器化方案几乎已经成为行业的标准。围绕 Docker 的持续集成与发布而衍生出来的一系列问题，也成为当下面临并急需解决的难点。

本章将围绕整个发布过程涉及的生态展开，包括集成平台 Jenkins、镜像仓库 Harbor，并给出发布过程中常见问题的解决方案等。通过学习本章，读者可以独立掌握 Docker 的持续集成与发布。

5.1 准备镜像仓库

镜像仓库，顾名思义是存放镜像的仓库。镜像作为 Docker 项目突围 PaaS 行业的利器，在保证环境一致性方面意义非凡。而镜像仓库作为镜像管理的解决方案，也是云原生的重要基础设施。

Docker 官方提供了 Docker Hub（公共仓库），用户在注册之后，即可通过访问公共仓库来存储和共享镜像。但基于对网络不稳定性及安全性等方面的考虑，企业的最佳实践往往是使用私有仓库作为镜像的解决方案。

5.1.1 仓库选型

常见的镜像仓库有 Docker Registry、VMWare Harbor、Sonatype Nexus 等。每个仓库都有各自的优点和缺点，了解各个仓库之间的区别对技术选型至关重要。

下面将从系统架构、部署难度、WebUI、集成用户、权限控制、镜像复制、镜像安全方面对比镜像仓库的解决方案，如表 5-1 所示。

表 5-1

解决方案	Registry	Harbor	Nexus
系统架构	简单	复杂	简单
部署难度	简单	复杂	中等
WebUI	无	有	有
集成用户	无	支持 AD/LDAP	支持 AD/LDAP
权限控制	较弱	强	弱
镜像复制	无	支持	支持
镜像安全	无	集成 Clair	无

5.1.2　原生 Docker 仓库

提到原生 Docker 仓库，开发人员第一时间往往会联想到 Docker 官方推荐的开源技术方案 Registry。其使用方式非常简单，可以通过以下步骤来快速部署。

（1）部署服务。

```
$ docker run -d -p 5000:5000 --name registry registry:2
```

（2）从公共仓库中拉取 Ubuntu 镜像。

```
$ docker pull ubuntu
```

（3）打上 Tag 镜像信息。

```
$ docker image tag ubuntu localhost:5000/myfirstimage
```

（4）将镜像推送到 Registry 仓库中。

```
$ docker push localhost:5000/myfirstimage
```

（5）如果要将 localhost 更换为域名，则在其他的机器上拉取镜像。

```
$ docker pull localhost:5000/myfirstimage
```

> 很多衍生的企业级解决方案都是依赖 Registry 进行二次开发的，如阿里云的 ACR 容器镜像仓库服务。

5.1.3　Harbor 镜像仓库

在私有镜像仓库解决方案中，由云原生计算基金会（Cloud Native Computing Foundation，CNCF）托管的 Harbor 开源镜像仓库长期占据统治地位。Harbor 用于管理容器镜像，主要提供基于角色的镜像访问控制、镜像复制、镜像漏洞分析、镜像验真和操作审计等功能。

Harbor 项目扎根、成长和壮大于中国社区，在 CNCF 中是唯一原生支持中文的项目，深受中国用户的推崇和喜爱。

本节将介绍如何搭建基于 Harbor 的企业镜像仓库服务。

1.　部署架构

在云原生领域，将服务部署到 Kubernetes 中已经变得非常普遍。Harbor 官网提供了基于 Chart 的 Helm 部署包，部署架构如图 5-1 所示。

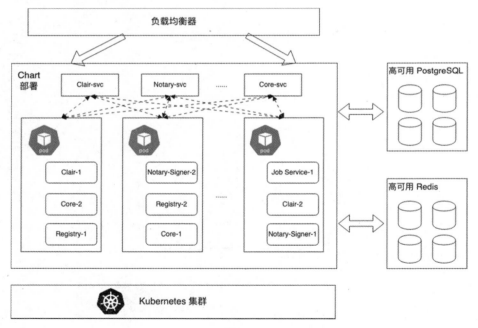

图 5-1

"服务暴露"是基于云厂商的负载均衡器来实现的，底层存储使用存储声明 SVC，高可用部分则使用 Redis 作为缓存，以及使用 PostgreSQL 作为数据库。

2. 组件介绍

从发布第 1 个版本到现在，Harbor 已经有了非常大的改进和提升。Harbor 2.2 已经弃用了 Clair，但依然可以向下兼容。

表 5-2 中列举了在部署 Harbor 时需要部署的组件。

表 5-2

组件	版本号	功能
PostgreSQL	9.6.10-1.ph2	存储
Redis	4.0.10-1.ph2	缓存
Beego	1.9.0	应用框架
Chartmuseum	0.9.0	Chart 仓库
Docker/distribution	2.7.1	Registry
Docker/notary	0.6.1	安全认证
Helm	2.9.1	部署组件
Swagger-ui	3.22.1	RESTful API

3. 核心服务

在组件之上，Harbor 是如何对外提供服务的呢？下面介绍 Harbor 的核心服务。

（1）Proxy：代理，将来自浏览器和 Docker 客户机的请求转发到各种后端服务，一般是通过 Nginx 来实现的，如注册表、UI 和令牌服务都位于反向代理之后。

（2）Registry：负责存储 Docker 镜像和处理 Docker 的推/拉命令。因为 Harbor 需要对镜像进行访问权限的控制，所以 Registry 将引导客户机访问令牌服务，以便为每个 Pull 或 Push 请求获取有效的令牌（Token）。

（3）Core Service：Harbor 的核心功能，主要提供以下服务。

- UI：提供图像化的图形用户界面，帮助用户管理镜像和对用户进行授权。
- Webhook：为了及时获取 Registry 上 Images 的状态变化的情况，需要在 Registry 上配置 Webhook，以便把状态变化传递给 UI 模块。
- 令牌服务：负责根据用户在项目中的角色，为每条 docker push/pull 命令颁发令牌。如果从 Docker 客户机发送的请求中没有令牌，则注册表将把请求重定向到令牌服务。

（4）Database：为了给 Core Service 提供数据库存储及访问能力，Database 负责存储用户权限、审计日志、Docker Image 分组信息等数据。

（5）Job Service：提供镜像远程负责功能，能把本地镜像同步到其他 Harbor 实例中。

（6）Log Collector：为了帮助开发人员监控 Harbor 的运行情况，Log Collector 负责采集其他组件的 Log，供开发人员日后分析。

4. 部署服务

（1）准备工作。

如果是部署服务器，则建议将 CPU、内存空间、磁盘空间分别配置为 4GB、8GB、160GB，最低要求是 2GB、4GB、40GB。

Docker 需要使用 17.06.0-ce 及以上版本，Docker Compose 需要使用 1.18.0 及以上版本。如果使用 HTTPS 协议，则 OpenSSL 使用最新版本即可。

> OpenSSL 是一个开放源码的软件包。应用程序可以使用它来进行安全通信，避免被窃听，同时可以确认另一端连接者的身份。这个包被广泛应用在互联网的网页服务器上。

网络端口应用如表 5-3 所示。

表 5-3

端口	协议	描述
443	HTTPS	Harbor 界面、Coreapi 通过这个端口接收 HTTP 请求，支持配置修改
4443	HTTPS	连接 Docker 用于认证服务的端口。只有当 Notary 启用时才会生效，支持配置修改
80	HTTP	Harbor 界面、Coreapi 通过这个端口接收 HTTP 请求，支持配置修改

（2）获取安装包。

使用 wget 命令进行安装，如下所示。

```
$ wget https://[github 官网]goharbor/harbor/releases/download/v2.2.1/harbor-offline-installer-
v2.2.1.tgz
$ tar -zxvf harbor-offline-installer-v2.2.1.tgz
```

（3）创建证书（如果使用 HTTPS 协议，则可以跳过这一步）。

```
$ openssl genrsa -out ca.key 4096
$ openssl req -x509 -new -nodes -sha512 -days 3650  -subj "/C=CN/ST=Beijing/L=Beijing/O=example/
OU=Personal/CN=172.16.220.132"  -key ca.key  -out ca.crt
```

```
$ openssl genrsa -out server.key 4096
$ openssl req -sha512 -new     -subj "/C=CN/ST=Beijing/L=Beijing/O=example/OU=Personal/CN=
172.16.220.132"     -key server.key     -out server.csr
$ cat > v3.ext <<-EOF
authorityKeyIdentifier=keyid,issuer
basicConstraints=CA:FALSE
keyUsage = digitalSignature, nonRepudiation, keyEncipherment, dataEncipherment
extendedKeyUsage = serverAuth
subjectAltName = @alt_names

[alt_names]
DNS.1=172.16.220.132 #替换为自己的 IP 地址
DNS.3=al-bj-web-container
EOF
$ openssl x509 -req -sha512 -days 3650     -extfile v3.ext     -CA ca.crt -CAkey ca.key
-CAcreateserial     -in server.csr     -out server.crt
$ cp /root/myfolder/harbor/harbor/certs/server.* /data/secret/cert/
```

（4）修改 harbor.yml 文件。

```
$ cp harbor.yml.tmpl harbor.yml
$ vim harbor.yml
hostname: 172.16.220.132
#注释掉与 HTTPS 协议相关的配置
#https:
  #https port for harbor, default is 443
  #port: 443
  #The path of cert and key files for nginx
  #certificate: /your/certificate/path
  #private_key: /your/private/key/path
```

（5）执行部署。

```
$ ./install.sh
```

5. 访问 Harbor 界面

访问 "http://172.16.220.132" 链接，打开如图 5-2 所示的界面。

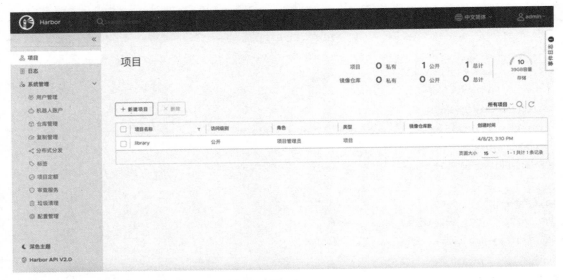

图 5-2

接下来使用本节搭建的 Harbor 服务进行操作。

5.2 初始化容器配置文件

在实际工作中应该如何构建符合特定需求的镜像呢？在"一切基础设施皆代码"的云计算背景下，Dockerfile 文件成了容器的基础编码。

一个 Dockerfile 就是一个包含组建镜像所需要调用的、可以在命令行中运行命令的文件。开发人员使用 docker build 命令可以构建所需要的个性化镜像。

5.2.1 生成 Dockerfile 文件

上面提及，Docker 可以通过从 Dockerfile 文件中读取指令构建镜像，以实现镜像自定义功能。

Dockerfile 文件的使用规范如下。

- 如果在本地目录下只有一个名称为 Dockerfile 的文件，则不需要指定。
- 如果需要使用文件名称不为 Dockerfile 的文件，则需要使用–f 参数指定该文件。

5.2.2　Dockerfile 文件配置的最佳实践

Dockerfile 文件的基本语法在第 1 章中已经做过介绍，本节不再详细介绍。本节重点介绍一些配置的最佳实践。

1.　上下文最小原则

当开发人员发出一个 docker build 命令时，当前的工作目录被称为构建上下文。在默认情况下，Dockerfile 文件位于该路径下，当然开发人员也可以使用−f 参数来指定不同的位置。

> 无论 Dockerfile 文件在什么地方，当前目录中的所有文件内容都将作为构建上下文被发送到 Docker 守护进程中。

下面是一个构建上下文的示例——为构建上下文创建一个目录，并利用 cd 命令进入其中；将 hello 写入一个文本文件 hello 中，然后创建一个 Dockerfile 文件并运行 cat 命令。

（1）从构建上下文（当前目录）中构建镜像。

```
$ mkdir project
$ cd project/
$ echo hello > hello
$ echo -e "FROM busybox\n COPY /hello /\nRUN cat /hello" > Dockerfile
$ docker build -t helloapp:0.0.1 .
Sending build context to Docker daemon  3.072kB
Step 1/3 : FROM busybox
 ---> 59788edf1f3e
Step 2/3 : COPY /hello /
 ---> c1dcf51bdb8e
Step 3/3 : RUN cat /hello
 ---> Running in 2499b4cfd2d0
hello
Removing intermediate container 2499b4cfd2d0
 ---> 7af03d2d745c
Successfully built 7af03d2d745c
Successfully tagged helloapp:0.0.1
```

（2）将 Dockerfile 文件和 hello 文件移动到不同的目录中，并建立镜像的第 2 个版本（不依赖缓存中的最后一个版本）。

245

```
$ mkdir dockerfiles context
$ mv project/Dockerfile dockerfiles/
$ mv project/hello context/
$ cd project/
$ docker build --no-cache -t helloapp:0.0.2 -f ../dockerfiles/Dockerfile ../context/
Sending build context to Docker daemon  2.607kB
Step 1/3 : FROM busybox
 ---> 59788edf1f3e
Step 2/3 : COPY /hello /
 ---> 79661b02b1d7
Step 3/3 : RUN cat /hello
 ---> Running in d64cb5275077
hello
Removing intermediate container d64cb5275077
 ---> 37139779a9e1
Successfully built 37139779a9e1
Successfully tagged helloapp:0.0.2
```

需要注意的是两次构建过程中 Sending build context to Docker Daemon 后面的文件大小（第 1 次是 3.072KB，第 2 次是 2.607KB）。

> 如果在构建时包含不需要的文件，则会导致构建上下文和镜像变大。这会增加构建时间、拉取/推送镜像的时间，以及容器的运行时间。

2. 使用 Docker Ignore 文件

在使用 Dockerfile 文件构建镜像时，最好先将 Dockerfile 文件放置在一个新建的空目录中，然后将构建镜像所需要的文件添加到该目录中。

为了提高构建镜像的效率，开发人员可以在目录中新建一个.dockerignore 文件来指定要忽略的文件和目录。

> .dockerignore 文件的排除模式语法和 Git 的.gitignore 文件的排除模式语法相似，这里不再赘述。

3. 避免安装不必要的软件

为了降低复杂性、依赖性，减小文件大小和节省构建时间，避免仅由于它们"很容易安装"而

246

安装多余或不必要的软件。例如，不需要在数据库镜像中包括文本编辑器。

4. 避免出现多进程

每个容器应该只有一个进程。将应用程序解耦到多个容器中，可以更轻松地水平缩放和重复使用容器。例如，1 个 Web 应用程序堆栈可能由 3 个单独的容器组成，每个容器都有自己唯一的镜像，以分离的方式管理 Web 应用程序、数据库和内存中的缓存。

5. 最少层原则

在较旧的 Docker 版本中，有一项重要的工作——最小化镜像中的层数，以确保其性能。因此，开发人员经常使用 "&&" 来连接多条命令，同时新版本支持多阶段构建。

6. 长指令分行

尽可能通过首字母排序和多行显示来简化长指令，这对避免软件包重复出现很有帮助，并能使列表更易于更新。

为了避免概念过于生涩，读者可参考以下示例。

```
RUN apt-get update && apt-get install -y \
 bzr \
 cvs \
 git \
 mercurial \
 subversion \
 && rm -rf /var/lib/apt/lists/*
```

7. 启用缓存

在构建镜像时，Docker 将执行 Dockerfile 文件中的命令，并按指定的顺序执行这些命令。在检查每条命令时，Docker 会在其缓存中寻找一个可以重用的现有镜像，而不是创建一个新的（重复的）镜像。

有时开发人员需要避免使用缓存，可以通过增加参数--no-cache 来实现。

8. 其他

（1）From 指令：应尽可能引用官方镜像，推荐使用 Alpine 镜像，因为它受到严格控制且尺寸较小（当前小于 5 MB），同时是完整的 Linux 发行版本。

（2）USER 指令：如果服务不需要使用 Root 权限，则建议使用非 Root 用户执行 USER 指令，避免使用 Sudo（可能出现问题）。不要频繁地变更 USER 指令，否则会带来更多的层级。

5.3　通过 Jenkins 持续集成 Docker

Docker Image 的出现使统一制品（容器镜像）更容易实现，不需要再依赖语言、部署环境等。本节将利用发布集成平台 Jenkins 来展示 Docker 的持续发布流程。

5.3.1　部署 Jenkins

官方推荐的基础镜像为 jenkinsci/Jenkins，但有时其中的部分插件无法下载，所以本节使用 BlueOcean 版本的 jenkinsci/blueocean 进行演示。

（1）部署 BlueOcean 版本

使用如下命令进行部署。

```
$ mkdir -p /data/jenkins
$ docker run --name jenkins-blueocean -u root --rm  -d -p 8080:8080 -p 50000:50000 -v
/data/jenkins:/var/jenkins_home -v /var/run/docker.sock:/var/run/docker.sock
jenkinsci/blueocean
```

（2）访问 WebUI。

待服务启动后，使用"https://ipaddr:8080"链接进行访问。在出现的界面中输入管理员密码，然后单击"继续"按钮，如图 5-3 所示，可以通过如下命令获取密码。

```
$ cat /data/jenkins/secrets/initialAdminPassword
ec7f1bcd51c8450c887fe2a59a6a6b4f
```

（3）安装插件。

进入如图 5-4 所示的界面，选择"安装推荐的插件"选项。

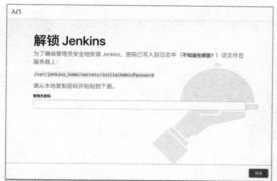

图 5-3

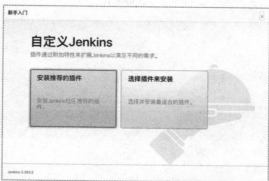

图 5-4

（4）保存当前配置。

进入如图 5-5 所示的界面，输入相关内容后，单击"保存并完成"按钮。

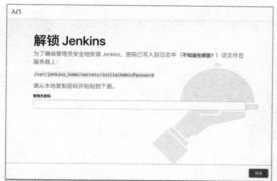

图 5-5

（5）完成实例配置。

输入"http://[IP 地址]:8080/"，单击"保存并完成"按钮。

（6）重启服务。

进入如图 5-6 所示的界面，单击"重启"按钮。

重启后输入管理员用户名和密码即可正常使用 Jenkins。

至此，完成 Jenkins 部署。

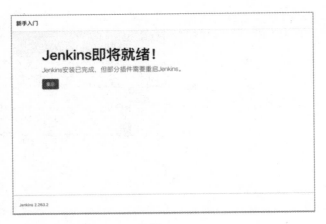

图 5-6

5.3.2　创建 Jenkins 流水线

Jenkins 流水线是 Jenkins 2.0 的新特性，是云计算特性（基础设施即代码）的落地实践，通过 groovy 编码来实现，是又一次面向开发人员的升级。

（1）新建 Jenkins 任务。

登录后进入 Jenkins 首页，选择左侧的"新建任务"选项，如图 5-7 所示。

图 5-7

（2）选择任务类型。

选择"新建任务"选项后，Jenkins 会自动进入如图 5-8 所示的操作界面。

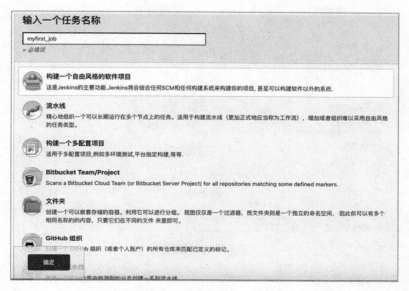

图 5-8

进入配置界面，单击"增加构建步骤"下拉按钮，如图 5-9 所示，在弹出的下拉菜单中选择 "Execute shell"命令，然后输入如图 5-10 所示的内容后单击"应用"按钮和"保存"按钮。

图 5-9　　　　　　　　　　　　　　　　　　　图 5-10

保存后回到首页，选择"立即构建"选项，如图 5-11 所示。

如果想查看构建过程的日志，则可以选择对应的构建记录，选择"控制台输出"选项，如图 5-12 所示，其中，"#1"为第 1 次的构建记录。

图 5-11

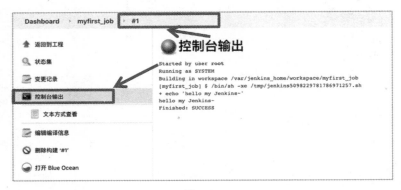

图 5-12

5.3.3 持续集成 Docker

互联网软件的开发和发布已经形成了一套标准流程,其中最重要的就是持续集成(Continuous Integration,CI)。持续集成的目的是让产品可以快速迭代,并保持高质量。

持续集成过程其实就是项目部署过程。部署项目的方式有很多种,本节使用流水线(Pipeline)方式来实现。

1. 创建流水线

进入 Jenkins 首页,选择"新建任务"选项,然后在打开的界面中选择"流水线"类型,如图 5-13 所示。

2. 编辑流水线

在"流水线"界面中进行相关的配置,选择"Pipeline script"选项,如图 5-14 所示。

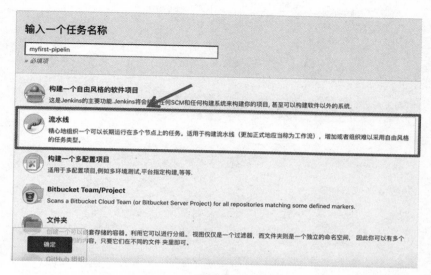

图 5-13

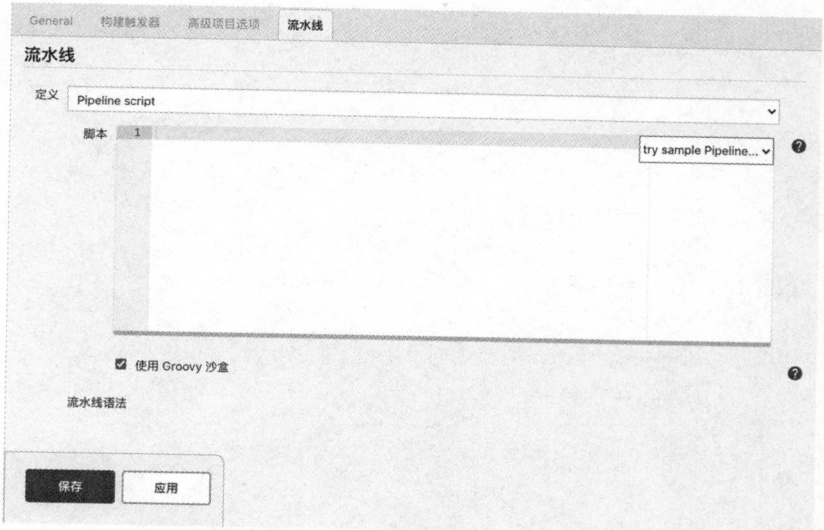

图 5-14

配置代码如下。需要注意的是，"172.16.220.132"为 Harbor 镜像仓库的地址，开发人员需要对应替换为自己仓库的地址。

```
pipeline {
    agent any
    environment {
```

```
        GITURL = "https://[gitee 官网]/e7book/go-app.git"
    }
    stages {
        stage('CheckOut') {
            steps {
                script {
                    try {
                        git branch: 'master', url: env.GITURL
                    }
                    catch (exc) {
                        echo "CheckOut 失败"
                        sh 'exit 1'
                    }
                }
            }
        }
        stage('build') {
            steps {
                script {
                    try {
                        sh 'docker login 172.16.220.132 -u admin -p Harbor12345'
                        sh 'docker build -t 172.16.220.132/go/app:latest -f Dockerfile .'
                        sh 'docker push 172.16.220.132/go/app:latest'
                    }
                    catch(exc) {
                        echo exc;
                        echo "build 失败"
                    }
                }
            }
        }
    }
}
```

配置代码比较长，下面对其进行拆解。

声明式 pipeline 是 Jenkins 的一个新特性，它在 pipeline 子系统之上提出了一种更简化和更有意义的语法。所有有效的声明式 pipeline 必须包含在一个 pipeline 块内，具体如下。

```
pipeline {
    /*此处插入声明式 pipeline */
}
```

在声明式 pipeline 中，有效的基本语句和表达式遵循与 Groovy 语法相同的规则，大致分为 3 层，下面进行简单介绍，读者先有一个初步的印象，详细的语法可以参考 jenkins.io 的官方文档。

- agent any：指定整个 pipeline 或特定 stage 在 Jenkins 环境中执行的位置。该部分必须在 pipeline 块内的顶层定义，stage 块内的 agent 是可选的。any 表示在任何可用的代理上执行 pipeline 或 stage，还可以使用 none/label/docker 等来标识。
- environment：声明在 pipeline 中所要使用的环境变量，在之后 stage 中可以使用变量名 env.来引用。
- stages：一个代码块。一个 stage 一般包含一个业务场景的自动化，第 1 个 stage 是获取代码，第 2 个 stage 是构建 Docker 镜像。

在配置完成后，单击"应用"按钮和"保存"按钮，返回首页，然后选择"立即构建"选项。

3. 构建项目

因为我们选择的是使用流水线方式部署项目，所以在构建过程中会出现如图 5-15 所示的界面。

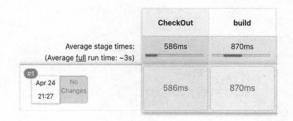

图 5-15

5.3.4　前端缓存优化

在 5.3.3 节中使用 Go 语言进行项目部署。而在实际开发中，超过 40%的项目使用的是 Node.js。在基于 Node.js 进行编译的过程中，如果每次都需要重新下载 Packages 中定义的包，则构建效率会大打折扣。

那么如何将之前下载的包缓存起来呢？在使用 Jenkins 打包的过程中，往往是启用不同的 Slave 机器来进行构建的，而 Slave 可以通过虚拟机、Docker 或 Kubernetes 的 Pods 来实现。

另一个问题又来了，共享存储问题应该如何解决呢？这时就需要通过基于 Kubernetes 的 PVC 来实现。PVC 可以使用任意的底层存储来实现，如阿里云或亚马逊的对象存储、Google 的 GlusterFS 和 Ceph 等。

关于前端缓存，下面列举一个例子来进行说明。在 pipeline 的 agent 中增加编译环境的缓存配置，示例代码如下。

```
pipeline {
        agent {
    kubernetes {
        cloud 'e7book-kubernetes'
        label 'jenkins-slave'
        defaultContainer 'jnlp'
        yaml """
            apiVersion: v1
            kind: Pod
            metadata:
                labels:
                    app: jenkins-slave
                    app: slave
            spec:
                containers:
                - name: jnlp
                  image: cicd_slave:v1.10-ansible
                  imagePullPolicy: Always
                  args: ['\$(JENKINS_SECRET)', '\$(JENKINS_NAME)']
                - name: nodejs
                  image::1.0
                  imagePullPolicy: Always
                  command:
                  - cat
                  tty: true
                  volumeMounts:
                  - mountPath: /root/.npm/
                    name: npm-cache
                  - mountPath: /var/run/docker.sock
                    name: docker-socket-volume
                - name: docker
```

```
        image: docker:19.03.7
        command:
        - cat
        tty: true
        volumeMounts:
        - mountPath: /var/run/docker.sock
          name: docker-socket-volume
        securityContext:
          privileged: true
    - name: kubectl
        image: kubeclient:1.17.3
        command:
        - cat
        tty: true
    restartPolicy: Never
    volumes:
    - name: npm-cache
        persistentVolumeClaim:
          claimName: npm-cache
    - name: docker-socket-volume
        hostPath:
          path: /var/run/docker.sock
          type: File
      """
    }
  }
  …
}
```

　　每次项目构建都会先读取默认的缓存路径，如果已经下载，则不会再次下载。如果开发人员的 Slave 机器只有 1 台或直接在 Master 上构建，则可以直接将 Docker 目录挂载到本地。

5.4　通过 Jenkins 发布 Docker

　　Jenkins 还有一个很大的亮点——集成了 CI/CD 两个流程。在 5.3 节中介绍了 CI 流程，本节介绍 CD 流程。

5.4.1 使用 Jenkins 流水线部署容器

与 5.3.3 节中的流水线类似，下面新建一个用于部署容器的流水线。

1. 创建流水线

在 Jenkins 首页中选择"新建任务"选项，然后在打开的界面中选择"流水线"类型，如图 5-16 所示。

图 5-16

2. 编辑流水线

在"流水线"界面中进行相关的配置，选择"Pipeline script"选项，如图 5-17 所示。

图 5-17

配置代码如下。需要注意的是，"172.16.220.132"为 Harbor 镜像仓库的地址，开发人员需要对应替换为自己仓库的地址。

```
pipeline {
    agent any
    environment {
        GITURL = "https://[gitee 官网]/e7book/go-app.git"
    }
    stages {
        stage('deploy') {
            steps {
                script {
                    try {
                        sh 'docker login 172.16.220.132 -u admin -p Harbor12345'
                        sh 'docker pull 172.16.220.132/go/app:latest'
                        sh 'docker rm -f app'
                        sh 'docker run -dit --name app 172.16.220.132/go/app:latest'
                    }
                    catch(exc) {
                        echo exc;
                        echo "deploy 失败"
                    }
                }
            }
        }
    }
}
```

在 pipeline 中只需要声明一个 stage 用来部署项目，因为并不是所有的制品（Docker 镜像）都需要部署到生产环境中，这样也实现了 CI 和 CD 流程的解耦。

在配置完成后，单击"应用"按钮和"保存"按钮，返回首页，然后选择"立即构建"选项。

3. 构建项目

因为我们选择的是使用流水线部署项目，所以在构建过程中会出现如图 5-18 所示的界面。

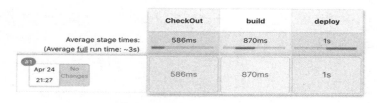

图 5-18

5.4.2 基于 Jenkins Job 的多步构建

在通常情况下，开发人员在构建制品的过程中习惯将所有的步骤（如代码的获取、编译、测试等）放到一个 Dockerfile 文件中。但是这样做会使镜像的体积变得很大，并且会造成代码泄露等。

 如果副本数较少，则镜像的体积造成的负面影响还比较小。但如果副本数是 1000 个，则 20MB 和 200MB 所产生的影响差距巨大，尤其是考虑到多地域部署的情况，带宽非常容易被占满，导致网络瘫痪。

1. 常规方案

先准备 Dockerfile 文件，内容如下。

```
FROM golang:alpine
RUN apk --no-cache add git ca-certificates
WORKDIR /go/src/github.com/go/e7book/
COPY app.go .
RUN export GOPROXY=https://[goproxy 官网] \
  && CGO_ENABLED=0 GOOS=linux GOARCH=amd64 go build  -o app app.go \
  && cp /go/src/github.com/go/e7book/app /root
WORKDIR /root/
CMD ["./app"]
```

编译生成镜像。

```
$ docker build -t go/app:v1 -f Dockerfile .
```

2. 分步方案

将以上步骤拆分成两步来完成：①使用 Dockerfile.1 文件执行编译；②使用 Dockerfile.2 文件生成制品。

```
$ cat Dockerfile.1
```

```
FROM golang:alpine
RUN apk --no-cache add git ca-certificates
WORKDIR /go/src/github.com/go/e7book/
COPY app.go .
RUN export GOPROXY=https://[goproxy 官网] \
  && CGO_ENABLED=0 GOOS=linux GOARCH=amd64 go build  -o app app.go
$ cat Dockerfile.2
FROM alpine:latest
RUN apk --no-cache add ca-certificates
WORKDIR /root/
COPY app .
CMD ["./app"]
```

编译 Dockerfile.1 文件。

```
$ docker build -t go/app:v2 -f Dockerfile.1 .
```

创建一个容器，并从中复制出编译产物。

```
$ docker create --name base go/app:v2
$ docker cp base:/go/src/github.com/go/e7book/app ./app
```

3. 对比文件大小

编译生成最终镜像后，查看对比结果。

```
$ docker build --no-cache -t go/app:v3 . -f Dockerfile.2
$ docker images | grep app
go/app    v3        2afdad33c81d    23 minutes ago    8.07MB
go/app    v2        4198e8db29e9    40 minutes ago    316MB
go/app    v1        610520ad17a5    2 hours ago       318MB
```

可以看到，v3 实际上非常小。在 Docker 的 17.05 及之后版本中实现了多步构建的特性。

4. 最佳实践

依然使用一个 Dockerfile 文件来实现多步构建，具体配置如下。

```
FROM golang:alpine as builder
RUN apk --no-cache add git
WORKDIR /go/src/github.com/go/e7book/
RUN export GOPROXY=https://[goproxy 官网] \
    && go get -d -v github.com/go-sql-driver/mysql
```

```
COPY app.go .
RUN CGO_ENABLED=0 GOOS=linux go build -a -installsuffix cgo -o app app.go
FROM alpine:latest as prod
RUN apk --no-cache add ca-certificates
WORKDIR /root/
COPY --from=builder /go/src/github.com/go/e7book/app .
CMD ["./app"]
```

编译生成镜像。

```
$ docker build -t go/app:v4 -f Dockerfile.step .
```

由结果可知，一个 Dockerfile 文件实现了与多个 Dockerfile 文件相同的功能，新的配置既保留了用户习惯，又实现了镜像体积大小的优化。

这说明，在使用 Dockerfile 文件的过程中，减少层数也是减小镜像体积非常有效的手段之一。

5.5 部署 Docker 容器监控

在服务实现容器化部署后，容器监控配套的重要性就凸显出来了。传统的物理机或虚拟机已经有非常成熟的方案。容器因为动态调度、销毁创建的频次更高，所以带来了诸多新的挑战。

本节将从容器监控的原理展开，进一步探索 Docker 容器监控的部署方案。

5.5.1 容器监控的原理

监控主要分为两个层面：①基础数据采集；②监控数据维护。

容器的本质仍然是一个进程，那么进程的监控数据从哪里采集呢？

毫无疑问，底层数据来源于 Cgroups。在第 3 章中已经介绍过 Cgroups 的原理，开发人员可以在 "/sys/fs/cgroup" 目录中看到容器进程所使用的资源信息。

另外，Docker 生态自身也包含监控信息。使用 docker stats 命令即可看到，如图 5-19 所示。

以 Nginx 为例，监控 CPU 和内存信息的代码如下。

```
$ docker ps | grep nginx
e399d50e0043  nginx  "/docker-entrypoint.…"  3 weeks ago  Up 3 weeks  0.0.0.0:16000->80/tcp
nginx-with-limit-memory
```

```
$ cat /sys/fs/cgroup/cpu/docker/e399***db45/cpuacct.usage
70858283
$ cat /sys/fs/cgroup/memory/docker/e399***db45/memory.usage_in_bytes
1527808
```

CONTAINER ID	NAME	CPU %	MEM USAGE / LIMIT	MEM %	NET I/O	BLOCK I/O	PIDS
9669719e57d4	jenkins-blueocean	0.06%	752.5MiB / 3.561GiB	20.64%	39.6MB / 4.41MB	13.4MB / 29.4MB	42
afd8d52e7a3d	harbor-jobservice	0.04%	14.2MiB / 3.561GiB	0.39%	1.04GB / 15.5GB	2.79MB / 0B	9
454dac975fa6	nginx	0.00%	3.254MiB / 3.561GiB	0.09%	6.08MB / 6.64MB	1.0.MB / 0B	3
340a396d3197	harbor-core	0.00%	33.88MiB / 3.561GiB	0.93%	355MB / 272MB	10.3MB / 557kB	10
e707e7954cd6	harbor-portal	0.00%	4.148MiB / 3.561GiB	0.11%	55.6MB / 164MB	6.05MB / 0B	3
af54f8bfccc8	registry	0.00%	8.715MiB / 3.561GiB	0.24%	25.3MB / 18.6MB	4.58MB / 0B	6
cf213e77786f	harbor-db	0.00%	55.61MiB / 3.561GiB	1.53%	41.2MB / 34.3MB	1.89MB / 1.43GB	11
31424ed37f3d	registryctl	0.00%	7.023MiB / 3.561GiB	0.19%	57.3MB / 44.5MB	2.04MB / 0B	7
4db4a53dbd64	redis	0.09%	2.48MiB / 3.561GiB	0.07%	15.4GB / 1GB	590kB / 45.7MB	4
02cf40d9d001	harbor-log	0.00%	54.86MiB / 3.561GiB	1.50%	95MB / 34.2MB	2.41MB / 1.28MB	11

图 5-19

5.5.2　cAdvisor 的部署与应用

为了解决执行 docker stats 命令引起的问题（存储、展示），Google 开源了 cAdvisor。cAdvisor 不仅可以搜集一台机器上所有运行的容器信息，还提供基础查询界面和 HTTP 接口，方便其他组件（如 Prometheus）进行数据抓取。cAdvisor、InfluxDB、Grafna 可以搭配使用。

> cAdvisor 可以对节点机器上的资源及容器进行实地监控和性能数据采集，包括 CPU 使用情况、内存使用情况、网络吞吐量及文件系统使用情况。
>
> cAdvisor 使用 Go 语言开发，利用 Linux 的 Cgroups 获取容器的资源使用信息。在 K8s 中，cAdvisor 集成在 Kubelet 中作为默认启动项，这是官方标配。

本节使用 cAdvisor 0.37.0 版本进行演示。因为 cAdvisor 镜像存放在 Google 的 gcr.io 镜像仓库中，国内无法访问，所以在实际开发中一般把打好包的镜像放在阿里云的公共仓库中，使用时通过 docker pull 命令来拉取，如下所示。

```
$docker pull registry.cn-hangzhou.aliyuncs.com/e7book/cadvisor:v0.37.0
```

（1）使用命令启动 cAdvisor。

直接执行 docker run 命令来启动 cAdvisor。

```
docker run \
  --volume=/:/rootfs:ro \
  --volume=/var/run:/var/run:ro \
  --volume=/sys:/sys:ro \
```

```
--volume=/var/lib/docker/:/var/lib/docker:ro \
--volume=/dev/disk/:/dev/disk:ro \
--publish=8081:8080 \
--detach=true \
--name=cadvisor \
--privileged \
--device=/dev/kmsg \
registry.cn-hangzhou.aliyuncs.com/e7book/cadvisor:v0.37.0
```

（2）访问 cAdvisor。

启动 cAdvisor，在浏览器的地址栏中输入"http://172.16.220.132:8081"链接即可访问 cAdvisor，如图 5-20 所示。

图 5-20

（3）查看主机信息，如图 5-21 所示。

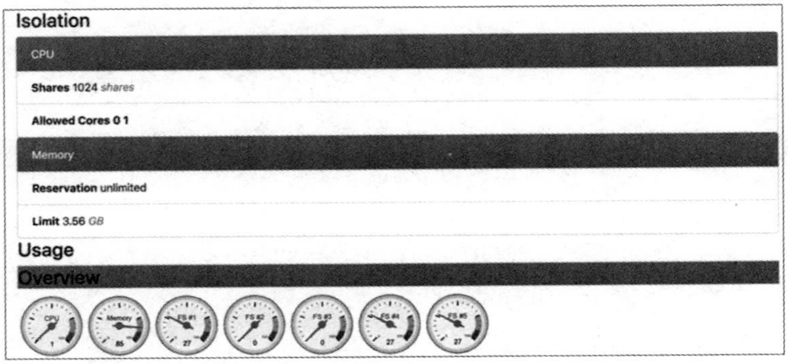

图 5-21

264

（4）查看 Docker 监控信息，如图 5-22 所示。

图 5-22

cAdvisor 已经集成在 Kubernetes 的 Kubelet 中。当然，无论是裸 Docker 运行还是放到 Kubernetes 中运行，底层的原理都是一样的。

5.6　本章小结

本章重点介绍了 Docker 的持续集成与发布，通过完整的示例演示了 Jenkins 流水线及 Jenkins Job 的多步构建，相信读者对 Docker 运维方面的了解也会有质的飞跃。除此之外，关于 Docker 的监控服务也是重中之重。

Docker 的监控服务是企业容器化实践落地的基础配套，如果线上服务无法得到全面、准确的监控，那么服务将是不可控的。企业人员如果无法在业务出现问题后第一时间发现和跟进，可能会导致更大的灾难。因此，大多数企业默认会有这样的规定——项目上线必须有配套监控才可以通过审批，否则运维人员有权驳回上线申请。

在实际开发过程中，读者一定要遵守要求，规范操作。

第 6 章
Docker 的高级应用

前面章节从 Docker 基础到底层原理，再到项目实战，最终实现持续集成与发布。读者在掌握 Docker 的过程中，也体验到了项目的完整流程。但掌握这些还不够，Docker 还有很多高级操作。本章将从容器、存储、网络、优化、安全及集群六大方向展开介绍。

6.1 Docker 的容器与进程

当开发人员沉浸在容器带来的便利的同时，它的一切优点随之被放大。很多开发人员对它的一致性、轻量和快速等特性爱不释手，恨不得将其应用在所有项目中。这像极了"铁锤人"，拿着锤子时，满世界看起来都像钉子。

那么，如何合理地使用容器就成为不可避免的话题。

6.1.1 容器是临时的

首先需要明确的是，容器是临时的，这就意味着开发人员在进行操作时需要慎重。

1. 存储在容器中的数据

容器可能会被停止、销毁或替换。一个运行在容器中的程序版本 1.0，很容易被 1.1 版本替换，因此，数据可能会受到影响或损失。鉴于此，如果开发人员需要存储数据，可将其存储在卷中。

如果两个容器在同一个卷上写数据，要确保应用被设计成在共享数据卷上写入。

2．注意超大镜像

超大的镜像不但会增加 CI/CD 流程的时长，而且不利于分发。因此，需要对镜像进行优化，移除不需要的包和不必要依赖的文件。镜像优化部分的具体内容会在 6.4 节中重点介绍。

3．单层镜像意味着浪费

要对分层文件系统进行更合理的使用，就需要始终为操作系统创建基础镜像层，这将易于重建和管理一个镜像，也易于分发。

4．单一容器运行单一进程

容器能完美地运行单一进程，如 HTTP 守护进程、应用服务器、数据库等。但是，如果不止有一个进程，那么容器的管理、日志的获取、独立更新都会遇到麻烦。

5．不要在镜像中存储隐私数据

不要在镜像中存储隐私数据。例如，不要将镜像中的任何账号/密码"写死"，可以使用环境变量从容器外部获取此类信息。

6．使用非 Root 用户运行进程

值得注意的是，Docker 默认使用 Root 用户运行，这将引发灾难。因为依赖 Root 用户运行对于其他用户是危险的，Root 用户无法在所有环境中可用。应该使用 USER 指令来指定容器的一个非 Root 用户来运行镜像。

7．不要依赖 IP 地址

每个容器都有自己的内部 IP 地址，如果启动并停止它，则地址可能会发生变化。如果应用或微服务需要与其他容器通信，则使用命令或环境变量来实现从一个容器传递信息到另一个应用或微服务。

6.1.2 进程的概念

进程是一个具有一定独立功能的程序关于某个数据集合的一次运行活动，它是操作系统动态执行的基本单元。在传统的操作系统中，进程既是基本的分配单元，也是基本的执行单元。

上述概念有些生硬，难以理解。为了使读者更容易理解进程的概念，下面使用车间和工人进行说明。

1. 计算机就是工厂

计算机的核心是 CPU，它承担了所有的计算任务。计算机就像一座工厂，时刻在运行。假定工厂的电力有限，一次只能供给一个车间使用，即一个车间开工时，其他车间都必须停工。背后的含义就是，单个 CPU 一次只能运行一个任务。

2. 进程是工厂中的车间

进程就好比工厂中的车间，代表 CPU 所能处理的单个任务。任一时刻，CPU 总是运行一个进程，其他进程处于非运行状态。

3. 线程是车间中的工人

一个进程可以包括多个线程。线程就好比车间中的工人。在一个车间中可以有很多工人，他们协同完成一个任务。

4. 进程共享内存空间

车间的空间是工人们共享的，如车间是每个工人都可以进出的。这象征着一个进程的内存空间是共享的，每个线程都可以使用这些共享的内存空间。

5. 内存空间限制

每个车间的大小不同，有些车间最多只能容纳一个工人。当里面有人时，其他工人就不能进去。这代表在一个线程使用共享内存空间时，其他线程必须等它结束后才能使用该内存空间。

6. 锁机制避免同时读/写同一块内存区域

防止他人进入的一个简单方法就是在门口加一把锁。先到的人锁上门，后到的人看到门被锁上了，就在门口排队，等门被打开再进去，这就叫互斥锁（Mutual Exclusion，简称 Mutex）。Mutex 用于防止多个线程同时读/写某一块内存区域。

7. 限制固定数量的线程使用内存空间

有一些房间可以同时容纳 n 个人，但如果排队人数大于 n，则多出来的人只能在外面等着。这好比某些内存空间只能供给固定数量的线程使用。

8．如何避免多线程冲突

多线程冲突的解决方法是，在门口挂 n 把钥匙，进去的人就取一把钥匙，出来时再把钥匙挂回原处，后到的人发现钥匙架空了，就知道必须在门口排队等待。这种方式叫作信号量（Semaphore），用来保证多个线程不会互相冲突。

不难看出，Mutex 是 Semaphore 的一种特殊情况（n=1）。完全可以用后者替代前者。因为 Mutex 较为简单，且效率高，所以在必须保证资源独占的情况下往往采用这种方式。

通过工厂、车间及工人的例子，相信读者对进程有了更深刻的认识。下面将进一步讲解容器与进程的关系。

6.1.3 容器与进程

在 Docker 中，进程管理的基础是 Linux 内核中的 PID 命名空间技术。其中每个容器都是 Docker Daemon 的子进程。通过 PID 命名空间技术，Docker 可以实现容器间的进程隔离。另外，Docker Daemon 也会利用 PID 命名空间技术的树状结构，实现对容器进程的交互、监控和回收。

在 Docker 中，PID1 进程是启动进程，同时负责容器内部进程管理的工作，而这也会导致进程管理在 Docker 内部和完整操作系统上的不同。

1．"一个容器运行一个进程"的经验法则

使用 docker ps 命令查看当前运行的进程，可以看到，每个容器运行了一个 Web 应用，虽然它们使用的是共同的镜像 jartto-test3:latest，但端口是不相同的（8889 和 8888）。

```
CONTAINER ID    IMAGE                 COMMAND              CREATED          STATUS
PORTS                  NAMES
e909be784829    jartto-test3:latest       "/docker-entrypoint.…"    24 seconds ago    Up 20 seconds
0.0.0.0:8889->80/tcp   second-docker-project
b0beab801302    jartto-test3:latest       "/docker-entrypoint.…"    24 seconds ago    Up 11 seconds
0.0.0.0:8888->80/tcp   first-docker-project
```

尽管在单个容器中可以运行多个应用程序，但出于实际原因，开发人员需要遵循"一个容器运行一个进程"的经验法则。这样做具有以下几个优点。

（1）有利于灵活扩容/缩容。

假如促销当天网站访问流量急剧增加，这时传统的物理扩容就会显得滞后，而弹性扩容可以检

测到服务器的警戒状态，使用提前准备好的服务镜像快速地创建出一个临时容器，以完成横向扩展。反之，流量减少，释放多余的容器即可。

（2）可以提高复用性。

每个容器中只运行一个应用程序，从而可以轻松地将容器重新用于其他项目，极大地提高了复用性。

（3）能够快速修复故障。

当容器出现故障时，开发人员能方便地对其进行问题排查，而不必对整个系统的各个部分进行排查，这也使容器更具有可移植性和可预测性。

（4）减少无关干扰。

在升级服务时，能够将影响范围控制在更小的粒度，极大地增加应用程序生命周期管理的灵活性，避免在升级服务时中断相同容器中的其他服务。

（5）更好的隔离性。

提供更安全的服务和应用程序间的隔离，以保持强大的安全状态或遵守 PCI 之类的规定。

2. "一个容器运行多个进程"的管理

在 Docker 中，"一个容器运行一个进程"并非绝对化的要求，还可能出现"一个容器运行多个进程"的情况。此时必须考虑更多的细节，如子进程管理、进程监控等。所以，常见的需求（如日志采集、性能监控、调试程序）可以采用"一个容器运行多个进程"的方式来实现。

下面将通过 ELK 项目来说明一个容器运行 3 个进程的情况。

ELK 是 3 个开源软件的缩写，分别表示 ElasticSearch、Logstash、Kibana。

（1）ELK 简介。

- ElasticSearch 是一个开源的分布式搜索引擎，提供搜集、分析、存储数据三大功能。它的特点有分布式、零配置、自动发现、索引自动分片、索引副本机制、RESTful 风格接口、多数据源、自动搜索负载等。
- Logstash 是用于日志搜集、分析和过滤的工具，支持大量的数据获取方式。其一般采用 C/S 架构，客户端安装在需要采集日志的主机上，服务器端负责将收到的各节点日志进行过滤、修改等，再一并发往 ElasticSearch 中。

- Kibana 是一个免费且开放的用户界面，能够对 ElasticSearch 数据进行可视化，并让用户在 Elastic Stack 中进行导航。用户可以使用 Kibana 进行各种操作，从跟踪查询负载，到理解请求如何流经用户的整个应用，都能轻松完成。在 ELK 中，Kibana 为 Logstash 和 ElasticSearch 提供可视化界面，汇总、分析和搜索重要数据日志。

另外，日志传输使用 Filebeat。Filebeat 是一个轻量级的日志采集处理工具（Agent），占用资源少，适用于在各台服务器上搜集日志后传输给 Logstash，官方也推荐使用此工具。

Filebeat 隶属于 Beats。Beats 目前包含如下 4 个工具。

- Packetbeat：用于搜集网络流量数据。
- Topbeat：用于搜集系统、进程，以及文件系统级别的 CPU 和内存使用情况等数据。
- Filebeat：用于搜集文件数据。
- Winlogbeat：用于搜集 Windows 事件日志数据。

鉴于此，开发人员可以根据 ELK 的实际应用场景，选择合适的 Beats 工具。

（2）下载 ELK 镜像。

开发人员通过执行 sudo docker pull sebp/elk 命令可以从 Docker 官方仓库中下载最新的 ELK 镜像，如图 6-1 所示，等待下载完毕后即可启动。

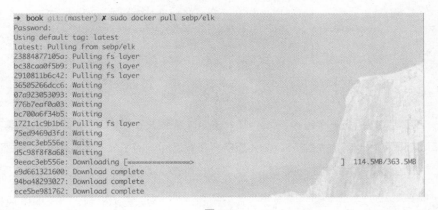

图 6-1

（3）启动容器。

启动命令非常简单，直接执行 docker run 命令即可。由于 ELK 本身包含 3 个进程，因此命令后包含 3 个端口。

271

```
sudo docker run -p 5601:5601 -p 9200:9200 -p 5044:5044 -it --name elk sebp/elk
```

具体的端口的含义如下。

- 5601：Kibana 的 Web 接口。
- 9200：ElasticSearch 的 JSON 接口。
- 5044：Logstash 的 Beats 接口，可以从 Beats 或 Filebeat 中接收日志。

（4）ELK 各部分是如何工作的?

容器运行成功后，开发人员可以通过"http://localhost:5601"链接访问 Kibana 的主界面，如图 6-2 所示。

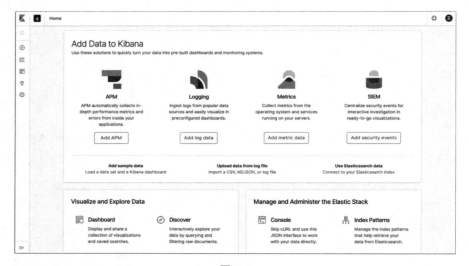

图 6-2

既然一个容器可以运行多个进程，那么 ELK 的 3 个进程又是如何工作的呢? 答案很简单，通常的流程如下：部署在其他容器中的 Filebeat 服务采集数据后调用 ELK 容器的收集数据接口，然后通过 Logstash 配置的入库规则，调用 ElasticSearch 的存储接口，进入 Kibana 的主界面，这样就可以进行日志分析。

（5）一个容器管理多个应用。

Docker 并不推荐在一个容器中运行多个进程，但在很多实际的场景中可能需要在一个容器中同时运行多个程序。

在非容器的环境下，系统在初始化时会启动一个 init 进程，其余的进程都由 init 进程来管理。在容器环境下这种管理多个进程的工具不可用。但是有类似的工具可以完成这个工作，一个是 Supervisor，另一个是 Monit。

Supervisor 是一个 C/S 架构的进程管理工具，通过它可以监控和控制其他的进程。Supervisor 还提供了一个 WebUI，开发人员可以在 WebUI 中进行 Start、Stop、Restart 等操作。

> Supervisor 在 Docker 中充当类似于 init 进程的角色，其他的应用进程都是 Supervisor 进程的子进程。通过这种方法，即可实现在一个容器中启动并运行多个应用。Supervisor 不作为本书的重点内容，读者可以在官方文档中查看对应的配置文档。

Monit 是另外一种进程管理方案。Monit 提供进程管理功能，更多的是作为系统监控方案使用。

> Monit 是开箱即用、可以利用系统上现有的基础设施，以及实现对系统管理和监控的工具。Monit 集成了 init、upstart 和 systemd 等功能，可以使用运行级别的脚本管理服务进程。

6.2　Docker 的文件存储与备份

6.1.1 节中提到，如果两个容器在同一个卷上写数据，要确保应用被设计成在共享数据卷上写入。那么如何设计共享数据卷呢？如何对 Docker 中的数据进行存储和备份呢？

6.2.1　数据文件的存储

写入容器的可写层需要通过存储驱动程序来管理文件系统。容器的可写层与运行容器的主机紧密耦合，会导致使用者无法轻松地将数据移动到其他地方。通过存储驱动程序来管理文件系统的方式与直接写入主机文件系统的数据卷的方式相比，这种额外的抽象会降低性能。

Docker 提供了两个选项（Volumes 和 Bind Mounts）让容器在主机中存储文件，以便即使在容器停止后文件也能持久化。在 Linux 上使用 tmpfs mount 命令，或者在 Windows 上使用命名管道，可以存储数据。

对于容器内部来说，数据文件（文件或文件夹）无论使用 Volumes 方式还是 Bind Mounts 方式，都是可读可写的。数据文件作为目录或容器文件系统中的单个文件公开。在实际的应用场景中，数据文件存储在 Docker 主机上的位置是可视化卷、绑定挂载和 tmpfs 挂载之间最大的差异。3 种数据存储方案在宿主机中的位置如图 6-3 所示。

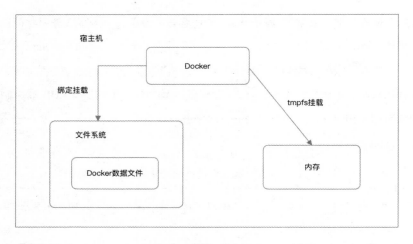

图 6-3

6.2.2 卷存储

6.2.1 节提到了 3 种数据存储方案（卷存储、绑定挂载及 tmpfs 挂载），接下来介绍最常用的一种方案：卷存储。

1. 基本概念

卷存储（通常在 Linux 的 "/var/lib/docker/volumes/" 目录中）是由 Docker 管理的主机文件系统的一部分，非 Docker 进程不能修改文件系统的这一部分。卷是在 Docker 中持久化数据的最佳方式。开发人员可以先使用 docker volume create 命令显式创建卷，然后使用 Volume 创建容器，也可以在容器或服务创建或运行期间创建卷。

创建卷后，该卷存储在 Docker 主机上的目录中。当将卷挂载到容器中时，此目录就是挂载到容器中的目录。

> 卷挂载的工作方式与绑定挂载的工作方式类似，二者的不同之处在于，卷由 Docker 管理并且与主机的核心功能隔离。

一个给定的卷可以同时被安装到多个容器中。当没有正在运行的容器使用卷时，该卷仍然可供 Docker 使用，并且不会自动删除。开发人员可以使用 docker volume prune 命令移除本地未使用的卷。

当挂载卷时，该卷可能是命名卷（named）或匿名卷（anonymous）。匿名卷在首次挂载到容器中时没有明确的名称，因此 Docker 为它们提供了一个随机名称，该名称保证在给定的 Docker 主机中是唯一的。除名称外，命名卷和匿名卷的行为方式相同。

卷还支持使用卷驱动程序，它允许开发人员将数据存储在远程主机或云提供商，以及其他位置。更多操作，读者可以使用 docker volume help 命令进行查看。

```
Usage:  docker volume help

Manage volumes

Commands:
  create     Create a volume
  inspect    Display detailed information on one or more volumes
  ls         List volumes
  prune      Remove all unused local volumes
  rm         Remove one or more volumes

Run 'docker volume COMMAND --help' for more information on a command.
```

2. 卷的用例

卷是在 Docker 和服务中持久保存数据的首选方式。卷的一些用例如下。

（1）在多个正在运行的容器之间共享数据。

如果开发人员没有明确创建卷，则在第一次将其装入容器时会创建一个卷。当该容器停止或被移除时，该卷仍然存在。多个容器可以同时挂载同一个卷，该卷可以是可读/写的也可以是只读的。仅当开发人员明确删除卷时才会删除卷。

（2）当 Docker 主机不能保证具有给定的目录或文件结构时。

卷可以帮助开发人员将 Docker 主机的配置与"容器运行时"分离，以便于用户进行一些状态操作。

（3）远程共享。

当开发人员想将容器的数据存储在远程主机或云提供商，而不是本地时，就可以使用远程共享。

（4）便于备份、还原和迁移。

当开发人员需要将数据从一台 Docker 主机备份、还原或迁移到另一台主机时，卷是更好的选择。

开发人员可以停止使用该卷的容器，然后备份该卷的目录，如 "/var/lib/docker/volumes/<volume-name>"。

（5）当应用程序需要 Docker 桌面上的高性能 I/O 时。

卷存储在 Linux VM 中而不是主机中，这意味着读取和写入具有更低的延迟及更高的吞吐量。

（6）当应用程序需要 Docker 桌面上的本机文件系统操作时。

例如，数据库引擎需要对磁盘刷新进行精确控制以保证事务的持久性。卷存储在 Linux VM 中可以做出这些保证，而绑定挂载到远程 macOS 或 Windows 时，其中文件系统的行为略有不同。

6.2.3 绑定挂载

绑定挂载从 Docker 早期就可用。与卷相比，绑定挂载的功能有限，下面进行具体说明。

1. 基本概念

在使用绑定挂载时，主机上的文件或目录会挂载到容器中。文件或目录由其在主机上的完整路径引用。该文件或目录不需要已经存在于 Docker 主机上。如果它尚不存在，则按需创建。

绑定挂载非常高效，但它们依赖于主机的具有特定目录结构的文件系统。如果正在开发新的 Docker 应用程序，则可以考虑改用命名卷。值得注意的是，不能使用 Docker CLI 命令直接管理绑定挂载。

2. 副作用

使用绑定挂载可以通过容器中运行的进程更改主机文件系统，包括创建、修改或删除重要的系统文件或目录。这是一种强大的能力，可能会产生安全隐患，包括影响主机系统上的非 Docker 进程。通常，开发人员应该尽可能使用卷。

3. 绑定挂载的用例

从主机到容器共享配置文件，这就是 Docker 默认为容器提供 DNS 解析的方式，具体的方法是 "/etc/resolv.conf" 从主机挂载到每个容器中。

在 Docker 主机和容器的开发环境之间共享源码或构建工件。例如，开发人员可以将

"Maventarget/"目录挂载到容器中，并且每次在 Docker 主机上构建 Maven 项目时，容器都可以访问重建的工件。

如果以这种方式使用 Docker 进行开发，生产 Dockerfile 文件会将生产就绪的工件直接复制到镜像中，而不是依赖绑定安装。

6.2.4　tmpfs 挂载

tmpfs 挂载仅存储在主机系统的内存中，永远不会写入主机系统的文件系统中。tmpfs 挂载不会持久保存在磁盘上，无论是在 Docker 主机上还是在容器内。

在容器的生命周期内，容器可以使用 tmpfs 挂载来存储非持久状态或敏感信息。例如，在内部，Swarm 服务使用 tmpfs 挂载将机密数据挂载到服务的容器中。

tmpfs 挂载最适用于不希望数据在主机上或容器内持久化的情况，这可能是出于安全原因或在应用程序需要写入大量非持久状态数据时保护容器的性能。

6.2.5　数据文件的备份

卷可用于备份、恢复和迁移。使用--volumes-from 命令可以创建一个安装卷的新容器。

1. 备份一个容器

创建一个名为 dbstore 的新容器，如下所示。

```
docker run -v /dbdata --name dbstore ubuntu /bin/bash
```

然后在下一条命令中，启动一个新容器并从 dbstore 容器挂载卷。将本地主机目录挂载为"/backup"，传递一条将 dbdata 卷内容 backup.tar 压缩到"/backup"目录下的文件中的命令。

```
docker run --rm --volumes-from dbstore -v $(pwd):/backup ubuntu tar cvf /backup/backup.tar /dbdata
```

当命令执行完毕且容器停止时，将保留 dbdata 卷的备份。

2. 从备份中恢复容器

可以将刚刚创建的备份恢复到同一个容器或在其他地方创建的另一个容器中。例如，先创建一个名为 dbstore2 的新容器。

```
docker run -v /dbdata --name dbstore2 ubuntu /bin/bash
```

然后在新容器的数据卷中解压缩备份文件。

```
docker run --rm --volumes-from dbstore2 -v $(pwd):/backup ubuntu bash -c "cd /dbdata && tar xvf
/backup/backup.tar --strip 1"
```

开发人员可以使用喜欢的工具进行备份、迁移和恢复测试。

3. 删除卷

当删除容器后，Docker 卷仍然存在。有两种类型的卷需要开发人员考虑。

- 命名卷具有特定的来源（来自容器外部），如"awesome:/bar"。
- 匿名卷没有特定的来源，所以当容器被删除时，指定 Docker 引擎守护进程将它们删除。

4. 删除匿名卷

要自动删除匿名卷，可以使用--rm 参数。例如，通过命令创建一个匿名卷"/foo"。当容器被
删除时，Docker Engine 会删除"/foo"而不是"awesome"。

```
docker run --rm -v /foo -v awesome:/bar busybox top
```

5. 删除所有卷

通过执行 docker volume prune 命令可以删除所有未使用的卷并释放空间。

```
docker volume prune
```

6.3 Docker 的网络配置

Docker 有几个驱动程序，它们提供核心联网功能。

- Bridge：默认的网络驱动程序。如果未指定驱动程序，则这是正在创建的网络类型。当应用
  程序在需要通信的独立容器中运行时，通常会使用网桥网络。
- Overlay：覆盖网络，将多个 Docker 守护进程连接在一起，并使集群服务能够相互通信。
  还可以使用覆盖网络来促进集群服务和独立容器之间或不同 Docker 守护进程上的两个独立
  容器之间的通信。这种策略消除了在这些容器之间进行操作系统级路由的需要。
- Host：对于独立容器，可以删除容器与 Docker 主机之间的网络隔离，然后直接使用主机
  的网络。
- Macvlan：Macvlan 网络允许开发人员为容器分配 MAC 地址，使其在网络上显示为物理设
  备。Docker 守护进程通过其 MAC 地址将流量路由到容器。Macvlan 在处理希望直接连接
  到物理网络而不是通过 Docker 主机的网络堆栈进行路由的旧应用程序时，使用驱动程序有

时是最佳的选择。

- None：对于当前容器，要禁用所有联网。该驱动程序通常与自定义网络驱动程序一起使用。None 不适用于集群服务。
- 网络插件：可以在 Docker 中安装和使用第三方网络插件，这些插件可以从 Docker Hub 或第三方供应商处获得。

基于 Docker 的网络驱动，很多应用最开始使用的是 Docker 提供的 Libnetwork 进行多个容器、多台主机的部署，但是随着更多的公司使用 Docker，只依靠 Libnetwork 无法满足复杂的业务框架，于是衍生出了很多优秀的工具用于用户跨主机通信，如 Flannel、Weave、Open vSwitch（虚拟交换机）、Calico 等。下面分别介绍这 4 种网络。

6.3.1　Flannel 网络

Flannel 是一种专门为 Kubernetes 设计的第 3 层网络结构的简单实现方案。

Flannel 在每台主机上运行一个小的、单个的二进制代理，负责从预配置地址空间中为每台主机分配子网。Flannel 直接使用 Kubernetes API 或 Etcd 来存储网络配置、分配的子网和辅助数据（如主机的公共 IP 地址）。

通常，Kubernetes 会假设每个容器（Pod）在集群内都有一个唯一的、可路由的 IP 地址。这样假设的优势在于，它消除了共享单个主机 IP 地址所带来的端口映射复杂性。

Flannel 负责在集群中的多个节点之间提供第 3 层 IPv4 网络。Flannel 不控制容器如何与主机联网，只控制如何在主机之间传输流量。但是，Flannel 为 Kubernetes 提供了 CNI 插件和与 Docker 集成的指南。

Flannel 专注于网络。对于网络策略，可以使用 Calico 等工具。Flannel 具有如下特点。

（1）使集群中的不同 Node 主机创建的 Docker 都具有全集群唯一的虚拟 IP 地址。

（2）Flannel 会建立一个覆盖网络（建立在另一个网络之上并由其基础设施支持的虚拟网络）。通过这个覆盖网络，将数据包原封不动地传递到目标容器。覆盖网络通过将一个分组封装在另一个分组内将网络服务与底层基础设施分离。在将封装的数据包转发到端点后，将其解封装。

（3）创建一个新的虚拟网卡 Flannel0 用于接收 Docker 网桥的数据，通过维护路由表，对接收的数据进行封包和转发。

（4）Etcd 保证了所有 Node 上的 Flannel 所看到的配置是一致的。同时，每个 Node 上的 Flannel 监听 Etcd 上的数据变化，实时感知集群中 Node 的变化。

6.3.2　Weave 网络

Weave 网络会创建一个连接多台 Docker 主机的虚拟网络，类似于以太网交换机，所有的容器都连接到这上面，互相通信，如图 6-4 所示。

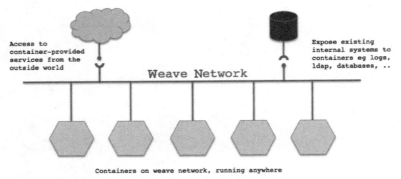

图 6-4

应用程序使用 Weave 网络，就好像它们是插在同一台网络交换机上的，无须任何配置和端口映射。容器内的服务可以直接被容器外的应用访问，而不需要关心容器运行在什么地方，如图 6-5 所示。

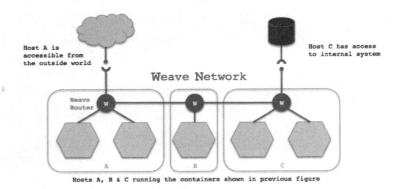

图 6-5

Weave 网络可以穿越防火墙并在部分已连接的网络中操作，既可以是加密的，也可以通过非信任网络连接。使用 Weave 网络可以轻松地构建运行于任何地方的多个容器。在通常情况下，Weave 网络使用 Docker 单机已有的网络功能。

6.3.3　Open vSwitch

Open vSwitch 是获得开源 Apache 2 许可的多层软件交换机。目标是实现一个生产质量交换机平台，该平台支持标准管理接口并开放转发功能，以进行程序化扩展和控制。

Open vSwitch 非常适合用作虚拟环境中的虚拟交换机。除了向虚拟网络层公开标准控制和可见性接口，它还支持跨多台物理服务器的分布式部署。Open vSwitch 支持多种基于 Linux 的虚拟化技术，包括 Xen/XenServer、KVM 和 Virtual Box。

Open vSwitch 也可以完全在用户空间中运行，而无须内核模块的帮助。这种用户空间应该比基于内核的交换机更容易移植。用户空间中的 OVS 可以访问 Linux 或 DPDK 设备。需要注意的是，带用户空间数据路径和非 DPDK 设备的 Open vSwitch 被认为是实验性的，并且会降低性能。

6.3.4　Calico 网络

Calico 是一个开源网络和网络安全方案，适用于容器、虚拟机和基于主机的本地工作负载。Calico 网络支持多种平台，包括 Kubernetes、OpenShift、Docker EE、OpenStack 和裸机服务。

无论是选择使用 Calico 网络的 eBPF 数据平面还是 Linux 的标准网络管道，Calico 网络都能提供极快的性能和真正的云原生可扩展性。无论是在公共云中还是在本地运行、在单个节点上还是在数千个节点的集群中运行，Calico 网络都能为开发人员和集群运营商提供一致的体验与功能集。

无论采取哪种选择，开发人员都将获得相同的且易于使用的基本网络、网络策略和 IP 地址管理功能，这些功能使 Calico 成为任务关键型云原生应用程序最值得信赖的网络和网络策略解决方案。

6.4　Docker 的镜像优化

虽然存储资源较为廉价，但网络 I/O 是有限的，在带宽有限的情况下，部署一个 1GB 的镜像和 10MB 的镜像可能就是分钟级和秒级的时间差距。特别是在出现故障，服务被调度到其他节点时，这个时间尤为宝贵。

镜像越小表示无用的程序越少，既可以减小体积又可以节省部署时间。因此，这就对开发人员提出了更高的要求，如何对镜像进行优化是一个值得深思的问题。

6.4.1 常规优化手段

1. 查看镜像大小

优化的前提条件一定是清楚地知道目前的镜像的大小及可优化的空间，所以镜像分析过程必不可少。先来查看镜像的大小，如图 6-6 所示。

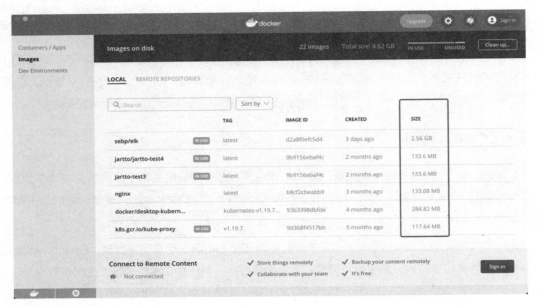

图 6-6

开发人员可以从 Docker 桌面端中清楚地看到各个镜像的大小。当然，也可以通过执行 docker images 命令来查看，如图 6-7 所示。

```
→  ~ docker images
REPOSITORY                          TAG                                                     IMAGE ID       CREATED         SIZE
jartto-test3                        latest                                                  36c5a81d3035   3 months ago    134MB
nginx                               latest                                                  87a94228f133   4 months ago    133MB
docker/desktop-kubernetes           kubernetes-v1.21.5-cni-v0.8.5-critools-v1.17.0-debian   967a1c03eb00   4 months ago    290MB
k8s.gcr.io/kube-apiserver           v1.21.5                                                 7b2ac941d4c3   5 months ago    126MB
k8s.gcr.io/kube-scheduler           v1.21.5                                                 8e60ea3644d6   5 months ago    50.8MB
k8s.gcr.io/kube-proxy               v1.21.5                                                 e08abd2be730   5 months ago    104MB
k8s.gcr.io/kube-controller-manager  v1.21.5                                                 184ef4d127b4   5 months ago    120MB
docker/desktop-vpnkit-controller    v2.0                                                    8c2c38aa676e   9 months ago    21MB
docker/desktop-storage-provisioner  v2.0                                                    99f89471f470   9 months ago    41.9MB
k8s.gcr.io/pause                    3.4.1                                                   0f8457a4c2ec   13 months ago   683kB
k8s.gcr.io/coredns/coredns          v1.8.0                                                  296a6d5035e2   15 months ago   42.5MB
k8s.gcr.io/etcd                     3.4.13-0                                                0369cf4303ff   17 months ago   253MB
```

图 6-7

2. 配置参数

在通常情况下，执行 docker build 命令就会执行构建镜像的操作。

```
docker build -t test-image-1 -f Dockerfile .
```

终端会输出如下日志。

```
[+] Building 0.7s (8/8) FINISHED
 => [internal] load build definition from Dockerfile       0.1s
 => => transferring dockerfile: 137B                        0.0s
 => [internal] load .dockerignore                           0.0s
 => => transferring context: 2B                             0.0s
 => [internal] load metadata for docker.io/library/nginx:latest   0.0s
 => [1/3] FROM docker.io/library/nginx                      0.0s
 => [internal] load build context                           0.1s
 => => transferring context: 1.19kB                         0.1s
 => CACHED [2/3] COPY build/ /usr/share/nginx/html/         0.0s
 => CACHED [3/3] COPY default.conf /etc/nginx/conf.d/default.conf   0.0s
 => exporting to image                                      0.1s
 => => exporting layers                                     0.0s
 => => writing image sha256:9b91***4a29                     0.0s
 => => naming to docker.io/library/test-image-1             0.0s
```

接下来需要打开实验属性 DOCKER_BUILDKIT。

```
export DOCKER_BUILDKIT=1
```

在构建参数中添加--progress plain 参数获得更加直观的输出结果，如下所示。

```
docker build -t test-image-1 -f Dockerfile --progress plain .
```

这时的日志发生了明显的变化。

```
#1 [internal] load build definition from Dockerfile
#1 sha256:a6ff***f640
#1 transferring dockerfile: 36B 0.0s done
#1 DONE 0.0s

#2 [internal] load .dockerignore
#2 sha256:dd37***2f7c
#2 transferring context: 2B done
#2 DONE 0.0s
```

```
#3 [internal] load metadata for docker.io/library/nginx:latest
#3 sha256:06c4***e6bc
#3 DONE 0.0s

#4 [1/3] FROM docker.io/library/nginx
#4 sha256:6254***518b
#4 DONE 0.0s

#5 [internal] load build context
#5 sha256:292b***e418
#5 transferring context: 1.19kB done
#5 DONE 0.1s

#6 [2/3] COPY build/ /usr/share/nginx/html/
#6 sha256:c9d0***3fd9
#6 CACHED

#7 [3/3] COPY default.conf /etc/nginx/conf.d/default.conf
#7 sha256:2948***fb18
#7 CACHED

#8 exporting to image
#8 sha256:e8c6***ab00
#8 exporting layers done
#8 writing image sha256:9b91***4a29 0.0s done
#8 naming to docker.io/library/test-image-1 done
#8 DONE 0.0s
```

　　每一步的耗时都会清楚地打印出来，是不是很直观？这时针对具体的耗时步骤进行优化即可"药到病除"。

3. 使用.dockerignore 文件

　　开发人员在执行 docker build 命令的过程中，系统首先将指定的上下文目录打包传递给 Docker 引擎，并不是这个上下文目录中所有的文件或文件夹都会在 Dockerfile 文件中使用到，这时就可以在.dockerignore 文件中指定需要忽略的文件或文件夹。下面是一份需要忽略的文件配置，读者可以作为参考进行配置。

```
node_modules
npm-debug.log
.nuxt
.vscode
.git
.DS_Store
.sentryclirc
```

4. 镜像分层

（1）如何分层?

Docker 镜像是分层构建的，Dockerfile 文件中的每条指令都会新建一层。具体示例如下。

```
FROM ubuntu:18.04
COPY . /app
RUN make /app
CMD python /app/app.py
```

以上 4 条指令会创建 4 层，分别对应基础镜像、复制文件、编译文件及入口文件，每层只记录本层所做的更改，而这些层都是只读层。

当启动一个容器后，Docker 会在顶部添加读/写层，开发人员在容器内做的所有更改，如写日志、修改、删除文件等，都会被保存到读/写层，一般将该层称为容器层。

Docker 支持通过扩展现有镜像创建新的镜像。实际上，Docker Hub 中的绝大多数镜像是通过在 Base 镜像中安装和配置需要的软件构建出来的。下面构建一个新的镜像，Dockerfile 文件的配置如下所示。

```
#Version: 0.0.1
FROM debian
RUN apt-get install -y emacs
RUN apt-get install -y apache2
CMD ["/bin/bash"]
```

这里需要注意以下几点。

- 新的镜像不再从 Scratch 开始，而是直接在 Debian Base 镜像上构建。
- 安装 Emacs 编辑器。
- 安装 Apache 2。

- 容器启动时运行 Bash。

构建过程如图 6-8 所示。

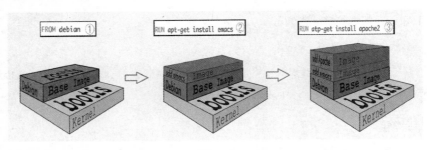

图 6-8

从图 6-8 中可以看出，新的镜像是从 Base 镜像一层一层叠加生成的。每安装一个软件，就在现有镜像的基础上增加一层。

（2）镜像分层的意义

镜像分层最大的一个好处就是共享资源。有多个镜像是从相同的 Base 镜像构建而来的，Docker Host 只需在磁盘上保存一份 Base 镜像就可以。同时，内存中只需加载一份 Base 镜像，就可以为所有容器服务，而且镜像的每层都可以被共享。更多关于镜像分层的原理，读者可以关注博主 wzlinux 专栏，里面有很多相关文章。

5. 清理镜像构建过程中的中间产物

在执行 docker build 命令时，经常会产生一些中间产物，执行 docker images –a 命令可以输出这些中间镜像，如下所示。

```
REPOSITORY    TAG       IMAGE ID       CREATED          VIRTUAL SIZE
<none>        <none>    8684a0a8943f   20 minutes ago   188 MB
<none>        <none>    286290c56fd0   20 minutes ago   188 MB
<none>        <none>    3772db9ecb08   22 minutes ago   188 MB
<none>        <none>    c36c7f0c261c   22 minutes ago   188 MB
```

这时需要执行 docker rmi 命令删除本地一个或多个镜像。

```
docker rmi $(sudo docker images --filter dangling=true -q)
```

需要注意的是，如果终端报错，则需要先停止并删除容器，依次执行如下命令即可。

```
sudo docker ps -a | grep "Exited" | awk '{print $1 }'|xargs sudo docker stop
```

```
sudo docker ps -a | grep "Exited" | awk '{print $1 }'|xargs sudo docker rm
sudo docker images|grep none|awk '{print $3 }'|xargs sudo docker rmi
```

这样即可轻松清理镜像构建过程中的中间产物。

6. 使用 Alpine 版本的基础镜像

Alpine 是一个高度精简又包含基本工具的轻量级 Linux 发行版本，本身的 Docker 镜像只有 4M～5MB。各种开发语言和框架都有基于 Alpine 制作的基础镜像，开发人员在开发自己应用的镜像时，选择这些镜像作为基础镜像可以大大减小镜像的体积。

7. 多阶段构建

在编写 Dockerfile 文件构建 Docker 镜像时，经常会遇到以下问题。

- RUN 命令会让镜像新增层，导致镜像的体积变大，虽然通过 "&&" 连接多条命令能解决此问题，但如果命令之间用到 Docker 指令（如 COPY、WORKDIR 等），则依然会新增多个层。

- 有些工具在构建过程中会用到，但最终的镜像是不需要这些工具的，这就要求 Dockerfile 的编写者花费更多的精力来清理这些工具，清理的过程又可能会产生新的层。

为了解决上述问题，从 17.05 版本开始 Docker 在构建镜像时增加了新特性，即多阶段构建，它将构建过程分为多个阶段，每个阶段都可以指定一个基础镜像，这样在一个 Dockerfile 文件中就能同时用到多个镜像的特性，达到共享的目的。

要想大幅度减小镜像的体积，多阶段构建是必不可少的。多阶段构建的想法很简单："我不想在最终的镜像中包含一堆 C 语言或 Go 语言编译器和整个编译工具链，我只要一个编译好的可执行文件!"

Dockerfile 文件中的多阶段构建虽然只是一些语法糖，但它确实带来了很多便利，尤其是减轻了 Dockerfile 文件维护者的负担。

6.4.2　案例实战

6.4.1 节中介绍了一些常用的镜像优化手段，本节将通过实际的案例进行演示。

1. 镜像分析

为了演示镜像优化的效果，下面选取一个现有的 Docker 项目进行分析。首先执行 docker build 命令进行打包。

```
docker build -t mweb-img -f ./docker/node.Dockerfile .
```

查看输出日志。

```
Sending build context to Docker daemon  564.3MB
Step 1/7 : FROM harbor.jartto.com/sre/pm2:4.4.0 as pm2
---> df65fe397c4b
Step 2/7 : RUN mkdir -p /usr/share/nginx/ssr
---> Using cache
---> b02d2c9cd862
Step 3/7 : COPY . /usr/share/nginx/ssr/
---> 7ac8d1c0aa6c
Step 4/7 : WORKDIR /usr/share/nginx/ssr/
---> Running in ff9e7f4fbc50
Removing intermediate container ff9e7f4fbc50
---> 7e0a7ab30f93
Step 5/7 : ENV NODE_ENV test
---> Running in 9d39d243976e
Removing intermediate container 9d39d243976e
---> d27038f4f30f
Step 6/7 : CMD npm run start
---> Running in 65820c6caba3
Removing intermediate container 65820c6caba3
---> 23adea36cfea
Step 7/7 : EXPOSE 19888
---> Running in 66f8c3bb6d17
Removing intermediate container 66f8c3bb6d17
---> c96d6c691633
Successfully built c96d6c691633
Successfully tagged mweb-img:latest
```

开启分析配置。

```
export DOCKER_BUILDKIT=1
docker build -t mweb-img -f ./docker/node.Dockerfile --progress plain .
```

查看分析结果。

```
#1 [internal] load .dockerignore
#1 transferring context: 2B 0.0s done
#1 DONE 0.1s
```

```
#2 [internal] load build definition from node.Dockerfile
#2 transferring dockerfile: 522B 0.0s done
#2 DONE 0.1s


#3 [internal] load metadata for harbor.baijiahulian.com/sre/pm2:4.4.0
#3 DONE 0.0s


#4 [1/4] FROM harbor.baijiahulian.com/sre/pm2:4.4.0
#4 resolve harbor.baijiahulian.com/sre/pm2:4.4.0 done
#4 DONE 0.0s


#6 [internal] load build context
#6 transferring context: 7.55MB 5.0s
#6 ...


#5 [2/4] RUN mkdir -p /usr/share/nginx/ssr
#5 DONE 6.3s


#6 [internal] load build context
#6 transferring context: 67.36MB 10.1s
#6 transferring context: 136.42MB 15.2s
#6 transferring context: 166.84MB 20.2s
#6 transferring context: 224.61MB 25.3s
#6 transferring context: 280.34MB 30.3s
#6 transferring context: 325.58MB 35.3s
#6 transferring context: 385.17MB 40.4s
#6 transferring context: 450.84MB 45.5s
#6 transferring context: 503.23MB 48.9s done
#6 DONE 49.3s


#7 [3/4] COPY . /usr/share/nginx/ssr/
```

```
#7 DONE 52.0s


#8 [4/4] WORKDIR /usr/share/nginx/ssr/
#8 DONE 0.0s


#9 exporting to image
#9 exporting layers
#9 exporting layers 47.0s done
#9 writing image sha256:f734***80df done
#9 naming to docker.io/library/mweb-img done
#9 DONE 47.1s
```

为了便于分析，将数据进行汇总，如表 6-1 所示。

表 6-1

过程	描述	时间
#1	load .dockerignore	0.1s
#2	load build definition from node.Dockerfile	0.1s
#3	load metadata for harbor.baijiahulian.com/sre/pm2:4.4.0	0.0s
#4	FROM harbor.baijiahulian.com/sre/pm2:4.4.0	0.0s
#5	RUN mkdir −p /usr/share/nginx/ssr	6.3s
#6	load build context	49.3s
#7	COPY . /usr/share/nginx/ssr/	52.0s
#8	WORKDIR /usr/share/nginx/ssr/	0.0s
#9	exporting to image	47.1s

通过构建时间不难看出，#6、#7、#9 是整个阶段耗时较长的 3 个步骤。

2. 定位问题

（1）#6 load build context。

很明显，上下文信息被打包到镜像内，导致镜像体积过大且耗时较长。

（2）#7 COPY . /usr/share/nginx/ssr/。

Node SSR 项目如果复制速度过慢，基本可以判定是由 node_modules 复制引起的，这里不妨通过 .dockerignore 文件进行忽略。

（3）#9 exporting to image。

导出镜像过程的速度受文件大小的影响，间接是由上述两个问题引起的，因此可以优先解决#6 和#7，后面再对比优化#9。

3. 前后对照

（1）优化前 Dockerfile 文件的配置如下。

```
FROM acr.jartto.com/sre/pm2:4.4.0 as pm2

RUN mkdir -p /usr/share/nginx/ssr
RUN npm install -g pm2

COPY . /usr/share/nginx/ssr/
WORKDIR /usr/share/nginx/ssr/
ENV NODE_ENV test

CMD npm run start
EXPOSE 19888
```

（2）优化后 Dockerfile 文件的配置如下。

```
FROM harbor.jartto.com/library/node:10.22.0-alpine3.11

RUN mkdir -p /usr/share/nginx/ssr
WORKDIR /usr/share/nginx/ssr/

COPY package.json package-lock.json /usr/share/nginx/ssr/
RUN npm i --registry=http://[仓库地址] --production --unsafe-perm=true --allow-root && \
    npm run build:test && \
    npm cache clean --force

FROM scratch
COPY --from=0 . /usr/share/nginx/ssr/

CMD [ "npm", "run", "start" ]
EXPOSE 19888
```

（3）对比优化前后的差异。

通过对比优化前后两个 Dockerfile 文件的配置，不难发现如下差异。

- 优化后的 Dockerfile 文件使用了 Alpine 版本。
- 优化后进行了多阶段构建。
- 优化后配置了.dockerignore 文件，以减小上下文信息的影响。
- 优化前是复制文件 "COPY . /usr/share/nginx/ssr/"，优化后则是单行安装与构建 "RUN npm i --registry=http://[仓库地址] --production --unsafe-perm=true --allow-root && \ npm run build:test && \ npm cache clean --force"。
- 优化后镜像从 870MB 减小到 261MB，提升较为明显。

6.5　Docker 的安全策略与加固

Docker 作为 PaaS 平台技术变革的引领者，给研发带来了全新的体验，企业容器化的比例也越来越高，但在享受 Docker 为我们带来便利的同时，容器的安全问题已经变得越来越不可忽视。

Docker 运行在宿主机上，与传统的虚拟机相比，容器镜像、容器网络、镜像仓库、编排工具等容器生态的新风险因素也在不断引入。容器的本质是运行在宿主机上的特殊的进程，所以作为进程的运行环境，宿主机的安全必须引起高度重视。

安全方面需要考虑的问题有主机上的安全配置及主机的安全漏洞是否影响容器的运行，容器内的进程是否可以利用主机上的安全漏洞。在部署前需要对操作系统进行安全加固，如安装软件补丁、卸载不必要的软件、关闭非必需的服务、配置强密码等。

容器与宿主机共享内核，因此一旦容器被攻击导致内核崩溃，宿主机就必然受到影响。在 3.2 节和 3.3 节中阐述了 Docker 的隔离机制，当前 Namespace 支持隔离的机制还不是很完善，某些目录在没有特殊设定的情况下是共享的。开发人员可以通过 Cgroup 实现隔离，限制 CPU、内存、块设备 I/O 等使用的权重或大小，使单个或多组容器不会完全突破宿主机的资源限制，从而保证安全。

6.5.1　Docker 的安全策略

在绝大多数场景下，Docker 默认以 Root 用户运行进程。当容器被攻击时，可能会导致 Root 权限被获取。此时不用过分担心，Docker 采用基于内核的 Capability 机制来实现用户在以 Root 身份运行容器的同时限制部分 Root 的操作。

但是如果主机运行了特权容器（有 Host 主机中 Root 权限的容器，带有--Privileged 标志运行的容器），那么将会非常危险，特权容器的 Root 用户几乎可以做任何想做的事情，这也被称为"容器逃逸"。

> Docker 使用 Namespace 隔离机制导致了容器内的进程无法看到外面的进程，但外面的进程可以看到容器内的进程，所以如果一个容器可以访问外面的资源，甚至是获得了宿主机的权限，就会产生安全隐患，简称"逃逸"。

通常来说，容器不需要真正的 Root 权限。因此，Docker 可以运行一个 Capability 较低的集合，这意味着容器中的 Root 权限比真正的 Root 权限要少得多，这也间接保证了安全性。

- 否认所有挂载操作。
- 拒绝访问原始套接字（防止数据包欺骗）。
- 拒绝访问某些文件系统操作，如创建新的设备节点、更改文件的所有者或修改属性（包括不可变标志）。
- 拒绝模块加载。

这意味着，即使入侵者在容器内获取 Root 权限，进行进一步攻击也会遇到很多困难。在默认情况下，Docker 使用白名单而不是黑名单，这就去除了所有非必要的功能。

6.5.2 镜像安全

容器基于容器镜像文件启动，镜像的安全将影响整个容器的安全。

如果运行的镜像被植入了有风险的代码或镜像中包含的组件有明显的漏洞，那么无异于自我毁灭。从公网上下载没有官网认证的镜像文件时一定要慎重。

漏洞表现在包含明显漏洞的软件、存在后门病毒、镜像仓库不安全、Dockerfile 文件被篡改等方面，现在很多仓库自带一部分镜像漏洞扫描工具，之前提到的 Harbor 就会通过 Clair 模块来实现。

> 在容器发展早期，超过 1GB 的容器数不胜数。但随着 Alphine 镜像族的出现，其最小化安装的特性使下载速度得到极大提升的同时，安全性也得到极大提高，因为其中几乎没有任何额外的软件和进程，所以黑客攻无可攻。

在下载镜像时，需要进行漏洞扫描，同时覆盖操作系统层面和应用层面。提供了公开 Dockerfile 文件的镜像会优先自行构建，避免镜像后门植入。

综上可知，在构建容器的过程中可能会出现的风险点主要有 3 种。

- 镜像非官方认证。
- Dockerfile 文件中存在敏感数据。
- 部署额外的软件扩大攻击面。

因此，开发人员需要从本质上理解常见的攻击手段，这样才能做到防患于未然。

6.5.3　容器网络的安全性

Docker 在默认情况下是采用桥接模式进行连接的，Docker0 作为二层交换机进行转发，越来越多的容器使用 Docker0 转发，其稳定性和安全性就显得格外重要。

为了提高网络转发的效率，通常默认容器是不会对经过它的数据包做任何过滤的，因此非常容易被 MAC 泛洪攻击（攻击者利用这种学习机制不断给交换机发送不同的 MAC 地址，以至充满整个 MAC 表，此时交换机只能进行数据广播，攻击者凭此获得信息）或 ARP 欺骗（针对以太网地址解析协议的一种攻击技术，通过欺骗局域网内访问者个人计算机的网关的 MAC 地址，使访问者个人计算机错以为攻击者更改后的 MAC 地址是网关的 MAC 地址，导致网络不通）。

另外，容器的 IP 地址是随用随取、随删随消的，因此可能会导致被攻击的 IP 地址被分配给新的容器使攻击扩大。在跨主机的通信中，很多方案使用的是覆盖网络模式，使用 VXLAN（Virtual eXtensible LAN，虚拟可扩展局域网）在不同主机间的 Underlay 网络之上再组成新的虚拟网络，问题就被引入，VXLAN 上的流量是没有加密的，传输内容非常容易被攻击者盗取和篡改。

6.5.4　网络攻击与防范

在容器中，网络攻击与防范依赖容器自身生命周期的管理。这是非常容易理解的，也是研发人员和运维人员最直接的安全加固思路。

在生产环境的实践中，镜像作为持续集成的成果进入制品库，不同的代码语言、不同的业务线，以及不同的架构层基础镜像的选择规范、Dockerfile 文件的代码 Review（敏感信息和代码规范）等需要加入镜像的生成规范中。

镜像仓库中的镜像需要进行持续的深度扫描、签名验证等，以防止恶意镜像流入生产环境的镜像仓库中。此外，需要对镜像仓库的接口进行加固，以及对镜像操作日志进行审计，以防止镜像仓库系统被入侵攻击和恶意修改。在发布过程中，容器镜像的传输非常重要，严格要求使用 HTTPS 协议进行加密传输，以防止中间人攻击（Man-in-the-MiddleAttack，MITM 攻击）篡改镜像。

> 中间人攻击是一种间接的入侵攻击模式，这种攻击模式通过各种技术手段将受入侵者控制的一台计算机虚拟放置在网络连接中的两台通信计算机之间，这台计算机就称为"中间人"。

在 Kubernetes 集群或宿主机上运行容器时，主机层的镜像审计和回扫非常有必要，同时需要对镜像进行深度分析并对镜像的合规基线进行扫描来检测在主机侧是否有恶意镜像。

总之，Docker 的安全风险无处不在，需要从最开始就严格按照规范来执行，安全无小事，开发人员务必重视。

6.6　Docker 的集群管理 1——Swarm

在服务容器化之后不得不面临的一个问题就是 Docker 编排，包括单台宿主机上的不同容器、不同宿主机上的不同容器，以及服务单元之间的启动顺序（依赖关系）、生命周期的管理等。

Docker 在成为 PaaS 方案的事实标准后，容器编排工具成为各大厂商竞逐的新市场。本节将对 Docker 官方提供的 Swarm 方案和 Google 开源的 Kubernetes 方案进行逐一讲解。

6.6.1　Swarm 集群管理 1——Docker 原生管理

1. Swarm 简介

Swarm 最开始是一个单独的项目，在 1.12 版本被合并到 Docker 中，也正是因为这个原因，Docker Swarm 成为 Docker 官方唯一原生支持的编排工具。与 Docker Compose 相比，Docker Swarm 更容易实现容器间跨主机的网络通信，从而形成真正的 Docker 集群。

Docker Swarm 是面向容器编排的强有力的工具，集中式的设计使其不再依赖每台主机上的 Docker Engine（即 Docker API），而是通过统一的设计和架构，与管理节点通信即可实现资源的调配，充分利用底层宿主机的资源，并保证了容器的高可靠运行。

Docker Swarm 官方框架如图 6-9 所示，分为 Swarm Manager 和 Swarm Node 两部分。Swarm Manager 负责调度和服务发现，而 Swarm Node 则实际承担工作负载。

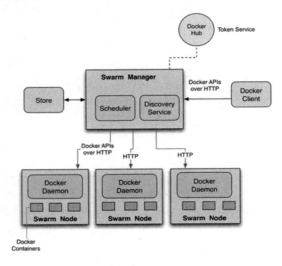

图 6-9

在 Swarm 的官方测试数据中，Swarm 可扩展性的极限是在 1000 个节点上运行 50 000 个部署容器，每个容器的启动时间为亚秒级，同时性能无减损，其扩展性是非常强的。同时，基于 Label、Affinity 等可以灵活调度。此外，Swarm Manager 的高可用架构将实现集群的高可用，对服务的稳定性提供了重要保证。

2. Swarm 特性

（1）与 Docker 原生集成的集群管理。

使用 Docker Engine CLI 创建一组 Docker Engine，可以在集群中部署应用程序服务，而不需要额外的编排软件来创建或管理集群，与 Kubernetes 相比，Swarm 更加轻量。

（2）去中心化设计。

Swarm 集群中 Manager 和 Node 不同的角色不是在部署时进行区分的，而是在依赖运行时进行区分，Manager 和 Node 依赖的是相同的 Docker 引擎，因此给集群扩容/缩容带来了极大的便利性。

（3）声明式服务模型。

Docker Engine 使用声明式方法来定义应用程序堆栈中各种服务的状态。例如，开发人员可能会声明一个应用程序，该程序由 Web 前端、消息队列服务和数据库后端服务组成。

（4）服务扩容/缩容。

对于任意服务可以声明要运行的任务数量。当需要扩大或缩小规模时，集群管理器会通过添加或删除任务来自动适应以保持所需的状态。

（5）状态协调。

Swarm 管理器节点不断监控集群状态，并协调实际状态和期望状态之间的差异。例如，如果声明一个服务来运行容器的 10 个副本，当托管其中 2 个副本的 Node 节点崩溃时，管理器会创建 2 个新副本来替换崩溃的副本。Swarm Manager 将新的副本分配给正在运行且可用的 Worker。

（6）跨主机网络。

为服务指定一个覆盖网络。群管理器在初始化或更新应用程序时自动为覆盖网络上的容器分配地址。

（7）服务发现。

Swarm 管理器节点为 Swarm 中的每个服务分配一个唯一的 DNS 名称并平衡运行容器的负载。开发人员可以通过嵌入在 Swarm 中的 DNS 服务器查询在 Swarm 中运行的每个容器。

（8）负载均衡。

可以将服务的端口暴露给外部负载均衡器。在内部，Swarm 允许开发人员指定如何在节点之间分发服务容器。

（9）安全机制。

Swarm 中的每个节点都强制执行 TLS 相互身份验证和加密，以保护自身与所有其他节点之间的通信。开发人员可以选择使用自签名根证书或自定义根 CA 的证书进行身份验证。

（10）滚动更新。

集群可以增量地将服务更新应用到节点。Swarm 管理器允许开发人员自行控制服务部署到不同节点集之间的延迟。如果出现任何问题，开发人员可以回滚到该服务的先前版本。

6.6.2　Swarm 集群管理 2——Swarm 集群搭建

1. 环境准备

在通常情况下，开发人员需要提前准备 3 台四核 CPU 8GB 内存的服务器，系统选用 CentOS

7.8，如下所示。

```
10.255.3.71  manager
10.255.3.69  node
10.255.3.70  node
```

在进行下一步操作之前，开发人员需要在每台机器上部署 Docker 服务。

2. 初始化 Master 服务器

通过 Swarm 初始化 Master 服务器。

```
#docker swarm init --advertise-addr  10.255.3.71
```

此时，服务器的输出结果如下。

```
Swarm initialized: current node (oknq***fy4t) is now a manager.
To add a worker to this swarm, run the following command:

docker swarm join --token SWMTKN-1-3yyq***kqw6 10.255.3.71:2377

To add a manager to this swarm, run 'docker swarm join-token manager' and follow the instructions.
```

从提示中可以看出，通过 docker swarm join 命令可以将 Worker 角色添加到当前 Swarm 中。

3. 加入 Node

```
#docker swarm join --token SWMTKN-1-3yyq***kqw6 10.255.3.71:2377
```

控制台的输出结果如下。

```
This node joined a swarm as a worker.
```

加入时的角色并不会影响节点后续升级/降级为 Node 或 Manager。

```
#docker node demote node02
#docker node promote node02
#docker node ls
```

查看 Node 列表信息。

```
ID                      HOSTNAME                 STATUS     AVAILABILITY  MANAGER
STATUS    ENGINE VERSION
Ok**4t *  docker-swarm-test01    Ready     Active       Leader     20.10.6
n0**m0    docker-swarm-test02    Ready     Active                  20.10.6
do**rw    docker-swarm-test03    Ready     Active                  20.10.6
```

```
#docker node promote docker-swarm-test02
Node docker-swarm-test02 promoted to a manager in the swarm.
#docker node ls
ID                        HOSTNAME              STATUS     AVAILABILITY   MANAGER
STATUS    ENGINE VERSION
Ok**4t *  docker-swarm-test01    Ready      Active        Leader       20.10.6
n0**m0    docker-swarm-test02    Ready      Active        Reachable    20.10.6
do**rw    docker-swarm-test03    Ready      Active                     20.10.6
#docker node demote docker-swarm-test02
Manager docker-swarm-test02 demoted in the swarm.
#docker node ls
ID                        HOSTNAME              STATUS     AVAILABILITY   MANAGER
STATUS    ENGINE VERSION
Ok**4t *  docker-swarm-test01    Ready      Active        Leader   20.10.6
n0**m0    docker-swarm-test02    Ready      Active                 20.10.6
do**rw    docker-swarm-test03    Ready      Active                 20.10.6
```

4. 运行服务

在 Manager 上查看集群节点。

```
#docker node ls
```

输出结果如下。

```
ID  HOSTNAME     STATUS     AVAILABILITY   MANAGER STATUS   ENGINE VERSION
Ok**4t *  docker-swarm-test01   Ready Active  Leader          20.10.6
n0**m0  docker-swarm-test02    Ready     Active             20.10.6
do**rw  docker-swarm-test03    Ready     Active             20.10.6
```

下面开始创建 Nginx 的 Service 服务。

```
#docker service create --replicas 6  --name swarm-nginx  -p 80:80 nginx
```

输出结果如下。

```
9444mjj0y17m91vm1qf3huxp1
overall progress: 6 out of 6 tasks
1/6: running   [==================================================>]
2/6: running   [==================================================>]
3/6: running   [==================================================>]
4/6: running   [==================================================>]
5/6: running   [==================================================>]
```

```
6/6: running   [==================================================>]
verify: Service converged
```

查看服务列表。

```
#docker service ls
```

如果终端出现如下信息，则说明服务正常运行。

```
ID            NAME          MODE          REPLICAS   IMAGE          PORTS
94**7m        swarm-nginx   replicated    6/6        nginx:latest   *:80->80/tcp
```

5. 服务扩容/缩容

先查看目前 swarm-nginx 进程的状态。

```
#docker service ps swarm-nginx
```

通过输出日志可以看到，目前有 6 个 swarm-nginx 进程正在正常运行。

```
ID            NAME              IMAGE            NODE                  DESIRED STATE
CURRENT STATE              ERROR        PORTS
xq**ei    swarm-nginx.1    nginx:latest    docker-swarm-test02   Running       Running about a
minute ago
f0**fu    swarm-nginx.2    nginx:latest    docker-swarm-test03   Running       Running about a
minute ago
0w**og    swarm-nginx.3    nginx:latest    docker-swarm-test01   Running       Running about a
minute ago
i6**nr    swarm-nginx.4    nginx:latest    docker-swarm-test02   Running       Running about a
minute ago
sw**aa    swarm-nginx.5    nginx:latest    docker-swarm-test03   Running       Running about a
minute ago
co**zs    swarm-nginx.6    nginx:latest    docker-swarm-test01   Running       Running about a
minute ago
```

那么如何进行缩容呢？可以通过调整 scale 参数来实现。

```
#docker service scale swarm-nginx=2
```

进行缩容操作后，终端的输出结果如下。

```
swarm-nginx scaled to 2
overall progress: 2 out of 2 tasks
1/2: running   [==================================================>]
2/2: running   [==================================================>]
```

```
verify: Service converged
```

这时再来看看进程数量是否有变化。

```
#docker service ps swarm-nginx
```

从输出日志中不难发现，只有 swarm-nginx.1 进程和 swarm-nginx.2 进程正在运行。

ID	NAME	IMAGE	NODE		DESIRED STATE
CURRENT STATE		ERROR	PORTS		
xq**ei	swarm-nginx.1	nginx:latest	docker-swarm-test02	Running	Running 2 minutes
ago					
f0**fu	swarm-nginx.2	nginx:latest	docker-swarm-test03	Running	Running 2 minutes
ago					

扩容操作也非常简单，执行如下命令可以将进程数量调整为 4。

```
#docker service scale swarm-nginx=4
```

执行命令，等待终端执行完毕。

```
swarm-nginx scaled to 4
overall progress: 4 out of 4 tasks
1/4: running   [==============================================>]
2/4: running   [==============================================>]
3/4: running   [==============================================>]
4/4: running   [==============================================>]
verify: Service converged
```

查看进程。

```
#docker service ps swarm-nginx
```

继续打印当前进程。

ID	NAME	IMAGE	NODE		DESIRED STATE
CURRENT STATE		ERROR	PORTS		
xq**ei	swarm-nginx.1	nginx:latest	docker-swarm-test02	Running	Running 3 minutes ago
f0**fu	swarm-nginx.2	nginx:latest	docker-swarm-test03	Running	Running 3 minutes ago
g6**wi	swarm-nginx.3	nginx:latest	docker-swarm-test01	Running	Running 34 seconds ago
ou**1e	swarm-nginx.4	nginx:latest	docker-swarm-test01	Running	Running 34 seconds ago

实例数从 2 变成 4，扩容完成。其实 Docker Swarm 还提供了 RESTful 的 Dashboard，使开发人员可以实时看到集群的情况。

```
#docker run -d -p 8080:8080 -e HOST=172.16.xxx.xxx -e PORT=8080 -v /var/run/docker.sock:/var/
run/docker.sock --name visualizer dockersamples/visualizer
```

整个操作过程非常流畅，难度也并不是很大。但是要完全掌握 Swarm，还需要进行进一步实践。
6.6.3 节将通过一个实际案例来进行进一步说明。

6.6.3 Swarm 集群管理 3——Swarm WordPress 部署

WordPress 是一个免费的开源项目，在 GNU 通用公共许可证下授权发布。WordPress 作为
一款内容管理系统软件，提供了很多第三方开发的免费模板，安装方式非常简单。

本节将通过一个实际案例来演示如何通过 Swarm 管理和部署 WordPress 项目。

1. 创建一个覆盖网络

```
#docker network create -d overlay wordpress-net
```

终端的输出结果如下。

```
z01vws07pxtljz9rt7i025rsg
```

2. 创建 MySQL 数据库

```
#docker service create --name mysql --env MYSQL_ROOT_PASSWORD=root --env MYSQLDATABASE=wordpress
--network=wordpress-net --mount type=volume,source=mysql-data,destination=/var/lib/mysql
mysql:5.7
```

如果终端输出如下结果，则表示创建成功。

```
w1q9yyjdfgfi6yn8d7yyk0bva
overall progress: 1 out of 1 tasks
1/1: running   [==================================================>]
verify: Service converged
```

查看 MySQL 进程。

```
#docker service ps mysql
ID          NAME      IMAGE       NODE                DESIRED STATE   CURRENT STATE
ERROR       PORTS
xt**n1   mysql.1   mysql:5.7   docker-swarm-test02   Running         Running 43 seconds ago
```

3. 创建 WordPress 实例

```
#docker service create --name wordpress -p 80:80 --network=wordpress-net --env
WORDPRESS_DB_PASSWORD=root --env WORDPRESS_DB_HOST=mysql wordpress
```

在正常情况下，终端会输出如下日志。

```
w9bbkfiwwev25rd26d8u3sui5
overall progress: 1 out of 1 tasks
1/1: running   [==================================================>]
verify: Service converged
```

查看进程是否正常。

```
#docker service ps wordpress
```

通过终端输出的进程日志可以确定 wordpress.1 已经正常运行。

```
ID              NAME            IMAGE              NODE                      DESIRED STATE
CURRENT STATE            ERROR      PORTS
sg**51  wordpress.1  wordpress:latest  docker-swarm-test01  Running        Running 15
seconds ago
```

至此，整个服务就部署完成并且可以访问。是不是很简单？赶快上手试试吧！

6.7　Docker 的集群管理 2——Kubernetes

在 6.6 节中介绍了 Swarm 的集群管理，但在企业级的项目中很少使用 Docker Swarm 方案。因为企业级的项目比单独的项目更加复杂，对网络或存储的要求更高，并且在服务的监控方面 Stats 还是相对较弱的。

除此之外，在云计算的背景下，Swarm 并不具备弹性扩容/缩容（根据某一性能指标进行扩容/缩容）的特性，因此与 Docker Swarm 相比，Kubernetes 在企业级容器解决方案中更占优势。截至目前，Kubernetes 已经成为容器编排的新舵手，容器进入 Kubernetes 时代！

6.7.1　Kubernetes 容器编排 1——简介

如果将 Docker 应用于庞大的业务，则一定会存在编排、管理和调度等问题。于是，开发人员迫切需要一套管理系统，从而对 Docker 及容器进行更高级、更灵活的管理。

Kubernetes 应运而生！

1. Kubernetes 简介

Kubernetes 源于希腊语，意为舵手或飞行员。Google 在 2014 年开源了 Kubernetes 项目，其建立在 Google 在大规模运行生产工作负载方面拥有十几年的经验的基础上，并且结合了社区中最好的想法和实践。Kubernetes 一经推出就受到开源社区的极力热捧，而面向开发人员的声明式编程体验，更是为其发展提供了大量的忠实粉丝。

> K8s 是 Kubernetes 的简称，用 8 替代了"ubernete"，下面将使用其简称。

当前 K8s 已经成为容器编排领域的事实标准，容器编排几乎可以和 K8s 画等号。K8s 支持公有云、私有云、混合云、多重云，可以被移植到绝大多数云平台上。同时，K8s 所具备的模块化、插件化、可挂载、可组合的特点也极大地增强了其扩展性。此外，面向运维侧的自动部署、自动重启、自动复制、自动伸缩/扩展的特点使运维人员成为 K8s 的支持者。

2. K8s 的作用与特点

K8s 的作用包括以下几点。

- 快速部署应用。
- 快速扩展应用。
- 无缝对接新的应用功能。
- 节省资源，优化硬件资源的使用。

K8s 有如下几个特点。

- 可移植：支持公有云、私有云、混合云、多重云。
- 可扩展：模块化、插件化、可挂载、可组合。
- 自动化：自动部署、自动重启、自动复制、自动伸缩/扩展。

6.7.2　Kubernetes 容器编排 2——架构

K8s 由两部分组成：Master 节点和 Worker 节点。Master 节点负责管理，Worker 节点负责提供负载及运行容器。Master 节点主要由四大组件组成，如图 6-10 所示。

下面将逐一介绍 K8s 架构中的各个组成部分。

1. Master 节点

- kube-scheduler：监听 Etcd 中 Pods 目录下的变化，然后通过调度算法分配 Node。

- kube-controller-manager：控制器管理服务，作为 K8s 控制器模式的实际承担者，通过监听 Etcd 中的/registry/events 事件，管理 Node、Service、Pods、Namespace 等。
- Etcd：作为 K8s 的存储服务和配置中心，负责存储所有组件的定义和状态，不同组件之间的交互也是依赖 Etcd 来完成的。
- kube-apiserver：核心服务，负责内部和外部，提供安全机制，大部分接口可以直接读/写 Etcd。

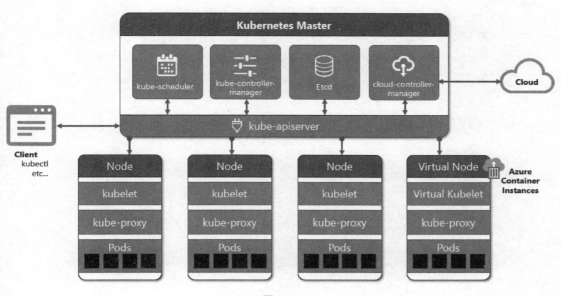

图 6-10

2. Worker（Node）节点

- kubelet：容器的实际管理者，同时负责 Volume、Images 的管理。Kubelet 也是一个 RESTful API 接口，但是 Kubelet 并不直接与 Etcd 交互，而是通过 API Server 的 Watch 机制来实现通信。
- kube-proxy：主要用于实现 K8s 的 Service，提供内部的负载均衡。K8s 为每个 Service 创建 Clusterip 和端口，提供代理（Proxy），依赖 Iptables 或 IPVS（IP Virtual Server，IP 虚拟服务器）来实现负载均衡。

概括来说，K8s 架构就是一个 Master 对应一群 Worker 节点。

6.7.3 Kubernetes 容器编排 3——安装

在实际工作中，公司都会考虑降低运维成本。因此，通常公司需要自行搭建或直接使用云厂商的托管 K8s。为了使读者更快地熟悉 K8s，下面将演示如何自行搭建一套单 Master 的 K8s 架构。

1. 配置基础环境

首先，准备两台安装 CentOS 7 的机器，完成初始化。在每台机器上执行如下命令。

```
#swapoff -a && sed -i '/ swap / s/^\(.*\)$/#\1/g' /etc/fstab
#setenforce 0 && sed -i 's/^SELINUX=.*/SELINUX=disabled/' /etc/selinux/config
#echo "10.253.1.55 k8s-master" >> /etc/hosts
#echo "10.253.1.56 k8s-worker01" >> /etc/hosts
```

然后，在 Master 机器上执行 hostnamectl set-hostname 命令，设置 k8s-master。

```
#hostnamectl set-hostname k8s-master
```

最后，在 Worker 机器上执行 hostnamectl set-hostname 命令，设置 k8s-worker01。

```
#hostnamectl set-hostname k8s-worker01
```

2. 安装 Docker

使用 yum 命令安装 Docker，并且启动服务。

```
#yum install -y yum-utils device-mapper-persistent-data lvm2
#yum-config-manager --add-repo http://[阿里云]/docker-ce/linux/centos/docker-ce.repo
#yum -y install docker-ce
#yum makecache fast
#service docker start
```

3. 指定本地仓库

这里使用 cat 命令，打开 daemon.json 文件并添加如下内容。

```
#cat > /etc/docker/daemon.json << EOF
{
    "insecure-registries":["harbor."],
    "registry-mirrors": ["https://[docker-cn 地址]", "https://[aliyuncs 地址]", "https://[ustc.edu 地址]"]
}
EOF
```

4. 安装并启动 K8s

在所有节点中执行如下命令，并安装 kubelet、kubeadm 及 kubectl。

```
cat > /etc/yum.repos.d/kubernetes.repo << EOF
[kubernetes]
name=Kubernetes
baseurl=https://[aliyun 地址]/kubernetes/yum/repos/kubernetes-el7-x86_64/
enabled=1
gpgcheck=1
repo_gpgcheck=1
gpgkey=https://[aliyun 地址]/kubernetes/yum/doc/yum-key.gpg https://[aliyun 地址]/kubernetes/yum/
doc/rpm-package-key.gpg
EOF
yum install kubelet-1.16.9-0 kubeadm-1.16.9-0 kubectl-1.16.9-0 -y
systemctl enable kubelet.service
```

5. 预先拉取镜像

kubeadm 是一个工具，提供的 kubeadm init 命令和 kubeadm join 命令用来快速创建 K8s
集群。

```
#kubeadm config images list
```

输出镜像列表。

```
k8s.gcr.io/kube-apiserver:v1.16.15
k8s.gcr.io/kube-controller-manager:v1.16.15
k8s.gcr.io/kube-scheduler:v1.16.15
k8s.gcr.io/kube-proxy:v1.16.15
k8s.gcr.io/pause:3.1
k8s.gcr.io/etcd:3.3.15-0
k8s.gcr.io/coredns:1.6.2
```

接下来需要修改文件，使用 vim 命令打开 kubeadm.sh 文件。

```
#vim kubeadm.sh
```

在 kubeadm.sh 文件中写入如下内容。

```
#!/bin/bash
set -e
```

```
KUBE_VERSION=v1.16.9
KUBE_PAUSE_VERSION=3.1
ETCD_VERSION=3.3.15-0
CORE_DNS_VERSION=1.6.2

GCR_URL=k8s.gcr.io
ALIYUN_URL=registry.cn-hangzhou.aliyuncs.com/google_containers

images=(kube-proxy:${KUBE_VERSION}
kube-scheduler:${KUBE_VERSION}
kube-controller-manager:${KUBE_VERSION}
kube-apiserver:${KUBE_VERSION}
pause:${KUBE_PAUSE_VERSION}
etcd:${ETCD_VERSION}
coredns:${CORE_DNS_VERSION})

for imageName in ${images[@]} ; do
  docker pull $ALIYUN_URL/$imageName
  docker tag  $ALIYUN_URL/$imageName $GCR_URL/$imageName
  docker rmi $ALIYUN_URL/$imageName
done
```

执行 kubeadm.sh 文件。需要注意的是，Master 节点和 Worker 节点机器都需要执行。

```
#sh kubeadm.sh
```

6. 初始化集群

```
#kubeadm init --apiserver-advertise-address $(hostname -I | cut -d ' ' -f 1) --pod-network-cidr
10.244.0.0/16 --kubernetes-version v1.16.9
#mkdir -p $HOME/.kube
#cp -i /etc/kubernetes/admin.conf $HOME/.kube/config
#chown $(id -u):$(id -g) $HOME/.kube/config
```

7. kubectl 命令行自动补全

通常使用 kubectl 命令行工具管理 K8s 集群，其配置参数比较多，如果没有命令行自动补全功能，则效果会大打折扣。在 Linux 中，通过执行 yum install bash-completion 命令安装 bash-completion，生效后重启，这样就可以实现按 Tab 键自动补全命令。

```
#yum install bash-completion* -y
```

```
#echo "source <(kubectl completion bash)" >> ~/.bashrc
#source /etc/profile && source ~/.bashrc
```

修改 flannel.sh 文件。

```
#vi flannel.sh
#!/bin/bash

set -e

FLANNEL_VERSION=v0.11.0

QUAY_URL=quay.io/coreos
QINIU_URL=quay.mirrors.ustc.edu.cn/coreos

images=(flannel:${FLANNEL_VERSION}-amd64
flannel:${FLANNEL_VERSION}-arm64
flannel:${FLANNEL_VERSION}-arm
flannel:${FLANNEL_VERSION}-ppc64le
flannel:${FLANNEL_VERSION}-s390x)

for imageName in ${images[@]} ; do
  docker pull $QINIU_URL/$imageName
  docker tag  $QINIU_URL/$imageName $QUAY_URL/$imageName
  docker rmi $QINIU_URL/$imageName
done
```

执行 flannel.sh 文件,并下载 kube-flannel.yml 文件。如果下载不下来,可以尝试在/etc/hosts 文件中添加一条 "199.232.68.133 raw.githubusercontent.com"。

```
#sh flannel.sh
#wget https://［githubusercontent 地址］/coreos/flannel/master/Documentation/kube-flannel.yml
```

完成上述操作后,就可以将 kube-flannel.yml 文件应用到配置中。

```
#kubectl apply -f kube-flannel.yml
```

8. 加入集群

kubeadm join 命令用来初始化 K8s 的 Worker 节点并将其加入集群。

```
#kubeadm join --token  tjxj26.7y2jgq3y3if2xavt --discovery-token-ca-cert-hash sha256:
6bf68977dc54b68259ecf4ed3e65daa300b8452b05b5d13dcfb89cd64ebe482b 10.253.1.55:6443
```

9. 查看集群状态

通过执行 kubectl 命令查看集群状态。

```
#kubectl get node
```

终端的输出结果如下。

```
NAME          STATUS    ROLES     AGE    VERSION
k8s-master    Ready     master    22h    v1.16.9
k8s-worker01  Ready     <none>    21h    v1.16.9
```

一切准备就绪后即可开始使用。

6.7.4　Kubernetes 容器编排 4——基本使用

使用当前的 K8s 集群即可编排 Docker，本节将以 Nginx 服务为例演示如何编排容器。K8s 中涉及了非常多的概念，读者如果不熟悉，可以翻看 6.7.1 节～6.7.3 节。

另外，K8s 官网提供了实验环境，读者可以进行基本命令的试用。

1. 通过 YAML 文件创建一个 Deployment 文件

通过执行 vim 命令新建 nginx-deployment.yaml 文件，并写入如下配置。

```
#vim nginx-deployment.yaml
apiVersion: apps/v1
kind: Deployment
metadata:
  name: nginx-deployment
spec:
  selector:
    matchLabels:
      app: nginx
  replicas: 2
  template:
    metadata:
      labels:
        app: nginx
    spec:
      containers:
      - name: nginx
```

```
image: nginx:1.14.2
ports:
- containerPort: 80
```

应用配置。

```
#kubectl apply -f nginx-deployment.yaml
```

输出 Deployment 文件的信息。

```
#kubectl describe deployment nginx-deployment
```

终端的输出结果如下。

```
Name:                   nginx-deployment
Namespace:              default
CreationTimestamp:      Fri, 04 Jun 2021 22:08:51 +0800
Labels:                 <none>
Annotations:            deployment.kubernetes.io/revision: 1
                        kubectl.kubernetes.io/last-applied-configuration:
                            {"apiVersion":"apps/v1","kind":"Deployment","metadata":
{"annotations":{},"name":"nginx-deployment","namespace":"default"},"spec":{"replica...
Selector:               app=nginx
Replicas:               2 desired | 2 updated | 2 total | 1 available | 1 unavailable
StrategyType:           RollingUpdate
MinReadySeconds:        0
RollingUpdateStrategy:  25% max unavailable, 25% max surge
Pod Template:
  Labels:  app=nginx
  Containers:
   nginx:
    Image:          nginx:1.14.2
    Port:           80/TCP
    Host Port:      0/TCP
    Environment:    <none>
    Mounts:         <none>
  Volumes:          <none>
Conditions:
  Type          Status  Reason
  ----          ------  ------
  Available     False   MinimumReplicasUnavailable
```

```
 Progressing    True    ReplicaSetUpdated
OldReplicaSets: <none>
NewReplicaSet:  nginx-deployment-574b87c764 (2/2 replicas created)
Events:
 Type     Reason          Age   From                   Message
 ----     ------          ----  ----                   -------
 Normal  ScalingReplicaSet 15s   deployment-controller Scaled up replica set
nginx-deployment-574b87c764 to 2
```

查看创建的 Pods 的信息。

```
#kubectl get pods -l app=nginx
```

从终端输出的两条日志中，开发人员可以清晰地看到 Pods 的运行状态、重启次数及运行时间等信息。

```
NAME                                READY   STATUS    RESTARTS   AGE
nginx-deployment-574b87c764-t8nhw   1/1     Running   0          88s
nginx-deployment-574b87c764-vqj7q   1/1     Running   0          88s
```

2. 更新 Deployment 文件

更新 Deployment 文件可以实现容器配置的实时修改，这为项目实现自动化及智能化增加了更多的可能性。

（1）通过修改 YAML 文件来实现扩容/缩容。

```
#vim nginx-deployment.yaml
apiVersion: apps/v1
kind: Deployment
metadata:
  name: nginx-deployment
spec:
  selector:
    matchLabels:
      app: nginx
  replicas: 4
  template:
    metadata:
      labels:
        app: nginx
```

```
spec:
  containers:
  - name: nginx
    image: nginx:1.14.2
    ports:
    - containerPort: 80
```

应用配置文件。

```
#kubectl apply -f nginx-deployment.yaml
```

获取 Pods 的信息。

```
#kubectl get pods -l app=nginx
```

终端的输出结果如下。

NAME	READY	STATUS	RESTARTS	AGE
nginx-deployment-574b87c764-b5nm6	1/1	Running	0	19s
nginx-deployment-574b87c764-t8nhw	1/1	Running	0	5m2s
nginx-deployment-574b87c764-vqj7q	1/1	Running	0	5m2s
nginx-deployment-574b87c764-w7nm5	1/1	Running	0	19s

（2）通过命令行来进行扩容/缩容。

将--replicas 参数的值改为 3，去掉一个实例。

```
#kubectl scale deployment/nginx-deployment --replicas=3
#kubectl get pods -l app=nginx
```

再次输出结果，可以看到实例已经变为 3 个。

NAME	READY	STATUS	RESTARTS	AGE
nginx-deployment-574b87c764-b5nm6	1/1	Running	0	109s
nginx-deployment-574b87c764-t8nhw	1/1	Running	0	6m32s
nginx-deployment-574b87c764-vqj7q	1/1	Running	0	6m32s

如果要升级 Nginx 的镜像版本呢？直接修改 YAML 文件的 image 字段重新应用（apply）即可，是不是十分便捷？下面不妨来试试。

```
#vi nginx-deployment.yaml
apiVersion: apps/v1
kind: Deployment
metadata:
```

```
  name: nginx-deployment
spec:
  selector:
    matchLabels:
      app: nginx
  replicas: 4
  template:
    metadata:
      labels:
        app: nginx
    spec:
      containers:
      - name: nginx
        image: nginx:1.16.1
        ports:
        - containerPort: 80
```

从配置文件中可以清晰地看到，Nginx 的版本号从 1.14.1 改为 1.16.1。现在来看看 Pods 的状态。

```
#kubectl get pods -l app=nginx
```

Pods 正常运行，没有受到任何影响。

```
NAME                              READY   STATUS    RESTARTS   AGE
nginx-deployment-5d66cc795f-497m6   1/1     Running   0          20s
nginx-deployment-5d66cc795f-67pmj   1/1     Running   0          66s
nginx-deployment-5d66cc795f-6drwk   1/1     Running   0          19s
nginx-deployment-5d66cc795f-p2qdj   1/1     Running   0          66s
```

通过执行 grep 命令查看配置文件中的镜像是否都是 1.16.1。

```
#kubectl get pods -o yaml | grep '\- image'
```

终端的输出结果印证了上述操作的假想。

```
- image: nginx:1.16.1
- image: nginx:1.16.1
- image: nginx:1.16.1
- image: nginx:1.16.1
```

读者是否觉得意犹未尽？ K8s 支持的功能非常多，如服务暴露、存储、网络策略等，读者不妨多动手试试。

6.7.5　Kubernetes 应用实践 1——Kafka 容器编排

消息系统作为系统架构中非常核心的中间件，对服务解耦、消息缓冲（削峰填谷）等架构的实现功不可没。

业内最先成熟的消息中间件是由 IBM 推出的 WebSphere MQ，随着互联网业务场景的快速发展，从 ActiveMQ、RabbitMQ 到 Kafka，消息队列的处理能力有了大幅提升。

本节重点介绍 Kafka 容器编排技术。

1. 认识 Kafka

Kafka 是由 Linked 开源的一个基于 ZooKeeper 协调的分布式消息系统，编程语言为 Scala，具有非常高的吞吐率和水平扩展能力。

Kafka 是消息中间件，生产者（Producer）生产消息后丢给 Kafka（Brokers），消费者（Consumer）从 Kafka 获取消费数据，两者都不需要关心数据是如何存储的，从而实现数据流解耦，如图 6-11 所示。

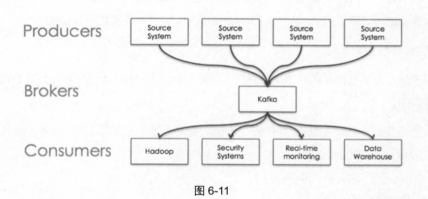

图 6-11

2. Kafka 的适用场景

虽然 Kafka 具有高吞吐量、低延迟、可扩展性、持久性、可靠性、容错性、高并发等众多优点，但并不是适用于任何场景。

下面具体介绍 Kafka 的适用场景。

- 消息系统：Kafka 可以很好地替代更传统的消息代理。消息代理的使用有多种原因（将处理者与数据生产者分离、缓冲未处理的消息等）。与大多数消息系统相比，Kafka 不仅具有更高的吞吐量，还具有内置分区、复制和容错功能，这使其成为大规模消息处理应用程序的良好的解决方案。

- 网页 trace：Kafka 的原始用例能够将用户活动跟踪重建为一组实时发布订阅源，这意味着，站点活动（页面查看、搜索或用户可能采取的其他操作）被发布到中心主题，每个活动类型有一个主题。这些提要可以用于订阅一系列用例，包括实时处理、实时监控，以及加载到 Hadoop 或离线数据仓库系统，以进行离线处理和报告。
- 日志采集：Kafka 抽象了文件的细节，并将日志或事件数据作为消息流进行了更清晰的抽象，这允许处理过程延迟更低，以及支持多个数据源和分布式数据消费更容易，在通用的日志收集方案 ELK 系统中，Kafka 几乎是无法被替代的。
- 流式处理：Kafka 的许多用户在由多个阶段组成的处理管道中处理数据，其中，先从 Kafka 主题中消费原始输入数据，然后聚合、丰富或以其他方式将其转换为新主题，以进行进一步消费或后续处理，如 spark streaming 和 storm。

3. 准备工作

由以上信息可知，Kafka 是需要存储消息的，这意味着它是有状态的。在 K8s 中必须有存储介质来存放这些消息，如通过 PV、PVC、StorageClass 等技术来实现存储功能。

（1）安装 NFS 服务。

为了便于演示，下面将使用网络文件系统（Network File System，NFS）为 ZooKeeper 和 Kafka 创建存储。

读者需要在节点一（IP 地址为 "10.253.1.55" 的服务器）上安装 NFS 服务，数据目录地址为 "/data/nfsdata/"，执行的命令如下。

```
$sudo yum -y install nfs-utils rpcbind
$sudo chmod 755 /data/nfsdata/
$sudo vi /etc/exports
/data/nfsdata*(rw,sync,no_root_squash)
```

启动 rpcbind 服务（该工具可以使 RPC 程序号码和通用地址互相转换）。

```
$systemctl start rpcbind.service
$systemctl enable rpcbind
$systemctl status rpcbind
```

> 要想让某台主机能向远程主机的服务发起 RPC 调用，则该主机上的 rpcbind 服务必须处于已运行状态。

准备就绪，启动 NFS 服务。

```
$ systemctl start nfs.service
$ systemctl enable nfs
$ systemctl status nfs
```

在节点二（IP 地址为"10.253.1.56"的服务器）上安装 NFS 客户端。

```
yum -y install nfs-utils rpcbind
$ systemctl start rpcbind.service
$ systemctl enable rpcbind
$ systemctl start nfs.service
$ systemctl enable nfs
```

待安装完成，执行挂载操作（使用 mount 命令）。

```
$ mount -t nfs 10.253.1.55:/data/nfsdata /root/tmpdata
```

当然，不要忘记验证在客户端创建的文件是否挂载成功。

```
$ touch /root/tmpdata/nfs.txt
```

除此之外，也可以在服务器端查看对应的日志。

```
$ ls -ls /data/nfsdata /
total 44 -rw-r--r--. 1 root root 4 Aug 13 20:50 nfs.txt
```

如果出现 nfs.txt，则表明 NFS 服务安装成功。

（2）创建 StorageClass

持久化存储卷（Persistent Volume，PV）是运维人员创建的，开发人员通常操作持久化存储声明（Persistent Volume Claim，PVC）文件。

但是在大规模集群中可能会有很多 PV，如果这些 PV 都需要运维人员手动来处理，则会导致一场灾难，在这种场景下就衍生出了动态供给（Dynamic Provisioning）的概念。

通常默认创建的 PV 采用静态供给（Static Provisioning）方式。而动态供给的关键是 StorageClass，其作用是创建 PV 模板。

如果使用 StorageClass，则需要部署对应的自动配置程序。下面依然使用 NFS 服务来演示。

首先，配置 nfs-client 的 deployment--nfs-client-provisioner.yaml 文件。

```
kind: Deployment
apiVersion: extensions/v1beta1
metadata:
  name: nfs-client-provisioner
spec:
  replicas: 1
  strategy:
    type: Recreate
  template:
    metadata:
      labels:
        app: nfs-provisioner
    spec:
      serviceAccountName: nfs-client-provisioner
      containers:
        - name: nfs-client-provisioner
          image: quay.io/external_storage/nfs-client-provisioner:latest
          volumeMounts:
            - name: nfs-client-root
              mountPath: /nfstvolumes
          env:
            - name: PROVISIONER_NAME
              value: fuseim.pri/ifs
            - name: NFS_SERVER
              value: 10.253.1.55
            - name: NFS_PATH
              value: /data/nfsdata
      volumes:
        - name: nfs-client-root
          nfs:
            server: 10.253.1.55
            path: /data/nfsdata
```

其次，因为 K8s 使用基于角色的访问控制（Role Based Access Control，RBAC）来控制权限，所以需要创建一个 sa 角色并赋予--nfs-client-provisioner-sa.yaml 文件。

```yaml
apiVersion: v1
kind: ServiceAccount
metadata:
  name: nfs-client-provisioner


---
kind: ClusterRole
apiVersion: rbac.authorization.k8s.io/v1
metadata:
  name: nfs-client-provisioner-runner
rules:
  - apiGroups: [""]
    resources: ["persistentvolumes"]
    verbs: ["get", "list", "watch", "create", "delete"]
  - apiGroups: [""]
    resources: ["persistentvolumeclaims"]
    verbs: ["get", "list", "watch", "update"]
  - apiGroups: ["storage.k8s.io"]
    resources: ["storageclasses"]
    verbs: ["get", "list", "watch"]
  - apiGroups: [""]
    resources: ["events"]
    verbs: ["list", "watch", "create", "update", "patch"]
  - apiGroups: [""]
    resources: ["endpoints"]
    verbs: ["create", "delete", "get", "list", "watch", "patch", "update"]


---
kind: ClusterRoleBinding
apiVersion: rbac.authorization.k8s.io/v1
metadata:
  name: run-nfs-client-provisioner
subjects:
  - kind: ServiceAccount
    name: nfs-client-provisioner
    namespace: default
roleRef:
  kind: ClusterRole
```

```
  name: nfs-client-provisioner-runner
  apiGroup: rbac.authorization.k8s.io
```

接下来，创建 storageclass--nfs-storageclass.yaml 文件。

```
apiVersion: storage.k8s.io/v1
kind: StorageClass
metadata:
  name: nfs-sc
provisioner: fuseim.pri/ifs
```

最后，应用配置文件。

```
$ kubectl apply -f deployment--nfs-client-provisioner.yaml
$ kubectl apply -f deployment--nfs-client-provisioner-sa.yaml
$ kubectl apply -f storageclass--nfs-storageclass.yaml
```

确认状态正常即可，接下来进行部署操作。

4. 执行部署

部署过程涉及多个文件，下面逐步操作。

（1）部署 zookeeper.yaml 文件。

```
#部署 Service Headless，用于 ZooKeeper 之间的相互通信
apiVersion: v1
kind: Service
metadata:
  name: zookeeper-headless
  labels:
    app: zookeeper
spec:
  type: ClusterIP
  clusterIP: None
  publishNotReadyAddresses: true
  ports:
  - name: client
    port: 2181
    targetPort: client
  - name: follower
    port: 2888
```

```
      targetPort: follower
  - name: election
      port: 3888
      targetPort: election
  selector:
      app: zookeeper
---
#部署 Service，用于在外部访问 ZooKeeper
apiVersion: v1
kind: Service
metadata:
  name: zookeeper
  labels:
      app: zookeeper
spec:
  type: ClusterIP
  ports:
  - name: client
      port: 2181
      targetPort: client
  - name: follower
      port: 2888
      targetPort: follower
  - name: election
      port: 3888
      targetPort: election
  selector:
      app: zookeeper
---
apiVersion: apps/v1
kind: StatefulSet
metadata:
  name: zookeeper
  labels:
      app: zookeeper
spec:
  serviceName: zookeeper-headless
  replicas: 3
```

```
podManagementPolicy: Parallel
updateStrategy:
  type: RollingUpdate
selector:
  matchLabels:
    app: zookeeper
template:
  metadata:
    name: zookeeper
    labels:
      app: zookeeper
  spec:
    securityContext:
      fsGroup: 1001
    containers:
    - name: zookeeper
      image: docker.io/bitnami/zookeeper:3.4.14-debian-9-r25
      imagePullPolicy: IfNotPresent
      securityContext:
        runAsUser: 1001
      command:
      - bash
      - -ec
      - |
          HOSTNAME=`hostname -s`
          if [[ $HOSTNAME =~ (.*)-([0-9]+)$]]; then
            ORD=${BASH_REMATCH[2]}
            export ZOO_SERVER_ID=$((ORD+1))
          else
            echo "Failed to get index from hostname $HOST"
            exit 1
          fi
          . /opt/bitnami/base/functions
          . /opt/bitnami/base/helpers
          print_welcome_page
          . /init.sh
          nami_initialize zookeeper
          exec tini -- /run.sh
```

```yaml
resources:
  limits:
    cpu: 500m
    memory: 512Mi
  requests:
    cpu: 250m
    memory: 256Mi
env:
- name: ZOO_PORT_NUMBER
  value: "2181"
- name: ZOO_TICK_TIME
  value: "2000"
- name: ZOO_INIT_LIMIT
  value: "10"
- name: ZOO_SYNC_LIMIT
  value: "5"
- name: ZOO_MAX_CLIENT_CNXNS
  value: "60"
- name: ZOO_SERVERS
  value: "
          zookeeper-0.zookeeper-headless:2888:3888,
          zookeeper-1.zookeeper-headless:2888:3888,
          zookeeper-2.zookeeper-headless:2888:3888
          "
- name: ZOO_ENABLE_AUTH
  value: "no"
- name: ZOO_HEAP_SIZE
  value: "1024"
- name: ZOO_LOG_LEVEL
  value: "ERROR"
- name: ALLOW_ANONYMOUS_LOGIN
  value: "yes"
ports:
- name: client
  containerPort: 2181
- name: follower
  containerPort: 2888
- name: election
```

```
              containerPort: 3888
          livenessProbe:
            tcpSocket:
              port: client
            initialDelaySeconds: 30
            periodSeconds: 10
            timeoutSeconds: 5
            successThreshold: 1
            failureThreshold: 6
          readinessProbe:
            tcpSocket:
              port: client
            initialDelaySeconds: 5
            periodSeconds: 10
            timeoutSeconds: 5
            successThreshold: 1
            failureThreshold: 6
          volumeMounts:
          - name: data
            mountPath: /bitnami/zookeeper
  volumeClaimTemplates:
    - metadata:
        name: data
        annotations:
      spec:
        storageClassName: nfs-sc#指定为上面创建的 storageclass--nfs-storageclass.yaml 文件
        accessModes:
          - ReadWriteOnce
        resources:
          requests:
            storage: 5Gi
```

应用配置文件。

```
# kubectl apply -f zookeeper.yaml
```

（2）部署 kafka.yaml 文件。

```
#部署 Service Headless，用于 Kafka 之间的相互通信
apiVersion: v1
```

324

```
kind: Service
metadata:
  name: kafka-headless
  labels:
    app: kafka
spec:
  type: ClusterIP
  clusterIP: None
  ports:
  - name: kafka
    port: 9092
    targetPort: kafka
  selector:
    app: kafka
---
#部署 Service, 用于在外部访问 Kafka
apiVersion: v1
kind: Service
metadata:
  name: kafka
  labels:
    app: kafka
spec:
  type: ClusterIP
  ports:
  - name: kafka
    port: 9092
    targetPort: kafka
  selector:
    app: kafka
---
apiVersion: apps/v1
kind: StatefulSet
metadata:
  name: "kafka"
  labels:
    app: kafka
spec:
```

```
selector:
  matchLabels:
    app: kafka
serviceName: kafka-headless
podManagementPolicy: "Parallel"
replicas: 3
updateStrategy:
  type: "RollingUpdate"
template:
  metadata:
    name: "kafka"
    labels:
      app: kafka
  spec:
    securityContext:
      fsGroup: 1001
      runAsUser: 1001
    containers:
    - name: kafka
      image: "docker.io/bitnami/kafka:2.3.0-debian-9-r4"
      imagePullPolicy: "IfNotPresent"
      resources:
        limits:
          cpu: 500m
          memory: 512Mi
        requests:
          cpu: 250m
          memory: 256Mi
      env:
      - name: MY_POD_IP
        valueFrom:
          fieldRef:
            fieldPath: status.podIP
      - name: MY_POD_NAME
        valueFrom:
          fieldRef:
            fieldPath: metadata.name
      - name: KAFKA_CFG_ZOOKEEPER_CONNECT
```

```
              value: "zookeeper"                    #ZooKeeper Service 的名称
          - name: KAFKA_PORT_NUMBER
              value: "9092"
          - name: KAFKA_CFG_LISTENERS
              value: "PLAINTEXT://:$(KAFKA_PORT_NUMBER)"
          - name: KAFKA_CFG_ADVERTISED_LISTENERS
              value: 'PLAINTEXT://$(MY_POD_NAME).kafka-headless:$(KAFKA_PORT_NUMBER)'
          - name: ALLOW_PLAINTEXT_LISTENER
              value: "yes"
          - name: KAFKA_HEAP_OPTS
              value: "-Xmx512m -Xms512m"
          - name: KAFKA_CFG_LOGS_DIRS
              value: /opt/bitnami/kafka/data
          - name: JMX_PORT
              value: "9988"
        ports:
        - name: kafka
            containerPort: 9092
        livenessProbe:
          tcpSocket:
             port: kafka
          initialDelaySeconds: 10
          periodSeconds: 10
          timeoutSeconds: 5
          successThreshold: 1
          failureThreshold: 2
        readinessProbe:
          tcpSocket:
             port: kafka
          initialDelaySeconds: 5
          periodSeconds: 10
          timeoutSeconds: 5
          successThreshold: 1
          failureThreshold: 6
        volumeMounts:
        - name: data
            mountPath: /bitnami/kafka
  volumeClaimTemplates:
```

327

```
    - metadata:
        name: data
      spec:
        storageClassName: nfs-sc#指定为上面创建的 storageclass--nfs-storageclass.yaml 文件
        accessModes:
          - "ReadWriteOnce"
        resources:
          requests:
            storage: 5Gi
#执行部署
# kubectl apply -f kafka.yaml
```

应用配置文件。

```
kubectl apply -f kafka.yaml
```

5. 部署 Kafka Manager

为了简化开发人员和运维人员维护 Kafka 集群的工作，Yahoo 构建了一个叫作 Kafka 管理器的 Web 工具——Kafka Manager。

部署 Kafka Manager，只需要部署 kafka-manager.yaml 文件就可以。

```
apiVersion: v1
kind: Service
metadata:
  name: kafka-manager
  labels:
    app: kafka-manager
spec:
  type: NodePort
  ports:
  - name: kafka
    port: 9000
    targetPort: 9000
    nodePort: 30900
  selector:
    app: kafka-manager
---
apiVersion: apps/v1
```

```yaml
kind: Deployment
metadata:
  name: kafka-manager
  labels:
    app: kafka-manager
spec:
  replicas: 1
  selector:
    matchLabels:
      app: kafka-manager
  template:
    metadata:
      labels:
        app: kafka-manager
    spec:
      containers:
      - name: kafka-manager
        image: zenko/kafka-manager:1.3.3.22
        imagePullPolicy: IfNotPresent
        ports:
        - name: kafka-manager
          containerPort: 9000
          protocol: TCP
        env:
        - name: ZK_HOSTS
          value: "zookeeper:2181"
        livenessProbe:
          httpGet:
            path: /api/health
            port: kafka-manager
        readinessProbe:
          httpGet:
            path: /api/health
            port: kafka-manager
        resources:
          limits:
            cpu: 500m
            memory: 512Mi
```

```
        requests:
          cpu: 250m
          memory: 256Mi
# kubectl apply -f kafka-manager.yaml
```

部署成功后，在浏览器中访问"http://10.253.1.56:30900"链接即可进入 Kafka Manager 的 Web 工作台，如图 6-12 所示。

图 6-12

在使用 Kafka Manager 之前，需要完成初始化配置。首先，输入 Cluster Name（自定义一个名称，输入任意名称即可）；其次，ZooKeeper Hosts 部分需要输入 ZooKeeper 地址（设置为 ZooKeeper 服务名+端口）；最后，选择使用的 Kafka 版本，由此完成初始化配置。

6.7.6 Kubernetes 应用实践 2——Redis 容器编排

Redis 是一种开源（BSD 许可）的、内存中的数据结构存储系统，用作数据库、缓存和消息代理。Redis 提供了 strings、lists、maps、set 的排序集合、位图、超级日志、地理空间索引和流等数据结构。

Redis 内置了复制、Lua 脚本、LRU 驱逐、事务和不同级别的磁盘持久化，并通过 Redis Sentinel 和 Redis Cluster 自动分区。

本节将围绕 Redis 容器编排展开介绍。

1. Redis 的作用

为了获得最佳性能，Redis 使用了内存数据集，可以通过定期将数据集转储到磁盘，或者将每条命令附加到基于磁盘的日志来保留数据。如果只需要一个功能丰富的网络内存缓存，也可以禁用持久性。Redis 还支持异步复制，具有非常快的非阻塞第一次同步、自动重新连接和网络拆分部分重新同步功能。

Redis 在绝大多数场景下用于数据缓存，如图 6-13 所示。

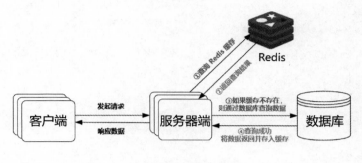

图 6-13

2. 准备工作

类似于 Kafka，Redis 也是有状态的服务，因此，可以复用之前搭建的 NFS 服务（6.7.5 节），这里不再赘述。

3. 执行部署

Redis 的部署主要涉及 redis-sts.yml 文件和 redis-svc.yml 文件。

（1）部署 redis-sts.yml 文件，创建 StatefulSet 类型的资源。

```
---
apiVersion: v1
kind: ConfigMap
metadata:
  name: redis-cluster
data:
  update-node.sh: |
    #!/bin/sh
    REDIS_NODES="/data/nodes.conf"
    sed -i -e "/myself/ s/[0-9]\{1,3\}\.[0-9]\{1,3\}\.[0-9]\{1,3\}\.[0-9]\{1,3\}/${POD_IP}/"
${REDIS_NODES}
    exec "$@"
  redis.conf: |+
    cluster-enabled yes
    cluster-require-full-coverage no
    cluster-node-timeout 15000
```

```
    cluster-config-file /data/nodes.conf
    cluster-migration-barrier 1
    appendonly yes
    protected-mode no
---
apiVersion: apps/v1
kind: StatefulSet
metadata:
  name: redis-cluster
spec:
  serviceName: redis-cluster
  replicas: 6
  selector:
    matchLabels:
      app: redis-cluster
  template:
    metadata:
      labels:
        app: redis-cluster
    spec:
      containers:
      - name: redis
        image: redis:5.0.5-alpine
        ports:
        - containerPort: 6379
          name: client
        - containerPort: 16379
          name: gossip
        command: ["/conf/update-node.sh", "redis-server", "/conf/redis.conf"]
        env:
        - name: POD_IP
          valueFrom:
            fieldRef:
              fieldPath: status.podIP
        volumeMounts:
        - name: conf
          mountPath: /conf
          readOnly: false
```

```
      - name: data
        mountPath: /data
        readOnly: false
    volumes:
    - name: conf
      configMap:
        name: redis-cluster
        defaultMode: 0755
  volumeClaimTemplates:
  - metadata:
      name: data
    spec:
      accessModes: [ "ReadWriteOnce" ]
      resources:
        requests:
          storage: 5Gi
      storageClassName: nfs-sc
$ kubectl apply -f redis-sts.yml
```

（2）部署 redis-svc.yml 文件。

```
---
apiVersion: v1
kind: Service
metadata:
  name: redis-cluster
spec:
  type: ClusterIP
  clusterIP: 10.96.0.100
  ports:
  - port: 6379
    targetPort: 6379
    name: client
  - port: 16379
    targetPort: 16379
    name: gossip
  selector:
    app: redis-cluster
$ kubectl apply -f redis-svc.yml
```

（3）初始化集群服务。

```
$ kubectl exec -it redis-cluster-0 -- redis-cli --cluster create --cluster-replicas 1 $(kubectl
get pods -l app=redis-cluster -o jsonpath='{range.items[*]}{.status.podIP}:6379 ')
```

4. 服务验证

如果要进行服务验证，则需要查看集群的详细信息。

```
# kubectl exec -it redis-cluster-0 -- redis-cli cluster info
```

在通常情况下，如果开发过程需要使用业务代码，则可以暴露一个 NodePort，使业务代码可以访问，验证也更方便。

当然，也可以把代码部署到相同的 Namespace 中，使用正常的 Service 来验证。

6.7.7　Kubernetes 应用实践 3——部署监控系统

可以看到，在实际开发过程中开发人员对 YAML 文件的依赖很强烈。少量的 YAML 配置文件维护起来不是问题，但是如果有大量的配置通过 YAML 文件来描述，又该如何维护呢？是否可以使用一些优化手段呢？答案是肯定的。本节将演示使用 Helm 来部署 Prometheus。

1. 认识 Helm

在 K8s 中部署一个应用，通常要面临以下几个问题。

- 如何统一管理、配置和更新这些分散的 K8s 的应用资源文件。
- 如何分发和复用一套应用模板？
- 如何将应用的一系列资源当作一个软件包管理？

Helm 是 K8s 的包管理器。包管理器类似于 Ubuntu 中的 APT、CentOS 中的 Yum 或 Python 中的 Pip，通过包管理器，开发人员能快速查找、下载和安装软件包。

Helm 包管理器由客户端组件 Helm 和服务器端组件 Tiller 组成，能够将一组 K8s 资源打包并进行统一管理。Helm 包管理器是查找、共享和使用为 K8s 构建的软件的最佳方式。

2. 准备 Helm 基础环境

首先，下载 Helm 文件。

```
# wget https://［huaweicloud 地址］/helm/v3.2.1/helm-v3.2.1-linux-amd64.tar.gz
# tar xvzf helm-v3.2.1-linux-amd64.tar.gz
```

```
# cp -av linux-adm64/helm /usr/local/bin/
```

然后，验证安装是否成功。如果终端输出如下信息，则表示安装成功。

```
# helm version
version.BuildInfo{Version:"v3.2.1", GitCommit:"fe51cd1e31e6a202cba7dead9552a6d418ded79a",
GitTreeState:"clean", GoVersion:"go1.13.10"}
```

3. 添加 Chart 仓库

Helm 的打包格式是 Chart。所谓 Chart，就是一系列文件，它描述了一组相关的 K8s 集群资源。Chart 中的文件安装特定的目录结构组织。

最简单的 Chart 的目录如下所示。

```
./
├── charts
├── Chart.yaml
├── templates
│   ├── deployment.yaml
│   ├── _helpers.tpl
│   ├── ingress.yaml
│   ├── NOTES.txt
│   ├── serviceaccount.yaml
│   ├── service.yaml
│   └── tests
│       └── test-connection.yaml
└── values.yaml
```

下面对部分参数进行说明。

- charts：该目录下存放依赖的 Chart。
- Chart.yaml：包含 Chart 的基本信息，如 Chart 的版本号、名称等。
- templates：该目录下存放应用一系列 K8s 资源的 YAML 模板。
- _helpers.tpl：此文件中定义了一些可重用的模板片段，并且在任何资源定义模板中可用。
- NOTES.txt：介绍 Chart 部署后的帮助信息、如何使用 Chart 等。
- values.yaml：包含必要的值定义（默认值），用于存储 templates 目录的模板文件中用到的变量的值。

这里需要安装 aliyuncs 仓库，这样可以大大减少 aliyuncs 仓库下面的子模块的安装数量。

```
# helm  repo add aliyuncs https://[aliyuncs 地址]
"aliyuncs" has been added to your repositories
```

查看仓库清单。

```
# helm repo list
```

终端输出一条记录。

```
NAME       URL
aliyuncs  https://[aliyuncs 地址]
```

查找 prometheus-operator 仓库。

```
# helm search repo  prometheus-operator
NAME                        CHART VERSION APP VERSION   DESCRIPTION
aliyuncs/prometheus-operator 8.7.0          0.35.0        Provides easy monitoring definitions
for Kubern...
```

4. 部署 Prometheus

Prometheus 是由 SoundCloud 开源的监控告警解决方案，它存储的是时序数据，即按相同时序（相同名称和标签），以时间维度存储连续的数据的集合。

（1）通过 Helm 进行安装。

```
# helm install promethues-step7 aliyuncs/prometheus-operator -n monitor
```

安装完成后的日志信息如下。

```
NAME: promethues-step7
LAST DEPLOYED: Fri Jun  4 22:48:16 2021
NAMESPACE: monitor
STATUS: deployed
REVISION: 1
NOTES:
The Prometheus Operator has been installed. Check its status by running:
  kubectl --namespace monitor get pods -l "release=promethues-step7"

Visit https://[github 地址]/coreos/prometheus-operator for instructions on how
to create & configure Alertmanager and Prometheus instances using the Operator.
```

（2）通过 Kubectl 的 get pods 命令获取 Pods 信息。

```
# kubectl --namespace monitor get pods -l "release=promethues-step7"
```

终端的输出结果如下。

NAME	READY	STATUS	RESTARTS	AGE
promethues-step7-grafana-7f96c778cf-lbwtl	2/2	Running	0	2m46s
promethues-step7-prometheu-operator-dcd8cb97b-zlvc8	2/2	Running	0	2m46s
promethues-step7-prometheus-node-exporter-jn8fp	1/1	Running	0	2m46s
promethues-step7-prometheus-node-exporter-x5tzp	1/1	Running	0	2m46s

由输出结果可以看到，命令同时启动并部署了 Grafana、Prometheu Operator 和 Node Exporter 服务，效率大大提升。

是不是非常简单？ Helm 是 K8s 中容器编排的利器之一。当然，Helm 的功能远不止这些，更深入的功能读者可以继续探索，这里不再展开介绍。

6.8　本章小结

Docker 的文件存储、备份、网络配置、安全策略及集群管理，都是大型企业应用必不可少的部分。通过学习本章内容，读者或许感受到了：Docker 学习曲线比较陡峭，入门容易但实际操作上手比较难，尤其是在大型企业应用中。

开发人员既要对 Docker 技术本身进行深入学习，又要对操作系统及底层原理有较深的理解，还要结合企业的实际现状进行容器化部署。因此，企业不乏 Docker 技术的"初级人才"，但在"高级人才"上存在较大的缺口。

通过学习本章内容，读者的 Docker 技术可以得到进一步提升，再通过不断实践，总结经验，相信在不远的将来读者一定可以成为企业优秀的人才。

第 7 章
手把手打造企业级应用

7.1 企业级云原生的持续交付模型——GitOps 实战

云原生时代衍生出了众多的概念，如 GitOps、DevOps、AIOps 等。或许这些概念读者并不陌生，但真正理解其含义的人少之又少。本节将重点围绕 GitOps 展开，通过实战来介绍企业级云原生的持续交付模型。

GitOps 的发起组织（Weave 官网）是这样介绍它的：GitOps 是为了实现云原生应用持续部署的一种方法。它通过使用开发人员已经熟悉的工具（包括 Git 和持续部署工具），致力于提升在维护基础设施时开发人员的体验。

GitOps 的核心是拥有一个 Git 仓库，该仓库始终包含在生产环境中当前所需的基础设施的声明，以及一个使生产环境与仓库中描述的状态相匹配的自动化过程。如果开发人员想部署或更新一个现有的应用，只需要更新 Git 仓库，其他步骤都将自动完成。

可以说，GitOps 是云原生生态下面向开发人员的最佳实践之一。

7.1.1 GitOps 的兴起

在云原生的大环境下，得益于云计算的飞速发展，"基础设施即代码"的践行深入人心，同时"声明式编程"的兴起为 GitOps 的兴起提供了肥沃的土壤。当应用代码、运行时环境、运行时配置及监控链路等都可以转换为代码时，代码版本管理工具的发展机会也是巨大的。

> 在 GitOps 中，不得不提的就是 Kubernetes（6.7 节介绍过）。GitLab 与 Kubernetes 的完美结合催化了 GitOps 的落地，这是因为传统的方式部署在虚拟机上，发布项目之前消耗的时间在生产环境中几乎是不可忍受的。
>
> 正是容器技术的诞生及 Kubernetes 编排工具的推广，才使即时运行环境（不可变基础设施）变为可能。因此，可以说 GitOps 是在 Kubernetes 的应用实践中产生的。

GitOps 是一种实现持续交付的模型，核心思想是将应用系统的声明性基础架构和应用程序存放在 Git 的版本控制库中。将 Git 作为交付流水线的核心，使每个开发人员都可以提交拉取请求（Pull Request），并使用 Git 来加速 Kubernetes 的应用程序部署和简化运维任务。

通过使用诸如 Git 此类的工具，开发人员可以更高效地将注意力集中在创建新功能而不是运维相关任务上，如图 7-1 所示。

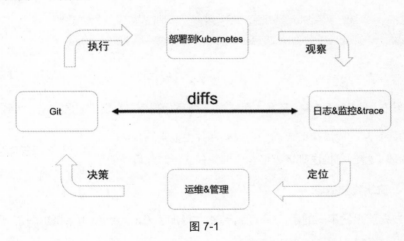

图 7-1

GitOps 中包含一个操作的反馈和控制循环（闭环控制系统）。它将持续地比较系统的实际状态和 Git 中的目标状态的差异（diffs），如果在预期时间内状态仍未收敛，则会触发告警并上报差异（日志&监控&trace）。

同时，该循环让系统具备了自愈能力，它能修正一些非预期的操作造成的系统状态偏离。

> GitOps 的核心思想如下：通过部署、观测、反馈、决策、行动这些流程的不断循环，实现状态的最终一致。

7.1.2 GitOps 流水线

在云计算普及的过程中，DevOps 的概念可谓是红极一时。因此，作为 DevOps 中门槛相对较低的持续集成和持续发布实现，CI/CD 流程成为各大公司追逐的热点。

虽然 DevOps 技术方案已经相对成熟，但是各个企业之间的水平参差不齐。从固定时间窗口过渡到随时上线、从人工手动发版过渡到自动化实现，DevOps 也在一定程度上"弱化"成了运维自动化。但是，DevOps 中关于"研发人员对基础设施负责"和"线上问题及时持续地向研发人员反馈"两个部分做得不是很理想。GitOps 流水线就可以解决此类问题。

1. 传统的发布流水线的概念

传统的发布流水线如图 7-2 所示。

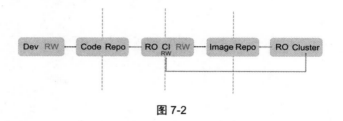

图 7-2

在传统的发布流水线模式中，开发人员通过"读/写代码库"实现代码的提交，大致的过程如下。

- 编译阶段：从代码库读取代码，完成编译并生成制品。
- 部署阶段：将制品推送到远程镜像仓库，在运行时环境中使用。

2. GitOps 流水线的概念

与传统的发布流水线不同的是，GitOps 流水线增加了 Cluster API，如图 7-3 所示。

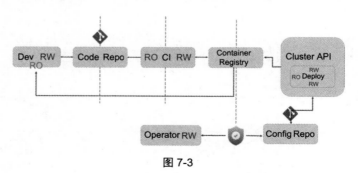

图 7-3

GitOps 流水线先借助 Cluster API 检测新镜像,然后拉取最新版本,并在 Git 仓库中更新 YAML 文件（此时会触发一次更新）。如果线上需要部署大量的 Pods，则这样的操作不但效率更高，而且版本更加可控。

7.1.3　GitOps 最佳实践

Git 库的核心是拉式流水线模式，用于存储应用程序和配置文件集。GitOps 的拉式流水线模式的最佳实践是什么？新引入的一层又是如何实现的？

带着上述两个疑问，我们重新从流程开始梳理，如图 7-4 所示。

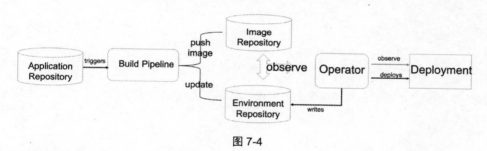

图 7-4

环境仓库和镜像仓库的差异获取及更新是 Operator 的使命，读者可以在 Weave 官网参考其在谷歌云上使用 Flux 组件实现的 GitOps。

> 在国内 Argo CD 更加流行，它是用于 Kubernetes 的声明性 GitOps 连续交付工具，Argo CD 的使用可以参考其官方文档。

7.1.4　GitOps 与可观测性

可观测性在微服务时代几乎是无处不在的。随着微服务化的不断扩展，微服务的数量已经超出了绝大部分运维人员或研发人员的管理范围。

因此，随时观测服务的运行状态，调用链路、性能指标等数据已经成为常规要求。正是在这种背景之下，GitOps 聚合了面向开发、Git 事实、可观测性、及时反馈等标准。

图 7-5 所示为某云厂商的 GitOps 管理后台。

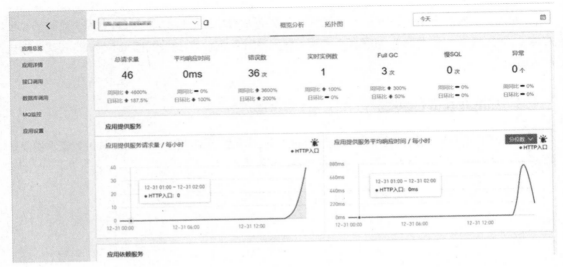

图 7-5

可视化大盘最大的优势就是可以使用户一目了然地看到问题，而 GitOps 为观测和反馈提供了必要的条件。

7.1.5 GitOps 的优势

1. GitOps 是以 Git 作为唯一标准的

- 一致性和标准化：在发布的生命周期中，不仅是业务代码的实现，运维测试也会集成到 Git 上，入口统一且利于约定。
- 可审计：Git 是分布式系统版本管理工具，完全可以满足所有的审计操作，合规性和安全性更高。
- 可靠性好：几乎每个负责人都不得不面对的问题就是所有服务都挂掉之后，如何将其快速恢复。在不考虑多地容灾的情况下，GitOps 提供了一种途径，尤其是在联调或急需新环境的场景下。

2. GitOps 面向开发人员

GitOps 是完全面向开发人员的，将极大地提高研发的生产力。开发人员的参与感越强，其推动性就会越强。

7.2　企业级容器化标准

在浩浩荡荡的容器化大潮中，很多企业在如何落地符合自己企业实际架构的容器化实践面前会迷茫失措，主要包括以下几个问题。

- 迁移到容器之后的性能损耗如何补偿？
- 业务代码如何配合修改？ Dockerfile 文件归属研发人员还是运维人员？ Kubernetes 的稳定性如何保证？
- SLA(Service Level Agreement, 服务级别协议)是否会受到影响？ 企业成本是否会降低？
- 服务的日志采集、链路追踪是否有侵入？
- 前端静态资源容器化需要更改当前的部署结果吗？

众多的问题无法得到解答。正是因为这样，我们必须弄清楚企业容器化的本质，并针对现状给出解决方案，这才是企业级容器化急需解决的根本问题。

要建立企业级容器化标准，就需要有如下认知。

- 容器化后可以带来非常可观的收益，如在业务高低峰波动较大的情况下快速扩容/缩容，保证制品的一致性等。但在很多情况下还有其他的目的，如技术性的弯道超车、弥补技术债务等。当然，这都是附加价值，并不能作为容器化实践中的衡量标准。
- 引入容器化方案带来的人员角色、流程等的调整也需要考虑在内。如果整个团队中可以熟练操作容器的人员不足 5%，那么带来的风险将远大于收益。
- "盲目跟风"是最不可取的。"只要最适用的技术，不要最时髦的技术"这一点尤其重要，对于像容器编排这样的"类操作系统"的调整是需要慎之又慎的。

7.2.1　容器化的目标

从微服务或其他架构向云原生迁移一定会涉及底层较大的调整，因此信息采集、前期规划、灰度实施、验证方案、回退方案等都需要提前考虑。

此外，研发人员、测试人员、运维人员都需要全方位地参与其中，这就需要一些量化数据。那么我们需要关注哪些维度的指标呢？

1. 业务指标

在虚拟机部署过程中，通常需要收集如下指标。

（1）域名在业务高峰的 QPS（Query Per Second）、TPS（Transactions Per Second）、RT（Response Time）、带宽、新建连接数、并发连接数等。

（2）后端接口对应资源的 CPU 使用率、内存、I/O、数据库读/写耗时等。

（3）前后端服务限流策略、扩容成本（时间、资源）、弹性策略。

（4）业务类指标，读者可以根据不同的业务分级自行收集。

2. Kubernetes 指标

收集指标后，仅仅是确定了验证方案的目标基线。因为方案引入了 Kubernetes 编排工具，所以需要基于新的部署结构验证以下指标。

（1）DNS 的 QPS 和 TPS 指标。

（2）Etcd 的 QPS 和 TPS 指标。

（3）API Server 的 QPS、TPS、RT、限流，以及异常恢复时间等指标。

（4）Scheduler 的 QPS、TPS、RT、限流，以及异常恢复时间等指标。

（5）集群不同水位 Pod 的启动时间。

（6）挂载不同数据盘 Pod 的启动时间。

同时需要验证 Kubernetes 的稳定性，包括 Master 节点的异常宕机、核心组件的崩溃率（Crash）、Node 数量的剧增等。

通过以上指标的收集，最终确定容器化之后的目标，以及整体方案的量化数据。接下来逐步展开，明确容器化的流程和步骤。

7.2.2　架构选型 1——服务暴露

在将微服务架构迁移到 Kubernetes 的过程中，首先要面临的问题就是服务如何暴露给调用方？如果 Spring Cloud 使用了 Eureka 或 Nacos 等注册中心的方案，则后端调用完全依赖服务注册和发现，这样的场景几乎可以无缝迁移。

考虑到服务最终将接口或页面暴露给用户，以及其他非注册类服务，因此需要通过技术方案实现服务暴露。

Kubernetes 支持以下 5 种服务暴露方式。

- ClusterIP：使用集群内部的 IP 地址暴露服务。使用 ClusterIP 表示只能在集群内部访问此服务，这也是 Service 默认的暴露方式，其中，ClusterIP 可以设置为 None。
- NodePort：使用每个 Node 节点的固定端口来暴露服务。从 NodePort 类型的 Service 到 ClusterIP 类型的 Service 之间的路由是自动创建的，一般在集群外部使用 nodeip:nodeport 来发起访问。
- LoadBalancer：使用云服务商提供的负载均衡服务来暴露服务。
- ExternalName：将服务映射到外部的域名，即在 DNS 中增加一条 CNAME 记录。这要求 kube-dns 的版本高于 1.7 或 CoreDNS（一种云原生的 DNS 服务器和服务发现的参考解决方案）的版本高于 0.0.8。
- Ingress：Ingress 不是一种服务类型，但是它可以作为集群的入口，用于将多个服务的路由规则整合到同一个 IP 地址。

> Kubernetes 中的 ServiceTypes 允许指定 Service 的类型，默认是 ClusterIP。

在企业内，通用的架构方案使用的是统一的网关入口，这个网关不是指 Spring Cloud 的 Gateway 或 Zuul，而是指流量入口。

这种情况在容器化过程中非常常见。假定一种场景：服务部署在公有云，一个三级 Domain Name（docker.step7.com）对应一个或多个弹性公网地址，每个公网地址会对应多个负载均衡器。如果选择 Ingress 方式，那么应该如何实现迁移？如果使用单独服务自行暴露又该如何规划？

1. Ingress 方式

（1）部署 Ingress。

首先需要在 Kubernetes 内部部署 Ingress，这里选用 Nginx Ingress 方案。

```
wget  https://[githubusercontent 地址]/kubernetes/ingress-nginx/nginx-0.18.0/deploy/
mandatory.yaml
#修改暴露服务的方式——使用 LoadBalancer
```

```
  annotations:
    service.beta.kubernetes.io/alicloud-loadbalancer-address-type: intranet
service.beta.kubernetes.io/alicloud-loadbalancer-force-override-listeners: "true"
    service.beta.kubernetes.io/alicloud-loadbalancer-id: lb-xxxxxxxxxx
kubectl apply -f ./mandatory.yaml
```

（2）验证 Ingress 是否部署成功。

```
kubectl get pods -n ingress-nginx
kubectl get service -n ingress-nginx
curl http://[service-ip]
```

如果返回 404，则表示部署成功。

（3）使用 Ingress 暴露服务。

```
apiVersion: networking.k8s.io/v1
kind: Ingress
metadata:
  name: ingress-docker-step7
  annotations:
    kubernetes.io/ingress.class: "nginx"
spec:
  rules:
  - host: docker.step7.com
    http:
      paths:
      - path: /
        pathType: Prefix
        backend:
          service:
            name: svc-docker-step7
            port:
              number: 80
```

将 docker.step7.com 域名解析到 annotation 中的 lbid 对应的 IP 地址，这样 docker.step7.com 即可访问后端服务 svc-docker-step7。如果需要在公网中访问，则给 SLB（Server Load Balance，服务器负载均衡）绑定一个弹性公网地址即可。当业务流量不大时，这种方案最简单、直接。

那么问题来了：一个弹性公网 IP 地址（或负载均衡器）实现的并发连接数、带宽、新建连接数等可以负载业务的实际流量吗？如果不能，开发人员应该如何处理？

针对上述问题，可以借助单独实现的方案来解决。

2. 单独实现

单独实现，顾名思义，就是不借助 Ingress，直接将自己的服务通过 NodePort 或 LoadBalancer 进行暴露。这样做的好处是可以自定义配置。但如果每个服务都需要单独配置，则在微服务化的场景下会有成千上万个服务需要暴露。抛开资金成本，运维的成本也是非常高的。

其实在 Ingress 中已经使用了单独实现的方案，因为 Ingress 的 Service 也是需要配置的，完整的配置文件信息（ingress-svc.yaml 文件）如下。

```yaml
apiVersion: v1
kind: Service
metadata:
  name: nginx-ingress-lb
  namespace: nginx-ingress
  labels:
    app: nginx-ingress-lb
  annotations:
    service.beta.kubernetes.io/alicloud-loadbalancer-address-type: intranet
    service.beta.kubernetes.io/alicloud-loadbalancer-id: <YOUR_INTRANET_SLB_ID>
service.beta.kubernetes.io/alicloud-loadbalancer-force-override-listeners: 'true'
spec:
  type: LoadBalancer
  externalTrafficPolicy: "Cluster"
  ports:
  - port: 80
    name: http
    targetPort: 80
  - port: 443
    name: https
    targetPort: 443
  selector:
    app: ingress-nginx
```

下面解答上面提出的问题。如果连接数或带宽不够，则可以创建多个 Service 对应多个 LoadBalancer，这样在 DNS 层添加多个解析即可实现。这听起来有些复杂，是不是还可以进行进一步优化？

答案是肯定的。在 DNS 侧创建 A 记录这一层进行封装，业务域名通过 CNAME 映射到封装好的域名，这样在 DNS 侧的权重或刷新就会更加灵活、可靠。

7.2.3 架构选型 2——网络选型

服务在容器化部署到 Kubernetes 之前，开发人员需要提前规划网络。

提到网络选型，就不得不提到 Flannel、Calico、Weave 等网络方案，不同的网络方案支持的模式不尽相同，场景也是干变万化的。

1. 如何选择网络方案

选择网络方案时主要关注以下 3 点。

- 网络性能要求。
- 底层节点网络的连通性，包括跨机房、跨地域等。
- 网络是否支持隔离。

如果服务部署在云上，那么一般选择 Overlays + 二层或三层网络的方式来实现跨可用区访问。

但如果服务部署在云下，如 Flannel 的 VXLAN 模式，则一般会选择 Underlay + 三层网络的方式来实现跨可用区访问。

在计算机的七层网络中，物理层、数据链路层和网络层是低三层网络，其余四层是高四层网络。

我们经常说的二层网络指的是数据链路层，三层网络指的是网络层，这两者是需要读者重点理解的。

2. 选择二层网络还是三层网络

在企业内部的实践中，为了满足性能要求往往会选择二层网络。但绝大多数网络是受控的，不可以随意访问。这时三层网络的便利性就体现出来了，因此，开发人员通常会使用二层网络+三层网络的方式。

云厂商会进行二次开发并封装路由信息。这样，路由不再经过 Worker 节点，从而减少层级，带来性能的提升。

在 Kubernetes 部署的过程中需要 Pods 和 Service 的无类别域间路由选择（Classless Inter-Domain Routing，CIDR）。考虑到当前服务的峰值、缓冲区，以及与其他网络通信等条件，再综合单集群的规模、企业内部不同业务线和环境的集群映射，开发人员需要提前规划和预留网段。

> 网络的专业性相对更强一些，在实际应用中，开发人员需要对企业的网络架构和拓扑结构非常熟悉，这里不再展开介绍。

7.2.4　架构选型 3——存储系统

在 Kubernetes 应用中，绝大多数为无状态应用，而不建议将有状态应用迁移到 Kubernetes 中。

当然，抛开有状态应用，代码部署后的日志存储对于开发人员来说也是一个巨大的挑战。

1. 容器存储架构

毫无疑问，不管服务部署在虚拟机还是容器中，存储系统都是绕不开的话题。围绕存储系统本身有非常多难以理解的参数和名词，如 NFS、GFS（Global File System）等。

在容器存储架构中，Pod、PV、PVC、StorageClass 的关系如图 7-6 所示。

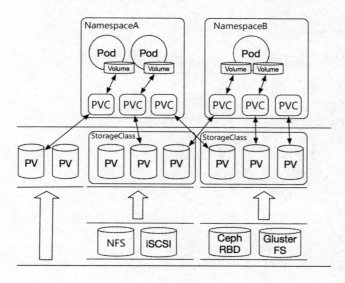

图 7-6

在容器存储架构中，开发人员只需要关心 Pod 和 PVC，PV 和 StorageClass 是由 Kubernetes 的运维人员管理的，底层存储是由存储人员管理的。

关于容器存储在 6.2 节中重点介绍过，这里不再赘述。

2. PV/PVC 声明文件

在通常情况下，可以通过配置 Pod 引用 Volume 的方式来实现容器存储，具体配置如下。

```
apiVersion: v1
kind: Pod
metadata:
  name: test
spec:
  containers:
  - image: nginx:1.7.9
    name: test
    volumeMounts:
    - mountPath: /test
      name: test-volume
  volumes:
  - name: test-volume
    hostPath:
      path: /data
      type: DirectoryOrCreate
```

当然，更可靠的方式是通过配置 PV/PVC 来实现容器存储，具体配置如下。

```
apiVersion: v1
kind: PersistentVolume
metadata:
  name: task-pv-volume
  labels:
    type: local
spec:
  capacity:
    storage: 10Gi
  accessModes:
    - ReadWriteOnce
  hostPath:
```

```
    path: "/data"
---
apiVersion: v1
kind: PersistentVolumeClaim
metadata:
  name: hostpath
spec:
  accessModes:
  - ReadWriteOnce
  resources:
    requests:
      storage: 10Gi
```

3. StorageClass 动态供给

在 6.7 节中介绍过 StorageClass，读者只需要理解动态供给的关键是 StorageClass，其作用是创建 PV 模板。

（1）动态创建方式。

在架构底层规划上，每个系统或每组应用需要分配多少存储空间，或者部署的副本数是不是频繁波动的？

应该预留多少存储空间给业务使用呢？

存储空间突然急剧消耗，应该如何扩容？

存储空间可以预分配但不占用实际存储空间吗？

云存储中不同机房或可用区能否一一对应呢？

除了日常需要考虑的总体空间的规划，以及日常增量，以上问题在容器化后应该如何应对？

在业务需要固定存储空间的情况下，可以直接分配 PV，存储空间的大小依照业务方的需求进行分配即可——这就是容器化的静态存储卷的使用方式。

与之对应的就是动态存储卷，它让 Kubernetes 实现了 PV 的自动化生命周期管理，PV 的创建、删除都是通过 Provisioner 完成的，这样不仅降低了配置复杂度，还减少了系统管理员的工作量。动态卷可以保证 PVC 对存储的需求容量和 Provisioner 提供的 PV 容量一致，从而实现存储容量规划最优。

下面列举一个动态存储卷的案例。

创建 storageclass-nfs.yaml 文件，写入如下配置。

```yaml
apiVersion: storage.k8s.io/v1
kind: StorageClass
metadata:
  name: nfs-sc
parameters:
  type: cloud_ssd
provisioner: fuseim.pri/ifs
reclaimPolicy: Delete
allowVolumeExpansion: true
volumeBindingMode: WaitForFirstConsumer
```

这样的声明方式是不是似曾相识？因为在 6.7.5 节中使用过。再检查一遍配置。

```yaml
apiVersion: apps/v1
kind: StatefulSet
metadata:
  name: "kafka"
  labels:
    app: kafka
spec:
  selector:
    matchLabels:
      app: kafka
  serviceName: kafka-headless
  podManagementPolicy: "Parallel"
  replicas: 3
  updateStrategy:
    type: "RollingUpdate"
  template:
    metadata:
      name: "kafka"
      labels:
        app: kafka
    spec:
      securityContext:
        fsGroup: 1001
        runAsUser: 1001
```

```
containers:
- name: kafka
  image: "docker.io/bitnami/kafka:2.3.0-debian-9-r4"
  imagePullPolicy: "IfNotPresent"
  resources:
    limits:
      cpu: 500m
      memory: 512Mi
    requests:
      cpu: 250m
      memory: 256Mi
  env:
  - name: MY_POD_IP
    valueFrom:
      fieldRef:
        fieldPath: status.podIP
  - name: MY_POD_NAME
    valueFrom:
      fieldRef:
        fieldPath: metadata.name
  - name: KAFKA_CFG_ZOOKEEPER_CONNECT
    value: "zookeeper"                    #ZooKeeper Service 名称
  - name: KAFKA_PORT_NUMBER
    value: "9092"
  - name: KAFKA_CFG_LISTENERS
    value: "PLAINTEXT://:$(KAFKA_PORT_NUMBER)"
  - name: KAFKA_CFG_ADVERTISED_LISTENERS
    value: 'PLAINTEXT://$(MY_POD_NAME).kafka-headless:$(KAFKA_PORT_NUMBER)'
  - name: ALLOW_PLAINTEXT_LISTENER
    value: "yes"
  - name: KAFKA_HEAP_OPTS
    value: "-Xmx512m -Xms512m"
  - name: KAFKA_CFG_LOGS_DIRS
    value: /opt/bitnami/kafka/data
  - name: JMX_PORT
    value: "9988"
  ports:
  - name: kafka
```

```
            containerPort: 9092
        livenessProbe:
          tcpSocket:
            port: kafka
          initialDelaySeconds: 10
          periodSeconds: 10
          timeoutSeconds: 5
          successThreshold: 1
          failureThreshold: 2
        readinessProbe:
          tcpSocket:
            port: kafka
          initialDelaySeconds: 5
          periodSeconds: 10
          timeoutSeconds: 5
          successThreshold: 1
          failureThreshold: 6
      volumeMounts:
      - name: data
        mountPath: /bitnami/kafka
  volumeClaimTemplates:
    - metadata:
        name: data
      spec:
        storageClassName: nfs-sc#指定为上面创建的 storageclass
        accessModes:
          - "ReadWriteOnce"
        resources:
          requests:
            storage: 5Gi
```

当需要新的存储空间时，StorageClass 会自动创建 PVC，这就解决了手动分配的问题。在 StorageClass 中有一个参数完美地解决了存储空间预留的问题，它就是 VolumeBindingMode。如果将 VolumeBindingMode 的值配置为 WaitForFirstConsumer，则表示存储插件在收到 PVC Pending 时不会立即创建数据卷，而是等待这个 PVC 被 Pod 消费时才执行创建流程。

其原理大致如下。

① Provisioner 在收到 PVC Pending 状态时，不会立即创建数据卷，而是等待这个 PVC 被 Pod 消费时才执行创建流程。

② 如果有 Pod 消费此 PVC，调度器发现 PVC 是延迟绑定模式，则继续完成调度功能，并且调度器会将调度结果通过 Patch 命令发送到 PVC 的 MetaData 中。

③ 当 Provisioner 发现 PVC 中写入调度信息时，会根据调度信息获取创建目标数据卷的位置信息（区域和节点信息），并触发 PV 的创建流程。

在部署多可用区集群时推荐使用这种方式。

（2）存储的扩容问题。

针对存储的扩容问题，在不考虑硬件存储空间的情况下，就需要在 StorageClass 中声明 AllowVolumeExpansion 特性。StorageClass 支持的卷类型如图 7-7 所示。

卷类型	Kubernetes 版本要求
gcePersistentDisk	1.11
awsElasticBlockStore	1.11
Cinder	1.11
glusterfs	1.11
rbd	1.11
Azure File	1.11
Azure Disk	1.11
Portworx	1.11
FlexVolume	1.13
CSI	1.14 (alpha), 1.16 (beta)

图 7-7

以 GFS 为例，创建配置文件 sc-extend-volume.yaml。其中的 GFS 信息，读者要使用自己的配置。声明后，可以使用如下命令来编辑配置文件（可以通过修改其中 size 字段的值来实现扩容，其间 Pods 会重启）。

```
kind: StorageClass
apiVersion: storage.k8s.io/v1
metadata:
  name: gluster-volume
```

```
provisioner: kubernetes.io/glusterfs
parameters:
  resturl: "http://172.16.10.100:8080"
  restuser: ""
  secretNamespace: ""
  secretName: ""
allowVolumeExpansion: true

#kubectl edit pvc pvc-name -n namespace_name
```

但如果使用的存储不在支持的列表中怎么办？虽然不能实现在线扩容，但还是有办法的：使用 PV 的回收策略——reclaimPolicy。如果将 reclaimPolicy 设置为 Retain，则在删除 PVC 时 PV 仍然存在，只需删除旧的 PVC，之后重新创建新 Size 的 PVC 就可以。

操作期间需要中断业务，所以尽量选择业务低峰窗口。

可能还存在另外一个问题：原来使用的是 SSD 盘或普通盘，应该如何区分？针对此种情况，建议沿用原先的存储方式，因为涉及底层，所以尽可能交给存储人员维护。

7.2.5　服务治理 1——部署发布

在第 5 章中介绍过使用 Jenkins 发布容器，开发人员可以清楚地了解每个线上制品的发布过程。但是，在企业实际落地的部署方案中往往涉及众多服务，较难厘清。部署逻辑如图 7-8 所示。

在企业中持续集成系统不是独立的，可能要与可观测系统、测试平台、代码检测系统、项目管理平台、流量控制系统、注册中心等相关联。

这就引出了以下 3 个问题。

- 基于容器化的 Kubernetes 部署方式是如何实现无损发布、分级发布、灰度发布的？
- 线上的 Worker 节点应该如何规划、预留、负载和管理？
- 不同环境之间是如何隔离又是如何"滚动"到各种环境的？

如果 CI/CD 流程是紧耦合的，则几乎所有的流水线都需要修改。如果 CI/CD 流程已经根据制品进行了解耦，则 CI 流程只需要延伸或替换到镜像，其他部分无须修改。CD 流程则需要修改部署目标和部署逻辑（通常为蓝绿发布、灰度发布、分批发布等）。

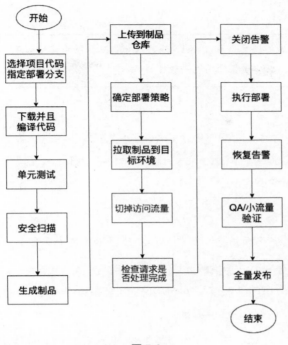

图 7-8

1. 关联系统

系统的关联性需要解决"流程跑通"的问题。在持续编译过程中不需要做任何改动,但是在持续部署阶段需要与之前保持对应关系。

在部署流水线的过程中需要访问监控、注册中心等外部系统,针对不同的部署逻辑会访问不同的系统,因此务必保证各个关联系统的访问打通。

2. 部署环境

在容器化后,底层的资源是交给 K8s 来统一调度的,业务规模越大边际效应越明显,那么在企业中如何达到平衡呢?

针对这个问题,资源池是一个很好的解决方案。开发人员可以将业务线与资源池进行对应,这样既能找到机器成本的归属又可以避免资源的争抢,同时运维人员在不增加 K8s 集群数量的情况下,可以管理更多的业务部署。

那么,应该如何管理资源池呢? 简单来说,就是**充分复用 Worker 节点的 Label** 信息。

> 这里指的不仅是业务 Label，还可以是基础资源的属性信息，如可用区、机器类型、主机名等，从而实现机器的统一管理。

3. 部署工具

资源部署如何通过文件实现配置化（如 YAML 类型）？通常选择成熟的方案，如 Helm、Kustomize 等。7.4.6 节介绍了 Kustomize，Kustomize 中 Base、Overlay 的发布方式，简直就是为统一模板、多环境而生的。

4. 部署策略

部署的策略如何实现？下面通过一个"分批发布"案例来进行说明。

假设 A 服务原来部署在 185 台机器上，分属于北京不同的可用区中，A 可用区 5 台，H 可用区 60 台，I 可用区 60 台，G 可用区 60 台。A 可用区的机器是验证机器，只做验证，不实际承接流量，剩余 3 个可用区（H、I、G）承接实际流量。

在发起线上部署时，至少要保证 2/3 的服务在线，那么在 K8s 中如何实现呢？发布的 Pods 如何保证 A 区为可用区，剩余发布时如何保证每个可用区串行更新呢？

读者可能立马想到了可用区的 Label。但是 Label 存在一个问题：正常副本是 185 台，如果 H 可用区异常，则调度到 H 可用区的副本将会部署失败，导致服务不可用。

此时，Serverless 会是一个不错的方案：在正常情况下按照资源池来实现，在异常情况下由 Serverless 提供扩展能力，Serverless 不区分可用区。

> 在企业容器化之后，部署发布能否及时跟上并落地，代表了企业运维及基础设施管理的水平。无论基础设施如何发展，能落地实现才是王道。

7.2.6 服务治理 2——服务监控

企业内的业务在线上"裸奔"是绝对不允许的，监控系统需要全方位、无死角地覆盖到 IaaS、PaaS、SaaS 等不同层级，同时保证业务场景的健康检查。有些企业还会有故障自愈、故障转移等，那么容器化之后服务监控会发生哪些变化呢？

监控的底层逻辑是什么？答案是数据采集→数据分析→报警策略→告警发出，高级应用还包含告警收敛、告警升级、根因分析等，本节只讨论通用的监控实现。

1. 数据采集

一般的监控系统会在客户端安装 Agent，或者启用简单网络管理协议（Simple Network Management Protocol，SNMP）来支持数据上报。那么在 Kubernetes 中，IaaS、PaaS、SaaS 如何部署 Agent 呢？

- IaaS 侧的监控几乎不需要做任何改变，但是围绕底层基础设施扩容/缩容场景的标签需要灵活适配，以防止底层问题触发告警升级时造成混乱。
- PaaS 或 SaaS 侧如果复用操作系统层的 Agent，那么可以监控任何进程指标，但是需要维护 Deployment 名称与不同进程之间（Pods 重启）的关系，这需要在 Agent 侧维护一部分元数据。

除了使用 Agent，微服务架构中的监控指标还可以使用 Exporter 来暴露 Metrics 信息。

数据采集层的方案就会转化为以下两种。

（1）直接在 Agent 侧维护元数据并上传。

（2）在 Agent 侧增加部分字段数据，其余数据集交给下层或增加一层插件来处理。

为了维护 Agent 的性能，绝大多数开发人员会选择第二种方案，如夜莺社区的 Prometheus 插件。

2. 数据分析

在监控系统中，时常需要关注数据上报的时间间隔。如果间隔太小，则服务器端的压力会非常大；如果间隔太大，则数据又会失准。因此，开发人员需要在服务器性能与时间间隔之间做权衡。

容器化之后，客户端的弹性会更大，那么有没有现成的方案呢？

Prometheus 是一个不错的选择。作为 CNCF 第三个"毕业"的学员，Prometheus 在监控、告警、分布式存储方面具有非常多的优势，并且社区的活跃程度非常高。

如果业务体量非常大，那么开源方案可能会存在一定的局限性。企业通常会基于开源方案进行二次开发或自主研发。

此外，在容器化过程中，监控系统的异构也是一个非常棘手的问题：用户不得不在多个监控平台之间跳转、配置、收发、处理告警，运维成本也陡然上升。

那么 Prometheus 是如何解决这些问题的？

Prometheus 底层采用时序数据库存储，其强大的性能足以支持海量数据的写入和查询，同时其架构包含服务动态实现的设计，支持基于注册中心、DNS 或 Kubernetes 等扩展方式，可以与容器实现动态无缝衔接。

3. 服务告警

成熟的监控系统的服务告警应该是独立于监控平台的。如果已经解耦，则只需要使用 Prometheus 去适配监控平台。如果自身没有监控平台而是依赖监控软件的插件，则更换监控系统的工作量将会大大增加。因此，这也是在容器化之前需要考量的一部分。

虽然可以并行实现，但告警重复或告警不完整对监控平台都是致命的伤害。强烈建议在容器化之前完成告警平台与监控平台的分离。

7.2.7　服务治理 3——日志采集

随着业务系统规模的不断扩大，以及微服务架构的发展，从服务器查看日志的方式已经越来越不现实。基于此种情况，日志系统成为企业标配。

现行的日志系统方案主要有以下两种。

（1）在每个 Worker 节点上部署一个 Agent 进行日志采集。

（2）在每个 Pods 中部署 SideCar 服务进行日志采集。

> 两种方案各有利弊，在日志采集完成之后，后续流程的处理方式是一致的，这里只讨论采集端。

那么，在容器中应该如何采集日志呢？

1. 在容器中采集日志

在容器中采集日志主要有以下 3 种方式。

- 原生方式：使用 kubectl logs 进行日志检索。
- Daemonset 方式：在每台机器上部署日志 Agent，以 Daemonset 方式运行。
- Sidecar 方式：在 Pods 中运行一个 Sidecar 的日志 Agent 容器，用于采集该 Pod 主容器产生的日志。

虽然 Daemonset 方式和 Sidecar 方式都是基于原生方式的,但是一般很少直接使用原生方式。接下来主要使用 Daemonset 方式和 Sidecar 方式实现日志采集。

2.　Daemonset 方式和 Sidecar 方式

Daemonset 方式和 Sidecar 方式分别代表集中式和自定义配置,其优势和劣势非常明显。

- 集中式:节省资源、配置简单、运维成本低。
- 自定义配置:更加灵活、隔离性强、独立性强。

因此,开发人员在选择方案时可以根据两种方式的不同特点进行配比。

如果单节点运行副本在百量级规模以下,那么采用 Daemonset 方式更合适。如果规模量级持续增加,则单 Agent 的方式就有可能成为瓶颈,此时采用 Sidecar 方式更合适。

当然,如何抉择需要依赖业务的实际情况。

3.　Sidecar 方式示例

为了充分说明,下面使用 Sidecar 方式来实现日志采集。

```
apiVersion: extensions/v1test1
kind: Deployment
metadata:
  labels:
    app: step
    environment: test
  name: step7
  namespace: step7
spec:
  progressDeadlineSeconds: 600
  replicas: 1
  selector:
    matchLabels:
      app: step7
      environment: test
  template:
    metadata:
      labels:
        app: step7
        environment: test
```

```
    spec:
      containers:
      - env:
        - name: POD_NAME
          valueFrom:
            fieldRef:
              apiVersion: v1
              fieldPath: metadata.name
        - name: POD_IP
          valueFrom:
            fieldRef:
              apiVersion: v1
              fieldPath: status.podIP
        - name: POD_NAMESPACE
          valueFrom:
            fieldRef:
              apiVersion: v1
              fieldPath: metadata.namespace
        - name: JAVA_TOOL_OPTIONS
          value: -XX:MaxRAMPercentage=50.0 -XX:InitialRAMPercentage=50.0
-XX:MinRAMPercentage=50.0
            -XX:+UnlockExperimentalVMOptions -XX:+UseCGroupMemoryLimitForHeap
        image: harbor.dockerstep7.com/library/demo:step7-20210711120112
        imagePullPolicy: IfNotPresent
        livenessProbe:
          failureThreshold: 3
          initialDelaySeconds: 15
          periodSeconds: 20
          successThreshold: 1
          tcpSocket:
            port: 8091
          timeoutSeconds: 1
        name: step7
        ports:
        - containerPort: 8091
          name: 8091tcp2
          protocol: TCP
```

```
    - containerPort: 8099
      name: 8099tcp2
      protocol: TCP
    readinessProbe:
      failureThreshold: 3
      httpGet:
        path: /health
        port: 8091
        scheme: HTTP
      initialDelaySeconds: 5
      periodSeconds: 3
      successThreshold: 1
      timeoutSeconds: 1
    resources:
      limits:
        cpu: "4"
        memory: 8096Mi
      requests:
        cpu: "4"
        memory: 8096Mi
    volumeMounts:
    - mountPath: /etc/localtime
      name: tz-config
    - mountPath: /apps/srv/instance/logs/
      name: app-volume
    - mountPath: /apps/srv/apm/agent/
      name: pinpoint-agent-volume
  - env:
    - name: POD_NAME
      valueFrom:
        fieldRef:
          apiVersion: v1
          fieldPath: metadata.name
    - name: POD_NAMESPACE
      valueFrom:
        fieldRef:
          apiVersion: v1
```

```
            fieldPath: metadata.namespace
        image: harbor.dockerstep7.com/library/filebeat:7.3.0
        imagePullPolicy: IfNotPresent
        name: filebeat
        resources:
          limits:
            cpu: 250m
            memory: 256Mi
          requests:
            cpu: 250m
            memory: 256Mi
        terminationMessagePath: /dev/termination-log
        terminationMessagePolicy: File
        volumeMounts:
        - mountPath: /etc/localtime
          name: tz-config
        - mountPath: /apps/srv/instance/logs/
          name: app-volume
        - mountPath: /usr/share/filebeat/filebeat.yml
          name: filebeat-config-volume
          subPath: filebeat.yml
        - mountPath: /usr/share/filebeat/inputs.d/filebeat-inputs.yml
          name: filebeat-config-volume
          subPath: filebeat-inputs.yml
      dnsPolicy: ClusterFirst
      imagePullSecrets:
      - name: harbor-secret
      initContainers:
      - command:
        - cp
        - -r
        - /pinpoint-agent-2.1.0
        - /apps/srv/apm/agent/
        image: harbor.dockerstep7.com/library/pinpoint:2.1.0-init
        imagePullPolicy: IfNotPresent
        name: multi-test-agent
        resources: {}
        terminationMessagePath: /dev/termination-log
```

```
    terminationMessagePolicy: File
    volumeMounts:
    - mountPath: /apps/srv/apm/agent/
      name: pinpoint-agent-volume
restartPolicy: Always
schedulerName: default-scheduler
securityContext:
    runAsUser: 0
terminationGracePeriodSeconds: 85
volumes:
- hostPath:
    path: /usr/share/zoneinfo/Asia/Shanghai
    type: ""
  name: tz-config
- emptyDir: {}
  name: app-volume
- configMap:
    defaultMode: 420
    name: step7-filebeat-config
  name: filebeat-config-volume
- emptyDir: {}
  name: pinpoint-agent-volume
```

这里需要注意以下几点。

- 增加 Sidecar 容器，用于采集 Pods 内部日志。
- 挂载日志目录，使 Filebeat 容器可以访问业务日志。如果使用 Daemonset 方式，则将 Worker 节点的日志路径挂载到 Pods 内。

在日志采集过程中，不得不面临的问题就是日志丢失。其实不管是使用 Daemonset 方式还是 Sidecar 方式，都不能完全保证不丢失日志。这是因为 Daemonset 方式无法对抗 Worker 节点宕机的情况，Pods 也无法避免主容器退出后日志采集延时的问题。

> 如果对日志丢失率有较高的要求，则不妨同时使用多种日志采集方案，这样即可通过日志对比分析进一步减少数据误差。

7.2.8　服务治理 4——链路追踪

微服务架构是一个分布式架构，按业务划分服务单元。一个分布式系统往往有很多个服务单元。由于服务单元数量众多，加上业务的复杂性，如果出现错误和异常，则很难进行定位。

因此，在微服务架构中必须实现分布式链路追踪，跟进一个请求到底有哪些服务参与、参与的顺序又是怎样的，从而使每个请求的步骤清晰可见，达到快速定位异常的目的。

链路追踪是当前微服务架构中最常见的追踪手段，下面以 Pinpoint 为例进行说明。

1. 在容器中如何实现链路追踪

在开始学习之前，读者需要先明确：需要实现链路追踪的服务都需要进行部署。那么这些服务部署在哪里就成了需要讨论的重点。

常见的思路有以下两个。

- 放到基础镜像中：放到基础镜像中是比较方便的，但是存在一个问题，即配置、代码与环境如何解耦。
- 放到共享存储上：不同的服务对 Volume 进行挂载，但是 PV 不具备版本管理能力，维护成本较高。

因此，鉴于两个方案各有优劣，通常建议采用初始容器（Init Container）的方式，独立加载实现。

2. 关于初始容器

初始容器就是用来做初始化工作的容器，可以是一个或多个。如果有多个，那么这些容器会按定义的顺序依次执行，只有所有的初始容器执行完后，主容器才会被启动。

> 需要注意的是，一个 Pod 中的所有容器是共享数据卷和网络命名空间的，因此初始容器中产生的数据可以被主容器使用。

3. 使用 Pinpoint

要在容器中实现链路追踪，Pinpoint 必须使用单独镜像。

新建 trace-deploy-demo.yaml 文件，写入如下配置。

```
apiVersion: apps/v1
```

```
kind: Deployment
metadata:
  labels:
    app: example
  name: example
spec:
  selector:
    matchLabels:
      app: example
  template:
    metadata:
      labels:
        app: example
      containers:
      - image: example
      - mountPath: /apps/srv/apm/agent/
        name: pinpoint-agent-volume
      initContainers:
      - command:
        - cp
        - -r
        - /pinpoint-agent-2.1.0
        - /apps/srv/apm/agent/
        image: harbor.dockerstep7.com/libary/pinpoint:2.1.0-init
        imagePullPolicy: IfNotPresent
        name: multi-test-agent
        resources: {}
        terminationMessagePath: /dev/termination-log
        terminationMessagePolicy: File
        volumeMounts:
        - mountPath: /apps/srv/apm/agent/
          name: pinpoint-agent-volume
      restartPolicy: Always
      schedulerName: default-scheduler
      securityContext:
        runAsUser: 0
      terminationGracePeriodSeconds: 85
      volumes:
```

```
    - emptyDir: {}
      name: pinpoint-agent-volume
```

将 pinpoint:2.1.0-init 以 initContainers 方式注入 Pod 中，既实现了 Pinpoint 的版本管理，又实现了配置解耦，还减轻了共享存储的运维工作。

7.2.9 可靠性保障 1——弹性部署

虽然很多云厂商提供了非常多弹性组的概念，但是在非容器部署时难以实现弹性部署，如主机名有序、弹出失败、时长问题等。

在容器化架构中，扩容的过程和结果都依赖底层基础设施和 Kubernetes 这个 "OS 系统"，开发人员通过一行命令即可触发副本数的变更，实现快速扩容/缩容。这也正是容器化方案最立竿见影的收益。

下面通过 Kubernetes 方案介绍如何在容器中实现弹性部署。

1. 手动扩容

手动扩容方式依赖 kubectl 来调整副本数。这种方式是按需扩容的。当需要调整时，可以迅速执行。

```
kubectl -n demo scale deployment/demo --replicas=100
```

2. 自动扩容

Kubernetes 支持 Pod 水平自动伸缩，默认可以根据 CPU/MEM 指标进行扩容。更高级的方案则是与 Prometheus 数据打通，实现特定指标触发，如 TPS 等。

下面以 CPU 为例配置 YAML 文件。

```
apiVersion: autoscaling/v2
kind: HorizontalPodAutoscaler
metadata:
  name: nginx-hpa
  namespace: default
spec:
  scaleTargetRef:                    ##绑定名为 nginx 的 Deployment
    apiVersion: apps/v1
    kind: Deployment
```

```
    name: nginx
  minReplicas: 1
  maxReplicas: 10
  metrics:
  - type: Resource
    resource:
      name: cpu
      targetAverageUtilization: 50
```

这里有一个前提，Deployment 必须配置 request limits。如果没有配置 request limits，则以上声明的 nginx-hpa 无法生效。

通过 YAML 文件配置可以看出：当 CPU 的使用率超过 50% 时，容器开始自动扩容；当 CPU 的使用率低于 50% 时，容器开始自动缩容。

为了防止副本数的频繁波动，需要采用懒加载的方式。有时 CPU 的使用率会超过 50%，但是容器并没有自动扩容的问题，因此需要充分考量阈值的设置。

3. 定时扩容

很多时候，企业面对的业务场景是商品秒杀或定时扩容，通常的解决方案为使用容器定时伸缩（CronHPA）技术。

阿里云容器服务提供了 kube-cronhpa-controller，专门用于应对资源画像（一般表示资源的基本情况、特征等）存在周期性的问题。开发人员可以根据资源画像的周期性规律，定义调度周期，提前扩容好服务实例，而在波谷到来后定时回收服务实例，底层再结合 cluster-autoscaler 的节点伸缩能力，实现资源成本的节约。

在生产环境中配置 CronHorizontalPodAutoscaler，新建 cronhpa-sample.yaml 文件，输入如下配置。

```
apiVersion: autoscaling.alibabacloud.com/v1beta1
kind: CronHorizontalPodAutoscaler
metadata:
  labels:
    controller-tools.k8s.io: "1.0"
  name: cronhpa-sample
  namespace: default
spec:
```

```
scaleTargetRef:
  apiVersion: apps/v1
  kind: Deployment
  name: nginx
jobs:
- name: "scale-down"
  schedule: "30 * * * * *"
  targetSize: 4
- name: "scale-up"
  schedule: "0 * * * * *"
  targetSize: 12
  runOnce: true
```

那么通过以上方式实现配置上线后，服务一定可以在 12:00 成功扩容到 12 个副本、在 12:30 缩容到 4 个副本吗？

在实际生产环境中，副本数的弹性可能会在十、百，甚至千这样的量级，底层集群资源的情况必须考虑在内。

- 在扩容时需要批量发起镜像拉取，镜像占用的带宽是第一个问题。如果带宽受限，那么扩容将无从谈起。
- 镜像仓库的服务器性能会面临风险。
- 在选择 Worker 节点时，极有可能造成负载不均衡。
- 服务启动依赖的配置中心、注册中心、缓存或数据库都将面临"压测"，所以需要充分测试后才可以确认扩容方案是否可以正常实现。

在线上的实践过程中，经常会利用时间来获取较平稳的扩容实现。简言之，将一次性的扩容拆分到多次来实现，降低对周边系统的影响。

7.2.10 可靠性保障 2——集群可靠性

前面介绍了在企业容器化过程中可能面临的问题，以及如何进行技术选型。当容器化就绪后，开发人员的重心就需要转移到集群可靠性上。

那么有以下两个问题需要解决。

（1）要确保集群可靠性，Kubernetes 本身的可靠性如何保证？

（2）如何应对新引入的基础设施带来的不确定性？

下面将从 4 个方面进行阐述。

1. 集群规划

既然集群有较多不稳定性风险，那么可以创建多个 Master 来防止单点故障。另外，可以将 Master 的机器分布在不同的机房或可用区中，防止因为一间机房出现问题而导致集群不可用，Etcd 方案也适用于此。

2. 资源预留

在集群部署的机器上，需要为 Kubernetes 集群预留足够的资源，防止因为业务占用出现争抢而导致 Kubernetes 组件异常，最终使服务不可用。

通常，开发人员需要为系统进程预留 5% 的 CPU、5% ~ 10% 的内存和 1GB 以上的存储空间。为内存资源设置 500MB 的驱逐阈值，以及为磁盘资源设置 10% 的驱逐阈值。

3. 集群组件

在容器化的架构方案中，需要重点关注如下几个集群组件。

（1）API Server。

API Server 作为整个集群的访问入口，需要重点关注。因为 API Server 是无状态的，所以可以启动多个实例并结合负载均衡器实现高可用，如使用 Nginx 或云上的负载均衡服务。

（2）Etcd 集群方案。

K8s 集群使用 Etcd 作为数据后端，它是一种无状态的分布式数据存储集群，其本身提供了基于 Raft 协议的分布式集群方案。因为 Raft 算法在做决策时需要多数节点的投票，所以 Etcd 一般在部署集群时推荐使用奇数个节点（推荐由 3 个、5 个或 7 个节点构成一个集群）。

（3）kube-scheduler 与 controller-manager。

kube-scheduler 与 controller-manager 都是在一个集群中保留一个活跃实例，鉴于此，开发人员可以同时启动多个副本，然后利用节点选举（Leader Select）来实现高可用。

> 除启动多个副本外，各个组件的升级都需要提供平滑或无损升级的方案，避免底层组件的变更导致上层业务发生异常。

4. 集群保护

集群保护常用的手段就是限流、熔断策略。

开发人员可以针对 API Server 等关键服务配置最大连接数、最大并发连接数等。值得庆幸的是，Kubernetes 针对 API Server 有丰富的限流策略，如 MaxInFlightLimit、EventRateLimit、APF 等。

在完成以上可靠性保障后，Kubernetes 的灾备方案也是需要考虑的。开发人员可以创建联邦集群（Cluster Federation，一种将多个集群进行统一管理的方案）来实现异常切换。当然，如果企业的人力资源有限，那么直接使用云厂商提供的托管服务也不失为一种好方法。

7.3 企业级方案 1——微服务应用实践

微服务的出现解决了单体应用架构无法满足当前互联网产品的技术需求的问题。但是，应用的架构是演变的，随着业务的增长不断有新的挑战，进而不断地进化。

7.3.1 应用演变过程中的痛点

大型企业级应用一般分为 4 个阶段：项目初创阶段、新业务快速发展阶段、业务稳定发展阶段及业务再次爆发增长阶段。

下面介绍应用演变过程中的痛点。

1. 项目初创阶段

项目初创阶段要求核心业务功能是闭环的，让产品能够不断地试错，然后调整方向。

此阶段对系统的要求是基础功能模块的支持，如用户、登录、统计、产品核心流程等。在此阶段，单体应用就能满足要求，响应速度快。

另外，因为技术团队人少，所以不用关注多人协作和配合的问题，也不用关注规范。只要能解决问题，做到想要的系统功能，可以一切从简。

此阶段推荐直接使用 Java 技术栈的 Spring Boot、Go 技术栈的 Beego、Python 技术栈的 Django 等基础 Web 框架，根据不同业务使用 MySQL、Redis、MongoDB 等数据库，或者直接使用 Elasticsearch 引擎提供存储和基础搜索功能，只需要几个小时即可为项目搭建基础框架并实现模块设计和支持，开箱即用，简单高效。

在项目初创阶段，直接使用一些开源工具或免费工具是对系统最大的助力，既省钱又可以保证灵活性，投入成本也不高。

要进行数据统计和分析，可以免费试用友盟、神策、GrowingIo 等产品。在搜索场景中，Elasticsearch 引擎支持全文搜索、定义搜索等，而且提供了友好的 API 接口，还可以结合 Kibana 做到数据可视化。

在项目初创阶段，各种工具要用到极致，效率第一。

2. 新业务快速发展阶段

在新业务快速发展阶段，项目方向很明确，核心流程和功能已形成闭环。此时，企业需要不断地深耕用户流程和提升交互体验，不断地优化业务模型，从而探索和拓展各种合作与业务增长的方式。

随着业务的发展，技术团队需要快速扩充。团队开发风格和规范可能会不统一，沟通成本和系统框架迭代成本呈线性增长。

由于业务发展太快，单体应用已经无法满足业务对系统的要求。此阶段需要关注以下几点。

（1）在保证数据安全的情况下，快速重启系统。

技术团队快速扩充会产生很多意想不到的问题。如果出现问题，在确保数据安全的情况下，可以先尝试重启系统，然后找深层原因。

（2）进行服务器扩容。

在出现服务器瓶颈时，扩容是最简单、高效的解决手段。

单体应用在出现瓶颈时，不要直接重构项目，而是先进行扩容。常规手段是增加内存或增加缓存，为架构升级提供缓冲时间。同时，也可以考虑对业务的拆分进行系统设计。

在业务发展过程中，常出现的一个瓶颈是服务器支撑量。扩容是有极限的，单体应用增加几倍支撑量，通过扩容是可以轻松解决的。但是，通过"加机器"来扩容，对于单体应用是有一定要求的。虽然扩容对于读操作没有影响，但对于写操作是有要求的。因此，共享数据的写操作要实现一定的锁机制，从而解决不同机器操作同一数据的问题。

当系统 I/O 出现瓶颈时，首先要考虑"加机器"。

需要注意的是，扩容是有极限的，内存可以增加十倍、百倍。但是，系统的 I/O 是有极限的，如果扩容效果不明显，就不要再做扩容操作。

"加机器"对单体应用的冲击和改造成本还是很低的，实现一个接口的幂（可以使用相同的参数重复执行，并能获得相同结果的接口）等就能解决很大一部分问题。

此外，在此阶段团队在不断壮大，但团队内的一些基础设施不够完善。这个阶段的人工成本非常高，开发人员也非常忙，效率会大不如前。

（3）使用通用唯一识别码（Universally Unique Identifier，UUID）方案。

这里推荐一种 UUID 方案，它可以让分布式系统中的所有元素都有唯一的辨识信息，而不需要通过中央控制端来指定辨识信息。在中小型项目中，UUID 方案是一个不错的选择。

对于并发度不高的系统，数据库性能一般不会达到瓶颈，所以，UUID 方案是牺牲数据库性能换取其优点的一种选择。

（4）微服务改造。

在单体应用运行一段时间后，随着业务的增长，对系统性能和并发性的要求越来越高，这时就面临微服务重构的选择。但是，在重构前，必须反复权衡并创建好必要的基础设施，准备应对新架构下面临的新问题，而不是头脑一热就开始着手应用微服务的重构。

微服务可能存在的问题主要包含以下几点。

- 未做合理的拆分和分层，致使服务拆分过细，服务数量太多，服务间关系复杂，系统复杂度上升，人力和维护成本变高。推荐使用三层模型：基础服务层、业务模块、业务端口。
  - ◆ 基础服务层。包括通用基础服务（如账号用户体系、消息系统、定时任务），以及根据不同业务抽象的各自的基础服务。在这一层会把模块按照产品线和通用服务两个维度进行拆分。
  - ◆ 业务模块。业务模块是根据基础服务组合和封装的。
  - ◆ 业务端口。业务端口可以根据具体的业务复杂度进行设计，不用严格按照这里所说的三层模型，可以只有两层（在业务模块即可直接输出不同端口的接口）。

- 原本的单体"同进程间服务调用"变成"远程不同进程间服务调用",调用模式从内存调用变成网络调用。如果调用链路过长,则会导致性能下降、响应时间变长、问题定位困难。

> 上面提到接口的幂等设计,也是将内存调用变成网络调用的一种重要方案。

基础设施不健全,做不到基础的服务监控和治理,这将导致服务管理混乱,设计的微服务架构也会变成一团乱麻。当然,自动化测试和部署也很重要,否则将无法实现持续交付(第 5 章有相关内容)。

3. 业务稳定发展阶段

在业务稳定发展阶段,需要不断地增加品牌影响力、完善产品功能、挖掘更深的用户需求,以及制定更精细化的运营方案和产品策略。

(1)确保线上稳定。

需求会不断变化,产品也需要持续迭代。在这个过程中,要做到线上稳定,应要求产品研发流程标准化、部门间有效协同,以及具有完善的工具链支持。研发人员专心关注业务需求开发即可,不用关注运维、数据、上线等流程和环境问题。

(2)精细化运营。

精细化运营是保证产品能够持续增长,以及增加用户黏性的重要手段。这对于系统的要求是,有一些方便可用的运营前后台系统,能够根据不同的用户画像做到精准的用户效果保障。

(3)技术架构持续优化。

随着系统技术栈的不断迭代,可以针对整个框架进行持续优化,如合理地合并和拆分服务、引入新的工具或框架、替换现有的瓶颈工具等。这些只是技术架构基本的规划思路,具体情况还要具体分析。

4. 业务再次爆发增长阶段

很多企业经过一段时间的稳定运营后,用户量急剧上升。这对于系统的冲击会更大,系统的所有环节都可能成为瓶颈,如消息系统、注册中心、配置中心、日志系统、工程化工具、安全、备份、容灾、数据统计分析等。

这些都是需要重新设计的，这里以消息系统举例：从单体应用到微服务，数量级增加十倍甚至百倍，服务也从单体应用发展到了集群服务。众所周知，在单体应用中，消息只要发送出去即可。但是在集群服务中，如何控制流量、如何调度和分配消息任务，以及如何保障数据一致性就成为系统最大的挑战。

这些问题都需要结合具体的业务形态来考虑，尤其是提供的第三方服务，对准确性、可追溯性有更高的要求。所以，这就需要从不同层面对框架进行个性化定制。

7.3.2 微服务架构设计

微服务架构是一种将单个应用程序开发为一组小服务的方法，每个小服务都在自己的进程中运行，并使用轻量级协议机制（RESTful API、事件流和消息代理的组合）通信。这些服务是围绕业务构建的，并且可以完全实现自动化独立部署。它们可以使用不同的编程语言来编写，并使用不同的数据存储技术来存储数据。

1. 单体应用的局限性

提到微服务架构，不得不提起与之对应的单体应用。单体应用是一个具有独立逻辑的可执行文件，对系统的任何更改都要重新构建和部署应用程序。可以通过在负载均衡器上水平扩展单体应用来运行多个实例。

单体应用一旦被部署，所有的服务或特性就都可以使用了。这简化了测试过程，因为没有额外的依赖，所以每项测试都可以在部署完成后立刻开始。但是单体应用有一个致命的缺点：单体应用只能作为一个整体进行扩展，无法根据业务模块的需要进行伸缩。

随着业务模块的不断增加，会出现模块边界模糊、依赖关系不清晰、代码混乱等问题，这就急需进行微服务架构的改造。

2. 微服务架构的特征

在开始设计微服务架构之前，先来熟悉一下其几大特征。

（1）服务组件化。

组件是可以独立替换和升级的软件单元。在微服务架构中，软件组件化的主要方式是分解为服务。

使用服务作为组件主要是为了便于独立部署服务。

如果应用程序由单个进程中的多个库组成，则对任何单个组件的更改都会导致必须重新部署整个应用程序。但是，如果将该应用程序分解为多个服务，则可以对单个服务进行更改，重新部署该服务即可。

对服务进行组件化拆分并不是绝对的，一些服务接口的变化会导致依赖这些接口的服务同步变更，这样也会增加一定的维护成本。因此，微服务架构的目标是：通过服务内聚边界和约定，保证最小化改动和代价最低。

使用服务作为组件的另一个目的是：产生更明确的组件接口。

大多数语言没有定义显式发布接口的良好机制。通常，只有文档和规范才能防止客户端破坏组件的封装，从而导致组件之间的耦合过于紧密。通过使用显式远程调用机制，服务可以更容易地避免这种情况。

> 远程调用比进程内调用更昂贵，因此远程 API 需要更粗粒度，这通常会导致 API 更难使用。

（2）围绕业务能力组织服务。

微服务的划分方法有很多种，其中最广泛的划分方法是围绕业务能力组织服务。此类服务包括用户界面、持久性存储服务等。

> 大型单体应用程序始终可以围绕业务功能进行模块化。如果单体应用中的某些功能跨越许多模块化边界，就会很难融入现有的模块中。此外，更明确的分离的服务组件也会使团队分工边界更清晰。

（3）要明确产品而不是项目。

通常，在企业中大多数应用程序的开发工作使用项目模型。通过项目模型开发完成后，软件将移交给维护团队，而研发它的项目团队将被安排做其他事情。虽然整个过程看起来高效有序，但是这样的方式并不利于产品的沉淀。

微服务架构推荐团队应该在其整个生命周期内拥有产品。开发团队对生产中的软件负全部责任，这使开发人员能够每天接触他们的软件，并与用户的联系更加密切。

> 我们并没有说单体应用不能做到以产品视角持续交付和优化，但是适当颗粒度的服务拆分更容易维护和扩展，更容易增强团队和用户之间的联系。

（4）去中心化治理思路。

集中治理的后果之一是标准化的单一技术栈。不是每个问题都是钉子，也不是每个解决方案都是锤子。

> 开发人员应该使用正确的工具来完成，单体应用可以在一定程度上使用不同的语言，但这并不能广泛使用。

构建微服务的团队更喜欢采用不同的标准方法，这也是我们经常提到的"多种语言，多种选择"。不同的高级语言有不同的特性，在某个领域有更高的性能和效率。许多单体应用不需要这种级别的性能优化。相反，单体应用通常使用单一语言，并且倾向于限制使用中的技术数量。

（5）去中心化数据管理。

数据管理的分散化以多种不同的方式呈现。微服务分散了数据存储决策。虽然单体应用程序更喜欢使用单个逻辑数据库来存储持久性数据，但企业通常更喜欢使用跨一系列应用程序的单个数据库。

微服务更喜欢让每个服务管理自己的数据库，要么是同一数据库技术的不同实例，要么是完全不同的数据库系统。可以在单体应用中使用多语言持久化，但这种多种语言的持久化，在微服务中使用得更多。

> 跨服务分散数据存储对数据更新有影响。处理更新的常用方法是在更新多个资源时使用事务来保证一致性。使用事务有助于保证一致性，但会带来很大的时间代价。分布式事务很难实现，就算实现了也要付出很大的成本和代价，因此，微服务架构强调服务之间的无状态性，只是保证最终的一致性，这可以通过补偿操作来处理。
>
> 选择这种方式保证数据一致性对许多开发团队来说是一个新的挑战，这要和具体的业务场景进行匹配。业务需要权衡的是，在更高的一致性要求下修复错误的成本低于丢失业务的成本。

微服务是由单体应用拆分而来的，这将大大增加运维成本和维护成本，所以需要项目具备优秀的持续集成能力，这样才能发挥出真正的价值。

微服务导致运维成本和管理成本的增加，通过持续集成和自动化部署，单体应用和微服务之间将没有太大的区别，但两者的运营环境可能截然不同。

（6）为"失败"设计。

任何程序都会因为各种因素导致服务不可用，在微服务系统中这一点尤为突出。与单体应用相比，这是一个缺点，因为它引入了额外的复杂性。

由于服务随时可能出现故障，因此能够快速检测故障，并在可能的情况下自动恢复服务非常重要。微服务应用程序非常重视应用程序的实时监控。

如果某个服务超时，那么要提前设置容错处理，如通知调用方返回异常。如果某些服务突然流量暴增，那么为了保护系统，防止系统过载崩溃，也要适当地使用缓存和限流。

微服务团队希望看到针对每个单独服务的复杂监控和日志记录设置，例如，显示启动/关闭状态的仪表盘，以及各种运营和业务的相关指标。

（7）为"进化"设计。

微服务需要有迭代变化的特性，从而使应用程序开发人员能够在不调整业务需求的情况下控制其应用程序中的更改。变更控制，并不一定意味着减少变更。通过使用正确的工具，可以对系统进行频繁、快速且可控的变更。

每当开发人员尝试将软件系统分解为多个组件时，都会面临如何分割各个部分的问题。那么，决定分割应用程序的原则是什么？组件的关键属性是独立替换和可升级性，这意味着，在不影响其服务的情况下需要重写组件。事实上，许多微服务团队明确预计服务将被废弃，从而就不用再花费代价进行分割和改造。

这种对可替换性的强调是模块化设计的一般原则，即通过更改模式来驱动模块化（将同时更改的内容保留在同一模块中）。系统中很少更改的部分应该与当前经历大量流失的服务位于不同的服务中。如果开发人员发现自己反复同时更改两个服务，则表明它们应该合并。

对于单体应用，任何更改都需要完整地构建和部署整个应用程序。但是，对于微服务，开发人员只需要重新部署修改过的服务就可以，这可以简化和加快发布过程。其缺点是必须注意一个服务的更改会破坏其他服务。

3. 微服务是软件架构的未来方向吗

微服务架构是比单体架构的某些方面更好的方案，但它会降低生产力。任何架构都有其优势和劣势，微服务产生的成本和收益也是一样的，开发人员要做出明智的选择，必须结合自己业务的特点综合考虑。

（1）使用微服务需要权衡。

尽管有很多公司从事微服务方向的实践，但这并不能说明微服务就是软件架构的未来方向。

开发一个多年来已经衰败的单体架构的团队，对模块化有着强烈的期待。其认为微服务不太可能出现衰减，因为服务边界是明确的。

然而，微服务在发展中暴露了很多问题，如服务治理、定位和调试问题，以及过分拆分服务导致的调用和维护混乱问题。越来越复杂的业务对系统的要求更高（熔断、限流、负载均衡、灰度发布等），而不同量级的服务也会对系统产生很大的冲击。

在组件化的过程中，成功与否取决于架构和组件拆分颗粒度的匹配程度。如果拆分的组件不合理，则开发人员将很难弄清楚组件边界在哪里。与进程组件（具有远程通信的服务）相比，微服务重构起来比使用进程程序困难得多。跨服务移动代码非常困难，任何接口的更改都需要与所有调用方协调，需要添加向后兼容逻辑，这种架构也会使测试变得更加复杂。

另外，如果组件的组合不合理，则转为微服务后就是将复杂性从组件内部转移到服务之间。这不仅会转移复杂性，还会将其转移到不那么明确且难以控制的地方。

最后，还有团队技术水平的因素。对于具有很强技术能力的团队，新技术可以很有效地提升团队效率。但是，对于技术水平一般的团队，新技术不一定利大于弊。在这种情况下，相比单体服务维护成本和技术能力要求更高的系统架构，毫无疑问，微服务也不会减少问题的出现。

（2）新的方向：服务网格（Service Mesh）。

发展到现在，微服务框架迎来了另一个方向：服务网格。这也是在微服务发展到一定阶段后，需要对服务治理、服务支撑量、灰度发布、熔断、限流注册服务与发现等方案提出更高要求的背景下产生的。

总体思路就是化繁为简：使用统一的 RESTful API 等协议，去除了多种语言的差异；使用 Sidecar 方式，把负载均衡、熔断、限流、灰度发布、安全认证等从服务中抽离出去，并且毫无侵入。

服务网格使微服务焕发了新的生机，将其推向了更高的巅峰。

7.3.3 微服务容器化的难点

微服务容器化的难点主要来自三个方面。

- 单体应用到微服务的改造。
- 微服务到容器化的改造。
- 微服务在容器内的运行和维护。

下面围绕这三个难点进行逐一介绍。

1. 单体应用到微服务的改造

（1）完成自动化测试覆盖。

毋庸置疑，线上的稳定性是所有技术迭代和需求迭代的生死线。单体应用到微服务的改造面临的第一个挑战就是测试覆盖，以此来保证在服务拆分和改造过程中业务是稳定的。

那么，开发人员又该如何完成自动化测试覆盖呢？

- 保证核心流程用例和自动化服务是完整的，包括登录和注册，以及核心流程和关键动作的测试覆盖。
- 参考业务中的公共模块进行设计拆分，很多前端和后端的功能模块根据业务需要，有一定的重复和复用，这样可以减少很大一部分重复工作。
- 完善项目的测试覆盖，以及对项目做适当的压力测试，给出整个系统的瓶颈和测试覆盖度报告。
- 持续迭代用例，一旦发现用例失败和需求变更，就第一时间更新。值得注意的是，该过程允许有适当的冗余和重复，甚至可以适当地把某个逻辑中断，为后续的持续迭代做沉淀。

（2）引入灰度发布系统。

自动化测试覆盖可以保障线上稳定，但是再完善的测试覆盖也会有发现不了的缺陷。想要平滑地做到单体应用到微服务的改造，引入灰度发布机制才是解决之道。因此，可以通过配置灰度规则，有节奏地平滑替换线上接口和业务逻辑，确保微服务改造过程的稳步进行。

（3）实现前后端分离。

业务系统通常分为三层。

- 表示层：包含 HTTP 接口，以及运行在浏览器中的 HTML 文件。

- 逻辑层：包含系统的核心逻辑，一般是指业务逻辑。
- 数据层：包含系统的访问数据及数据库层。

要实现前后端分离，就需要把表示层分离。但是，为了满足微服务拆分，就需要对逻辑层进行调整，通常采用的策略是将部分逻辑改为远程调用（RESTful API 或 HTTP 接口方式）。

（4）抽离相互调用逻辑。

在过渡阶段需要抽离相互调用逻辑。其思路比较简单，即制作一个单体应用调用微服务接口的转换逻辑，以及同步制作微服务调用单体应用接口的转换逻辑。当然，也可以完全通过接口方式实现交互，这样更加直观。

（5）设计分布式事务和分布式锁逻辑。

当系统对一致性或实时数据准确性的要求较高时，可以选择最终一致性，制作一个定时检查和补偿机制。如果系统对实时性要求较高，则代价就会很大。从单体应用内存调用到异步 RESTful API 或 RPC 调用，需要引入更多的方案来满足，这里就不再扩展介绍。

（6）规划和拆分模块。

在通常情况下，可以从压力测试报告中找到当前系统瓶颈。开发人员通过拆分模块达到优化的目的。当然，也可以从业务模块角度，先拆分核心基础模块，然后进行各个业务模块的拆分。

2. 微服务到容器化的改造

业务架构可以分为有状态和无状态两种。简单来说，逻辑部分是无状态的。逻辑部分可以按照业务模块直接容器化，这通常不会有什么问题。但是，有状态部分（如数据库、内存、缓冲、消息系统等数据部分）需要考虑分发、处理、存储操作。

微服务到容器化的改造最关键的就是如何处理架构中的有状态部分。

数据的存储一般分为以下 4 种。

- 内存数据：可以使用缓存，如 Session。一般可以放在外部统一的缓存中，如分布式 Redis 集群。虽然读取速度会比原来慢，但如果提前设计好架构和索引，则速度不比直接读内存慢多少。
- 业务数据：通常使用 MySQL、MongoDB 做集群，但一定要做好合理分区、索引、备份设计。如果性能无法得到满足，既可以进行读/写分离，也可以做分库分表等分布式数据库。

- 文件图片数据：直接使用 CDN 存储即可。特殊类型（如文本、文档）适合使用 Elasticsearch 进行存储。
- 日志：直接在宿主机存储即可，定期进行备份整理。

如果所有的数据都放在外部的统一存储上，则应用就成了仅仅包含业务逻辑的无状态应用，可以进行平滑的横向扩展。

> 外部统一存储，无论是缓存、数据库还是对象存储、搜索引擎，它们都有自身的分布式横向扩展机制。

3. 微服务在容器内的运行和维护

微服务实现容器化改造之后，就需要解决微服务在容器内的运行和维护问题。

（1）服务注册和发现。

在默认情况下，启动 Docker 使用 Bridge（安装 Docker 时创建的桥接网络）。每次重启 Docker 时，会按照顺序获取对应的 IP 地址。这会导致一个问题：每次重启 Docker 之后，容器的 IP 地址就会发生变化。此时会出现无法访问服务的问题，这是因为一般的服务注册和发现都是以 IP 地址加模块名等基本信息来记录服务依赖关系的。

以下两个方案可以解决这个问题。

第一，对原来的服务注册和发现进行改造，注册时把容器 ID 和 HostName 一起提交到注册中心。同时，在调用远程服务时，通过容器 ID 获取容器的访问地址。

第二，自定义网络，并配置为固定 IP 地址或记录映射关系。

（2）自定义网络示例。

为了便于理解，可以创建一个自定义网络，并指定网段为"172.18.0.0/16"。

```
#查看当前可用网络
docker network ls

#创建自定义网络
docker network create --subnet=172.18.0.0 /16 networktest
```

准备就绪后使用自定义网络，并指定固定 IP 地址为 "172.18.0.5"。

```
docker run -itd --name networkTest1 --net networktest --ip 172.18.0.5 nginx:latest /bin/bash
```

最终效果如图 7-9 所示。

```
|+ → docker run -itd --net bridge --ip 172.17.0.11 nginx:latest /bin/bash
Unable to find image 'nginx:latest' locally
latest: Pulling from library/nginx
e1acddbe380c: Pull complete
e21006f71c6f: Pull complete
f3341cc17e58: Pull complete
2a53fa598ee2: Pull complete
12455f71a9b5: Pull complete
b86f2ba62d17: Pull complete
Digest: sha256:4d4d96ac750af48c6a551d757c1cbfc071692309b491b70b2b8976e102dd3fef
Status: Downloaded newer image for nginx:latest
ee7600c047810bd5db929b5e201410ff0ebeedc83eb72109901312c7124c1c5f
docker: Error response from daemon: user specified IP address is supported on user defined networks only.
```

图 7-9

7.3.4 服务网格 1——服务网格与微服务

服务网格的起源可以追溯到过去几十年服务器端应用程序的演变。在传统的中型 Web 应用程序中，具有代表性的就是三层架构。在这个架构中，应用程序逻辑、Web 服务逻辑和存储逻辑都是一个单独的层。不同层之间的通信虽然复杂，但范围有限。

当这种架构达到非常高的规模时，它开始崩溃。Google、Netflix 和 Twitter 等公司面临着巨大的流量需求，它们实施了有效的云原生方法的前身——应用层被拆分为微服务，层成为一种拓扑结构。这些系统通过采用一般的通信层来解决这种复杂性。例如，Twitter 的 Finagle、Netflix 的 Hystrix 和 Google 的 Stubby 就是典型的例子。

随着技术的发展，出现了现代服务网格。它将这种显式处理服务到服务通信的想法与两个额外的云原生组件相结合。

- 容器提供资源隔离和依赖管理，并允许将服务网格逻辑作为代理实现，而不是作为应用程序的一部分。
- 容器编排器（如 Kubernetes）提供了无须大量运营成本即可部署数千个代理的方法。

这些因素意味着，我们有一个更好的替代库方法：可以在运行时而不是在编译时绑定服务网格功能，从而使开发人员能够将这些平台级功能与应用程序本身完全分离。

1. 服务网格的概念

服务网格是处理服务间通信的基础设施层。它负责构建现代云原生应用程序的复杂服务拓扑来可靠地交付请求。

在实践中，服务网格通常以轻量级网络代理阵列的形式实现，这些代理与应用程序代码部署在一起，应用程序无须感知代理的存在。

服务网格是一种工具，通过在平台层而不是应用程序层插入某些扩展功能，可以为应用程序添加可观察性、安全性和可靠性功能。

服务网格通常通过一组轻量级网络代理来实现，这些代理与应用程序代码一起部署，而不需要感知应用程序本身（这种模式有时称为 Sidecar）。这些代理用于处理微服务之间的通信，并充当可以引入服务网格功能的点。

服务网格的兴起与云原生应用程序的兴起息息相关。在云原生世界中，一个应用程序可能包含数百个服务。每个服务可能有数千个实例，这些实例中的每一个都可能处于不断变化的状态，因为它们是由 Kubernetes 等编排器动态调度的。

> 在云原生世界中，服务到服务的通信不但极其复杂，而且是应用程序运行时行为的基本部分，管理它对于确保端到端性能、可靠性和安全性至关重要。

2. 服务网格是如何工作的

服务网格不会为应用的运行时环境加入新功能，任何架构中的应用都需要相应的规则来指定请求是如何从 A 点到达 B 点的。

服务网格的特点是，它从各个服务中提取逻辑管理的服务间通信，并将其抽象为一个基础架构层，服务网格会以网络代理阵列的形式内置到应用中。

3. 服务网格与微服务

微服务框架也可以做到应用程序的重试/超时、监控、追踪和服务发现，但是对于微服务，服务网格有哪些异同？

（1）独立服务间通信。

在服务网格中，请求将通过所在基础架构层中的代理在微服务之间路由，这是因为它们与每个服务并行运行，而非在内部运行。

（2）简化服务间通信。

服务网格可以简化服务间的通信。在没有服务网格层时，逻辑管理的通信需要编码到每个服务中，但随着通信变得越来越复杂，服务网格的价值也就更加显著。以微服务架构构建的云原生应用，利用服务网格，可以将大量离散服务整合为一个应用。

> 如果没有服务网格，则每个微服务都需要进行逻辑编码才能管理服务间通信，这会导致开发人员无法专注于业务目标。这也意味着通信故障难以诊断，因为管理服务间通信的逻辑隐藏在每个服务中。

（3）优化服务间通信。

在实际开发中，开发人员每向应用中添加一个新服务或为容器中运行的现有服务添加一个新实例，都会让通信环境变得更加复杂，并且可能埋入新的故障点。

在复杂的微服务架构中，如果没有服务网格，则几乎不可能找到哪里出了问题。这是因为服务网格会以性能指标的形式捕获服务间通信的一切信息。随着时间的推移，服务网格获取的数据逐渐累积，可以用来改善服务间通信的规则，从而生成更有效、更可靠的服务请求。

例如，如果某个服务失败，服务网格可以收集在重试成功前所花费时间的有关数据。随着某服务故障持续时间的数据不断积累，开发人员可编写相应的规则，以确定在重试该服务前的最佳等待时间，从而确保系统不会因不必要的重试而负担过重。

7.3.5 服务网格 2——使用 Istio 方案

随着微服务生态系统复杂性的不断增加，需要对它进行更加有效和智能的管理，从而深入地洞悉微服务是如何交互的，并确保微服务之间的通信安全。Istio 可以提供上述所需的全部功能。

1. Istio 简介

（1）Istio 是什么？

相信任何对 Kubernetes 和云原生生态系统感兴趣的读者都听说过 Istio。为了保证可移植性，开发人员必须使用微服务来构建应用，同时运维人员也正在管理着极其庞大的混合云和多云的部署环境。

使用 Istio 有助于降低这些部署的复杂性，并减轻开发团队的压力。它是一个完全开源的服务网格，作为透明的一层被接入现有的分布式应用程序中。它也是一个平台，拥有可以集成任何日志、遥测和策略系统的 API。

> Istio 多样化的特性使开发人员能够成功且高效地运行分布式微服务架构，并提供保护、连接和监控微服务的统一方法。

服务网格用来描述组成这些应用的微服务网络，以及它们之间的交互。随着服务网格的规模和复杂性不断增加，它将变得越来越难以理解和管理。它的需求包括服务发现、负载均衡、故障恢复、度量和监控等。服务网格通常还有更复杂的运维需求，如 A/B 测试、金丝雀发布、速率限制、访问控制和端到端认证。

Istio 提供了对整个服务网格的行为洞察和操作控制的能力，以及一个完整的满足微服务应用各种需求的解决方案。

（2）为什么使用 Istio?

通过负载均衡、服务间的身份验证、监控等方法，使用 Istio 可以轻松地创建一个已经部署服务的网络，只需要对服务的代码进行少量更改甚至不需要更改。通过在整个环境中部署一个特殊的 Sidecar 代理，即可为服务添加 Istio 的支持，而代理会拦截微服务之间的所有网络通信，然后使用其控制平面的功能来配置和管理 Istio。下面来看一下 Istio 提供的一些基本功能。

- 为 HTTP、gRPC、WebSocket 和 TCP 流量提供负载均衡能力。
- 通过丰富的路由规则、重试、故障转移和故障注入对流量行为进行细粒度控制。
- 可插拔的策略层和配置 API，支持访问控制、速率限制和配额。
- 集群内（包括集群的入口和出口）所有流量的自动化度量、日志记录和追踪。
- 在具有强大的基于身份验证和授权的集群中实现安全的服务间通信。

（3）Istio 具备三大核心特性。

Istio 以统一的方式提供了以下跨服务网络的关键功能。

- 流量管理：Istio 简单的规则配置和流量路由允许开发人员控制服务之间的流量和 API 调用过程。Istio 简化了服务级属性（如熔断、超时和重试）的配置，并且可以轻而易举地执行重要的任务（如 A/B 测试、金丝雀发布和按流量百分比划分的分阶段发布）。
- 安全特性：Istio 的安全特性解放了开发人员，使其只需要专注于应用程序级别的安全。Istio 提供了底层的安全通信通道，并可对大规模的服务通信进行管理认证、授权和加密。有了 Istio，服务通信在默认情况下是受保护的，可以在跨不同协议和运行时的情况下实施一致的策略，而所有这些都只需要少量甚至不需要修改应用程序。

> Istio 是独立于平台的，可以与 Kubernetes（或基础设施）的网络策略一起使用。但它更强大，能够在网络层和应用层保护 Pod 到 Pod 或服务到服务的通信。

- 可观察性：Istio 健壮的追踪、监控和日志特性让开发人员能够深入地了解服务网格部署。通过 Istio 的监控特性，可以真正地了解服务的性能是如何影响上游和下游的。而它的定制 Dashboard 提供了对所有服务性能的可视化能力，并且能够看到服务是如何影响其他进程的。

> Istio 的 Mixer 组件负责策略控制和遥测数据收集。它提供了后端抽象和中介，将一部分 Istio 与后端的基础设施实现细节隔离开，并为运维人员提供了对网格与后端基础实施之间交互的细粒度控制。

所有这些特性能够使开发人员更有效地设置、监控和加强服务的 SLO（Service Level Objective，服务等级目标）。当然，底线是可以快速、有效地检测到并修复出现的问题。

（4）平台支持范围广。

Istio 独立于平台，可以在各种环境中运行，包括云、内部环境、Kubernetes、Mesos 等。开发人员可以在 Kubernetes 或装有 Consul 的 Nomad 环境上部署 Istio。

Istio 目前支持以下几个功能。

- Kubernetes 上的服务部署。
- 基于 Consul 的服务注册。
- 服务运行在独立的虚拟机上。

（5）便于整合和定制。

Istio 的策略实施组件不仅可以扩展和定制，还可以与现有的日志、监控、配额、审查等解决方案集成。

2. 安装和部署 Istio

（1）下载对应操作系统的安装文件。

```
curl -L https://istio.io/downloadIstio | sh -
```

上面的命令表示下载最新版本（用数值表示）的 Istio。可以向命令行传递变量，用来下载指定的、不同处理器体系的版本。例如，下载 x86_64 架构的 1.6.8 版本的 Istio。

```
curl -L https://[istio官网]/downloadIstio | ISTIO_VERSION=1.6.8 TARGET_ARCH=x86_64 sh -
```

（2）配置环境变量。

进入 Istio 安装目录。

```
cd istio-1.11.1
```

安装目录包含 samples 文件夹和 bin 文件夹，这两个文件夹的作用分别如下。

- samples 文件类：存放示例应用程序。
- bin 文件类：存放 istioctl 客户端的二进制文件。

把当前目录下的 bin 文件夹注入环境变量中。

```
echo 'export PATH=$PWD/bin:$PATH' >> ~/.bash_profile
```

使用 source 命令使配置生效。

```
source ~/.bash_profile
```

> istioctl 是 Istio 中修改配置的命令行工具，可以非常方便地调试和诊断 Istio。

（3）安装 Istio。

本次安装采用 demo 配置文件，这是因为它包含一组专门为测试准备的功能集合，另外还有用于生产或性能测试的配置文件，如图 7-10 所示。

```
#这里以 demo 配置文件启动
istioctl install --set profile=demo -y
```

```
~/Documents/istio-1.11.1 at 🐳 docker-desktop
→ istioctl install --set profile=demo -y
✓ Istio core installed
✓ Istiod installed
✓ Ingress gateways installed
✓ Egress gateways installed
✓ Installation complete
Thank you for installing Istio 1.11.  Please take a few minutes to tell us about your install/upgrade experience!  https://forms.gle/kWULBRjUv7hHci7T6
```

图 7-10

当然，除 demo 配置文件外，还有其他配置文件（default、minimal、remote、empty、preview），开发人员可以根据具体业务场景进行配置。

> 这些配置文件提供了 Istio 控制平面和 Istio 数据平面 Sidecar 的定制内容。

Istio 通常提供以下 6 种内置配置文件，如图 7-11 所示。

- default：根据 IstioOperator API 的默认设置启动组件，建议用于生产部署和 Multicluster Mesh 中的 Primary Cluster。开发人员可以通过运行 istioctl profile dump 命令来查看默认设置。
- demo：该配置文件具有适度的资源需求，旨在展示 Istio 的功能。它适合运行 Bookinfo 应用程序和相关任务。这是通过快速开始指导安装的配置。此配置文件启用了高级别的追踪和访问日志，因此不适合进行性能测试。
- minimal：与默认配置文件相同，但只安装了控制平面组件。它允许开发人员使用 Separate Profile 配置控制平面和数据平面组件（如 Gateway）。
- remote：配置 Multicluster Mesh 的 Remote Cluster。
- empty：不部署任何东西。可以作为自定义配置的基本配置文件。
- preview：预览文件包含的功能都是实验性的。这是为了探索 Istio 的新功能，不确保稳定性、安全性和性能。

核心组件	default	demo	minimal	remote	empty	preview
istio-egressgateway		✔				
istio-ingressgateway	✔	✔				✔
istiod	✔	✔	✔			✔

图 7-11

（4）注入 Envoy 边车代理。

可以通过为命名空间添加标签，来告诉 Istio 在部署应用时自动注入 Envoy 边车代理。

```
kubectl label namespace default istio-injection=enabled
```

3. 使用 Istio 方案部署应用

至此，完成了 Istio 的安装和配置。Istio 官方给出了一个示例，其中包含非常丰富的场景，这里进行简单介绍。

（1）部署官方示例。

开发人员可以进入 Istio 下载安装目录中，通过执行 kubectl apply -f samples/bookinfo/ platform/ kube/bookinfo.yaml 命令来启动服务，如图 7-12 所示。

```
~/Documents/istio-1.8.1 at 🎡 docker-desktop
→ kubectl apply -f samples/bookinfo/platform/kube/bookinfo.yaml
service/details created
serviceaccount/bookinfo-details created
deployment.apps/details-v1 created
service/ratings created
serviceaccount/bookinfo-ratings created
deployment.apps/ratings-v1 created
service/reviews created
serviceaccount/bookinfo-reviews created
deployment.apps/reviews-v1 created
deployment.apps/reviews-v2 created
deployment.apps/reviews-v3 created
service/productpage created
serviceaccount/bookinfo-productpage created
deployment.apps/productpage-v1 created
```

图 7-12

Istio 会跟随项目启动，代理应用的出/入流量，并做好负载均衡、熔断、限流、日志、健康检查。

（2）查看启动服务。

执行 kubectl get services 命令可以查看已启动的服务，如图 7-13 所示。

```
~/Documents/istio-1.8.1 at 🎡 docker-desktop
→ kubectl get services
NAME          TYPE        CLUSTER-IP      EXTERNAL-IP   PORT(S)    AGE
details       ClusterIP   10.109.13.58    <none>        9080/TCP   26h
kubernetes    ClusterIP   10.96.0.1       <none>        443/TCP    33h
myapp-svc     ClusterIP   10.107.80.157   <none>        8080/TCP   7h11m
productpage   ClusterIP   10.99.62.21     <none>        9080/TCP   26h
ratings       ClusterIP   10.102.223.16   <none>        9080/TCP   26h
reviews       ClusterIP   10.101.37.44    <none>        9080/TCP   26h
```

图 7-13

（3）查看 Pod 的情况。

执行 kubectl get pods 命令可以查看 Pod 的情况。通常在每个 Pod 就绪后，Istio Sidecar 代理将伴随它们一起部署，如图 7-14 所示。

```
~/Documents/istio-1.8.1 at 🎡 docker-desktop took 3s
→ kubectl get pods
NAME                            READY   STATUS             RESTARTS   AGE
details-v1-79c697d759-5fgrs     2/2     Running            0          26h
myapp-v1-66c74cd998-t2jvf       1/2     ImagePullBackOff   0          7h18m
productpage-v1-65576bb7bf-f5w27 2/2     Running            0          26h
ratings-v1-7d99676f7f-qn2tg     2/2     Running            0          26h
reviews-v1-987d495c-h8tcz       2/2     Running            0          26h
reviews-v2-6c5bf657cf-mpgtj     2/2     Running            0          26h
reviews-v3-5f7b9f4f77-wm5mp     2/2     Running            0          26h
```

图 7-14

（4）通过容器命令访问。

到目前为止，还没有对 Istio 做外网访问配置，可以直接使用容器命令从外网来访问。

```
kubectl exec "$(kubectl get pod -l app=ratings -o jsonpath='{.items[0].metadata.name}')" -c
ratings -- curl -s productpage:9080/productpage | grep -o "<title>.*</title>"
```

这里需要找到 ratings 对应的 Pod Name，使用 kubectl exec 命令在指定容器中寻找即可。

```
kubectl exec ratings-v1-7d99676f7f-qn2tg   -c ratings -- curl -s productpage:9080/productpage
```

执行结果如图 7-15 所示。

```
~/Documents/istio-1.8.1 at  docker-desktop
→ kubectl exec ratings-v1-7d99676f7f-qn2tg   -c ratings -- curl -s productpage:9080/productpage
<!DOCTYPE html>
<html>
  <head>
    <title>Simple Bookstore App</title>
<meta charset="utf-8">
<meta http-equiv="X-UA-Compatible" content="IE=edge">
<meta name="viewport" content="width=device-width, initial-scale=1.0">

<!-- Latest compiled and minified CSS -->
<link rel="stylesheet" href="static/bootstrap/css/bootstrap.min.css">

<!-- Optional theme -->
<link rel="stylesheet" href="static/bootstrap/css/bootstrap-theme.min.css">

  </head>
  <body>



<nav class="navbar navbar-inverse navbar-static-top">
  <div class="container">
    <div class="navbar-header">
      <a class="navbar-brand" href="#">BookInfo Sample</a>
    </div>

    <button type="button" class="btn btn-default navbar-btn navbar-right" data-toggle="modal" href="#login-modal">Sign
      in</button>

  </div>
</nav>
```

图 7-15

4. 对外网开放应用访问

按照上述步骤部署应用。但是其中存在一个问题——应用不能被外网访问。

要开放外网访问，需要创建 Istio 入站网关（Ingress Gateway），它会在网格边缘把一个路径映射到路由。

（1）把应用关联到 Istio 网关。

```
kubectl apply -f samples/bookinfo/networking/bookinfo-gateway.yaml


#执行分析命令确认配置是否正确
istioctl analyze
```

（2）判断 Kubernetes 集群环境是否支持外网负载均衡。

```
kubectl get svc istio-ingressgateway -n istio-system
```

在设置 EXTERNAL-IP 的值后，环境就有了一个外网的负载均衡器，可以用它作为入站网关。

> 如果 EXTERNAL-IP 的值为<none>（或一直是<pending>状态），且没有提供可作为入站网关的外网负载均衡器，则此时可以用服务（Service）的节点端口访问网关。

（3）确定入站 IP 地址和端口号。

按照说明，为访问网关设置 INGRESS_HOST 变量和 INGRESS_PORT 变量。

```
export INGRESS_HOST=$(kubectl -n istio-system get service istio-ingressgateway -o
jsonpath='{.status.loadBalancer.ingress[0].ip}')
$export INGRESS_PORT=$(kubectl -n istio-system get service istio-ingressgateway -o
jsonpath='{.spec.ports[?(@.name=="http2")].port}')
$export SECURE_INGRESS_PORT=$(kubectl -n istio-system get service istio-ingressgateway -o
jsonpath='{.spec.ports[?(@.name=="https")].port}')
```

开发人员可以根据自己的业务功能，设置指定的 IP 地址和端口号。

```
kubectl -n istio-system get service istio-ingressgateway -o jsonpath='{.status.loadBalancer.
ingress}'
```

具体的执行结果如图 7-16 所示。

```
~/Documents/istio-1.8.1 at 🐳 docker-desktop
→ kubectl -n istio-system get service istio-ingressgateway -o jsonpath='{.status.loadBalancer.ingress}'
[{"hostname":"localhost"}]
```

图 7-16

当然，也可以使用 hostname 进行修改。

```
export INGRESS_HOST=$(kubectl -n istio-system get service istio-ingressgateway -o jsonpath=
'{.status.loadBalancer.ingress[0].hostname}')
```

如果没有负载均衡器，则按照以下语句进行设置。

```
export INGRESS_PORT=$(kubectl -n istio-system get service istio-ingressgateway -o jsonpath=
'{.spec.ports[?(@.name=="http2")].nodePort}')
$export SECURE_INGRESS_PORT=$(kubectl -n istio-system get service istio-ingressgateway -o
jsonpath='{.spec.ports[?(@.name=="https")].nodePort}')
```

最后，需要确保 IP 地址和端口号均被成功地赋值给环境变量。

```
#设置全局 GATEWAY_URL 变量，获取网关设置的外网出口
export GATEWAY_URL=$INGRESS_HOST:$INGRESS_PORT
```

（4）检查全局变量是否可用。

为了检查全局变量是否可用，打印变量 INGRESS_HOST 和 GATEWAY_URL，如图 7-17 所示。

图 7-17

在浏览器中访问"http://localhost/productpage"地址，查看服务是否就绪，如图 7-18 所示。

图 7-18

（5）部署仪表盘。

为了更加便捷地了解 Istio 部署的服务关系和健康状态，下面部署仪表盘。

```
#安装 Kiali 和其他插件，等待部署完成
kubectl apply -f samples/addons
kubectl rollout status deployment/kiali -n istio-system
```

执行 kubectl apply –f samples/addons 命令，结果如图 7-19 所示。

通过执行 istioctl dashboard kiali 命令启动仪表盘服务，如图 7-20 所示。

至此完成了 K8s + Istio + Python + Java + Node.js 的多种语言服务框架的搭建和部署。

```
~/Documents/istio-1.11.1 at 🐳 docker-desktop
→ kubectl apply -f samples/addons
serviceaccount/grafana configured
configmap/grafana configured
service/grafana configured
deployment.apps/grafana configured
configmap/istio-grafana-dashboards configured
configmap/istio-services-grafana-dashboards configured
deployment.apps/jaeger configured
service/tracing configured
service/zipkin unchanged
service/jaeger-collector configured
serviceaccount/kiali configured
configmap/kiali configured
clusterrole.rbac.authorization.k8s.io/kiali-viewer configured
clusterrole.rbac.authorization.k8s.io/kiali configured
clusterrolebinding.rbac.authorization.k8s.io/kiali configured
role.rbac.authorization.k8s.io/kiali-controlplane created
rolebinding.rbac.authorization.k8s.io/kiali-controlplane created
service/kiali configured
serviceaccount/prometheus configured
configmap/prometheus configured
clusterrole.rbac.authorization.k8s.io/prometheus configured
clusterrolebinding.rbac.authorization.k8s.io/prometheus configured
service/prometheus configured
deployment.apps/prometheus configured
The Deployment "kiali" is invalid: spec.selector: Invalid value: v1.LabelSelector{MatchLabels:map[string]string{"app.kubernetes.io/instance":"kiali", "app.k
ubernetes.io/name":"kiali"}, MatchExpressions:[]v1.LabelSelectorRequirement(nil)}: field is immutable
```

图 7-19

图 7-20

对于运维和开发维护方面，有以下开源系统可供选择。

- Kiali：开源的 UI 项目，通过可视化包含拓扑、吞吐量和运行状况等信息的有效路由，网格会变得易于理解。
- Prometheus：开源的监控系统、时间序列数据库，开发人员可以结合使用 Prometheus 与 Istio 来收集指标，通过这些指标判断 Istio 和网格内的应用的运行状况。
- Grafana：开源的监控解决方案，可以用来为 Istio 配置仪表盘。可以使用 Grafana 来监控 Istio 及部署在服务网格内的应用程序。
- Jaeger：开源的端到端的分布式跟踪系统，允许用户在复杂的分布式系统中监控和排查故障。

7.3.6　常见问题及解决方案

1. Mac 计算机在设置了开启 Kubernetes 配置后出现"卡死"问题

如果 Mac 计算机设置了开启 Kubernetes 配置，则经常会出现"卡死"问题（即一直处于

Kubernetes is starting 状态）。这是因为拉取远程镜像失败，Docker Desktop 一直在检查镜像拉取状态。具体的解决方案如下。

（1）克隆镜像到本地。

```
git clone https://[github 官网]/hummerstudio/k8s-docker-desktop-for-mac.git
```

（2）进入下载目录中。

```
cat image_list

k8s.gcr.io/kube-proxy:v1.21.2=gotok8s/kube-proxy:v1.21.3
k8s.gcr.io/kube-controller-manager:v1.21.2=gotok8s/kube-controller-manager:v1.21.3
k8s.gcr.io/kube-scheduler:v1.21.2=gotok8s/kube-scheduler:v1.21.3
k8s.gcr.io/kube-apiserver:v1.21.2=gotok8s/kube-apiserver:v1.21.3
k8s.gcr.io/coredns/coredns:v1.8.0=gotok8s/coredns:v1.8.0
k8s.gcr.io/pause:3.4.1=gotok8s/pause:3.4.1
k8s.gcr.io/etcd:3.4.13-0=gotok8s/etcd:3.4.13-0
```

（3）查看 Docker Kubernetes 版本。

在 Docker 客户端选择"Preferences→Kubernetes"选项，查看 Kubernetes 版本，如图 7-21 所示。

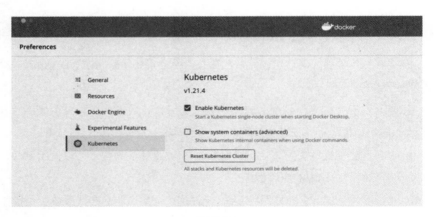

图 7-21

接下来需要查看本地安装的版本，单击"Preferences"按钮（显示本地 Kubernetes 的版本号为 1.21.4），如图 7-22 所示。

图 7-22

找到版本后就简单了，按照对应的版本进行下载即可。

2. 容器中的 IP 地址不固定，导致服务异常

容器中的 IP 地址不是固定的，微服务的注册中心的变更导致服务不稳定，以及运维成本增加。

在微服务的场景中，运行的微服务实例将会达到成百上千个，同时微服务实例存在"在失效时需要在其他机器上启动以保证服务可用性"的场景。因此，如果用 IP 地址进行微服务访问，则需要经常进行 IP 地址更新。

服务注册与发现应运而生，当微服务启动时，它会将自己访问的 Endpoint 信息注册到注册中心，以便在其他的服务需要调用时能够从注册中心获得正确的 Endpoint。

3. K8s Dashboard 启动失败

在 访 问 " http://localhost:8001/api/v1/namespaces/kubernetes-dashboard/services/
https:kubernetes-dashboard:/proxy/#/login"时，可能会碰到"no endpoints available for
service"异常，具体报错如下。

```
{
    "kind": "Status",
    "apiVersion": "v1",
    "metadata": {},
    "status": "Failure",
    "message": "no endpoints available for service \"kubernetes-dashboard\"",
    "reason": "ServiceUnavailable",
```

```
    "code": 503
}
```

可以按照如下步骤进行异常排查。

（1）查看 Pod 状态，如图 7-23 所示。

```
kubectl get pods --namespace kube-system
```

```
~ via ⬤ v14.15.4 at 🔲 docker-desktop
[+ → kubectl get pods --namespace kube-system
NAME                                        READY   STATUS    RESTARTS   AGE
coredns-5644d7b6d9-6dzpd                     1/1     Running   0          51m
coredns-5644d7b6d9-ntntj                     1/1     Running   0          51m
etcd-docker-desktop                          1/1     Running   0          51m
kube-apiserver-docker-desktop                1/1     Running   0          50m
kube-controller-manager-docker-desktop       1/1     Running   0          50m
kube-proxy-crtrs                             1/1     Running   0          51m
kube-scheduler-docker-desktop                1/1     Running   0          51m
storage-provisioner                          1/1     Running   0          50m
vpnkit-controller                            1/1     Running   0          50m
```

图 7-23

从日志中很容易发现没有启动 kubernetes-dashboard。正常的操作应该是先下载 YAML，确保下载完成后再运行。但是在这个过程中拉取镜像失败了，这时启动 VPN（确保可以访问外网），重新执行以下命令即可。

```
kubectl apply -f https://[githubusercontent 地址]/kubernetes/dashboard/v1.10.0/src/deploy/
recommended/kubernetes-dashboard.yaml
```

（2）验证服务是否已经正常启动。

通过浏览器访问如下地址。

```
http://localhost:8001/api/v1/namespaces/kubernetes-dashboard/services/https:kubernetes-dashbo
ard:/proxy/#/login
```

如果网站可以正常打开，则表示服务已经正常启动，如图 7-24 所示。

图 7-24

（3）配置平台 Token。

通过 kubectl 来获取 Dashboard 平台的 Token，命令如下。

```
kubectl -n kube-system describe secret default| awk '$1=="token:"{print $2}'
```

获取 Token 后对其进行配置即可，如图 7-25 所示。

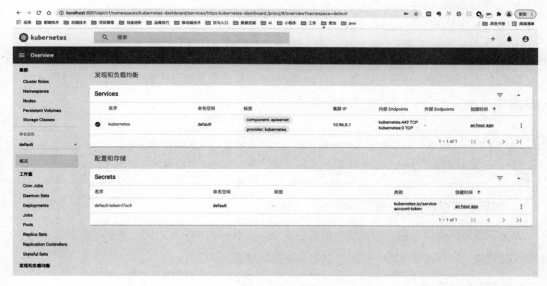

图 7-25

4．Istio 安装"卡死"

在安装 istioctl 后安装 Istio 时经常会碰到网络问题，此时需要切换 VPN 尝试解决。大部分问题是下载失败所导致的，如果切换 VPN 后依然存在"卡死"问题，则需要关注下载的 Istio 版本是否可用，如图 7-26 所示。

```
~/Documents/istio-1.8.1 at  docker-desktop
→ istioctl install --set profile=demo -y
✓ Istio core installed

- Processing resources for Istiod. Waiting for Deployment/istio-system/istiod
- Processing resources for Istiod. Waiting for Deployment/istio-system/istiod
- Processing resources for Istiod. Waiting for Deployment/istio-system/istiod

  Processing resources for Istiod. Waiting for Deployment/istio-system/istiod

- Processing resources for Istiod. Waiting for Deployment/istio-system/istiod
^C
```

图 7-26

5. Istio 的最低配置要求

需要注意的是，Istio 是有最低配置要求的，至少 8GB 才能运行 Istio 和 Bookinfo 实例。如果没有足够的内存，则可能会发生以下错误。

- 镜像拉取失败。
- 健康检查超时失败。
- 宿主机上的 kubectl 运行失败。
- 虚拟机管理程序的网络不稳定。

碰到上述几种情况，读者需要为 Docker Desktop 释放更多的可用资源，这时可以使用 docker system prune 命令一次性清理多种类型的对象。

> Docker 采用保守的方法来清理未使用的对象（通常称为垃圾回收），如镜像、容器、卷和网络。除非明确要求 Docker 这样做，否则它通常不会删除这些对象。

6. 部署/查看仪表盘时，提示 Graph 无法启动

如果在安装插件时出错，则需要再运行一次命令。有一些和下载时间相关的问题，再运行一次命令就能解决。如果还有问题，则可以尝试单独重新部署。

重新部署后查看运行状态，如图 7-27 所示。

```
~/Documents/istio-1.11.1 at 🚢 docker-desktop
→ kubectl apply -f samples/addons
serviceaccount/grafana configured
configmap/grafana configured
service/grafana configured
deployment.apps/grafana configured
configmap/istio-grafana-dashboards configured
configmap/istio-services-grafana-dashboards configured
deployment.apps/jaeger configured
service/tracing configured
service/zipkin unchanged
service/jaeger-collector configured
serviceaccount/kiali configured
configmap/kiali configured
clusterrole.rbac.authorization.k8s.io/kiali-viewer configured
clusterrole.rbac.authorization.k8s.io/kiali configured
clusterrolebinding.rbac.authorization.k8s.io/kiali configured
role.rbac.authorization.k8s.io/kiali-controlplane created
rolebinding.rbac.authorization.k8s.io/kiali-controlplane created
service/kiali configured
serviceaccount/prometheus configured
configmap/prometheus configured
clusterrole.rbac.authorization.k8s.io/prometheus configured
clusterrolebinding.rbac.authorization.k8s.io/prometheus configured
service/prometheus configured
deployment.apps/prometheus configured
The Deployment "kiali" is invalid: spec.selector: Invalid value: v1.LabelSelector{MatchLabels:map[string
ubernetes.io/name":"kiali"}, MatchExpressions:[]v1.LabelSelectorRequirement(nil)}: field is immutable
```

图 7-27

```
~/Documents/istio-1.11.1 at 🐳 docker-desktop took 2s
→ rollout status deployment/kiali -n istio-system
zsh: command not found: rollout

~/Documents/istio-1.11.1 at 🐳 docker-desktop
→ kubectl rollout status deployment/kiali -n istio-system
Waiting for deployment "kiali" rollout to finish: 0 of 1 updated replicas are available...
^C

~/Documents/istio-1.11.1 at 🐳 docker-desktop took 1m 46s
→ kubectl rollout status deployment/kiali -n istio-system
Waiting for deployment "kiali" rollout to finish: 0 of 1 updated replicas are available...
deployment "kiali" successfully rolled out

~/Documents/istio-1.11.1 at 🐳 docker-desktop took 5m 29s
→ istioctl dashboard kiali
http://localhost:20001/kiali
```

图 7-27（续）

7.4　企业级方案 2——打造多项目并行隔离环境

大多数企业会经历闪电式扩张的时期，随着需求的不断累积，企业对并行开发项目的要求会越来越高。

虽然可以依赖 Git 做分布式版本控制来解决多团队协作的代码冲突问题。但是，始终绕不开的一个话题——如何保证开发环境的稳定性，从而实现高效并行开发。

7.4.1　项目并行开发的痛点

1. 多需求并行场景

假设存在如下场景：项目 A 目前有 3 个需求处于待开发状态，这时项目投入 3 个人并行支持。这看起来并没有什么问题。

但是当这 3 个需求开发完毕，在提测时会出现如下问题：Test 环境只有一个，也就意味着同一时间只能有一个需求处于测试状态，并且必须保证服务自身的稳定性。

这个问题有以下两个解决方案。

（1）准备 3 个 Test 环境，3 个人每人提测一个环境，可以指派 3 个人单独跟进，从而实现多项目并行开发。

（2）通过某种机制在容器中部署项目，3 个人每人使用一个独立的容器进行部署，提供给测试伙伴 3 个容器环境进行测试，从而实现项目并行开发。

看起来两个方案都可行，但是随着团队规模扩大，同一时间如果有 5～10 个需求，难道要准备 5～10 个 Test 环境吗？

一个 Test 环境意味着至少要使用一台服务器，如果有多个这样的项目，每个项目有多个需求并行开发，则服务器成本会呈指数级上升。除此之外，在这种规模的企业中如果没有隔离的开发环境，则阻塞和混乱就在所难免了。

如何在最大限度节省成本的前提下完成高效的并行开发，成为企业不得不面临的一个棘手问题。

2. 物理隔离还是容器隔离

其实上述两个方案的差别在于：一个是物理隔离方案，另一个是容器隔离方案。读者是否还记得 1.3.5 节中介绍的虚拟机和容器的区别？这里进行简单回顾，如表 7-1 所示。

表 7-1

特性	虚拟机	容器
隔离级别	操作系统级别	进程
隔离策略	Hypervisor（虚拟机监控器）	Cgroups（控制组群）
系统资源	5%～15%	0～5%
启动时间	分钟级	秒级
镜像存储	GB～TB	KB～MB
集群规模	上百台	上万台
高可用策略	备份、容灾、迁移	弹性、负载、动态

从表 7-1 中可以直观地得出如下结论。

- 虚拟机占用 5%～15%的系统资源，而容器只占用 0～5%。
- 虚拟机的启动时间为分钟级，容器只需要秒级。
- 镜像存储大小差异也比较明显，虚拟机通常为 GB～TB，而容器为 KB～MB。
- 在集群规模方面，虚拟机大概上百台就会成为瓶颈，而容器却可以达到上万台。
- 在高可用方面，虚拟机依赖备份、容灾和迁移，都较为耗时，并且会产生必要的冗余机器；而容器通过弹性、负载和动态来实现，可以进行灵活、高效的扩容/缩容，成本大幅度减少。

3. 解决痛点

无论是从并行开发效率的角度还是从节省成本的角度来考虑，容器化隔离环境方案都一定是首选。物理机的运维配置复杂且耗时，需要专业的运维团队来操作。而容器化的方案，开发人员自己即可处理。

因此，有一套简单、易用的容器化隔离环境方案，则企业效率一定能够大幅度提升，痛点也就不复存在。

7.4.2 容器化隔离环境方案

1. 痛点分析

- 项目并行开发困难：如果同一个项目有多个需求并行开发，且在共同的部署环境下，则很容易相互干扰，影响研发效率。

- 开发、测试效率低：传统的物理隔离环境方案不允许或允许少量的项目并行开发，这与企业高速发展的诉求不符，不能并行意味着极大的资源和人力浪费。

- 不稳定：并行开发最常见的问题莫过于开发环境不稳定（项目的发布、接口的调整都会导致环境崩溃），阻塞开发流程。

- 服务器资源浪费：物理隔离对服务器资源来说是一种浪费，并发需求越多，浪费越多。大部分企业会购买云服务器，这会造成企业成本增加。

- 运维成本增加：物理机环境差异大、配置复杂、维护成本高，一般依赖专业的运维人员进行维护，将增加额外的成本。

2. 整体思路

鉴于上述痛点，容器化改造方案势在必行。下面从流程出发梳理整体思路，如图 7-28 所示。

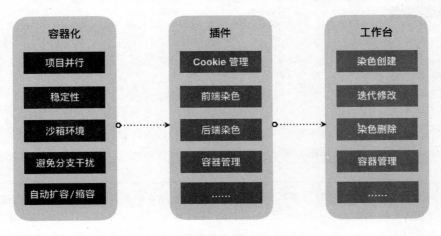

图 7-28

从流程上可以将容器化改造方案分为以下几个部分。

（1）容器化部分。

容器化部分需要对现有项目进行改造，主要解决项目并行、隔离、稳定性，以及自动扩容/缩容等痛点。

（2）插件部分。

一旦涉及多个容器的管理，则必然面临的问题是如何区分不同的容器。在前端项目域名相同的情况下，可以通过"染色标记"进行区分，以解决"同一域名转发到不同容器"的问题。

通常前端项目的染色标记有以下两类。

- 通过 Cookie 做不同环境的区分。
- 通过请求携带的 Header 头信息做不同环境的区分。

如图 7-29 所示，通过 Cookie 标识对 baggage-version 进行染色。

	Name	Value	Do...	Path	Expi...	Size	Http...	Secure
▤ Manifest								
⚙ Service Workers	atpsida	ccc275e7d4a1d6e698ad0c3c_16237...	.cnz...	/	Ses...	44		✓
▤ Storage	cna	OwleGJvn4ngCASRurKuRLDsl	.mm...	/	203...	27		✓
	_xid	3WLsqsbZbE0eYMEU3ePcpOp0YLb...	fp.to...	/	202...	92		✓
Storage	yunpk	1620940162335461	.mm...	/	203...	21		✓
▶ ▤ Local Storage	c	nE8CXSsl-1617710637420-e6e4b895...	fp.to...	/	202...	48		✓
▶ ▤ Session Storage	GID	3ce318edef82e2223c3d4b1bfddc45cf	test-...	/	203...	35		✓
▤ IndexedDB	_fmdata	Dy%2FtdI0HvESN%2FhfLN3D7OrxU...	.gao...	/	202...	123		
▤ Web SQL	baggage-version	isolute-feat-k8s	test-...	/	Ses...	52		
▼ ⚙ Cookies	CNZZDATA1271295577	1367760870-1623736997-https%253...	test-...	/	202...	97		
⬤ https://test-m.	UM_distinctid	17a0e81b1e41c7-0d31b96fd88e2a-2...	.gao...	/	202...	72		
▤ Trust Tokens	_fmdata	Dy/tdI0HvESN/hfLN3D7OrxUpeRaOg...	fp.to...	/	202...	115		✓
	_xid	3WLsqsbZbE0eYMEU3ePcpOp0YLb...	.gao...	/	202...	96		
Cache	sca	259fcbbf	.mm...	/	Ses...	11		✓
▤ Cache Storage	_gaotu_track_id_	b6f4b1a5-5a45-0603-bbcf-45ae98e4...	.gao...	/	441...	52		
▤ Application Cach	atpsida	995251e104f3f0cac52c8c72_162332...	.mm...	/	Ses...	44		✓
	gradeIndex	19	test-...	/	Ses...	12		
Background Services	c	QNixn3CC-1620286324181-542902a...	.gao...	/	202...	47		

图 7-29

如图 7-30 所示，通过在请求 Header 头中增加 testenvversion 属性进行染色。

因为 Cookie 涉及跨域无法携带染色的问题，所以通常会选用 Header 方案，以兼容染色丢失的场景。

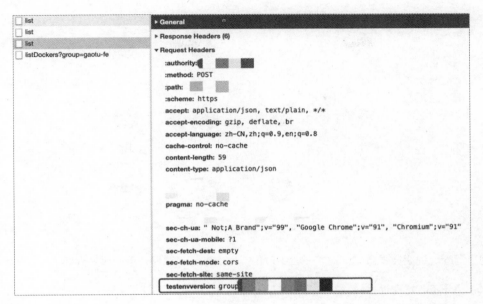

图 7-30

（3）工作台部分。

工作台比较简单，主要负责创建染色字符串，以区分不同的功能，如图 7-31 所示。

编号	迭代名称	染色标记	创建人	创建时间	操作
6771597569559040	bossOrder	batchCreate		2020-07-21 16:09:45	🔍 ✎ 🗑 G
6769173297891840	互动题语音题优化	courseware		2020-07-21 11:01:29	🔍 ✎ 🗑 G
6761752989665792	考评测1.2	layer-exam ...om)		2020-07-20 19:17:57	🔍 ✎ 🗑 G

＋ 新建　　输入迭代名称　搜索

图 7-31

此外，工作台也具备管理容器的能力，删除染色标记会自动释放容器，完全自动化。

3. 技术方案

在了解了各部分的职责之后，下面来看看需要哪些技术，以及具体的使用流程，如图 7-32 所示。

405

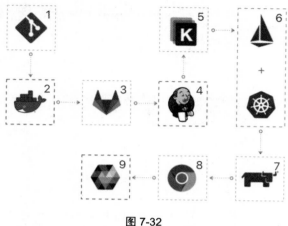

图 7-32

为了清晰地说明技术方案，图 7-32 中对各技术点进行了编号，下面逐一介绍。

（1）基于 Git 管理项目。

Git 作为分布式版本管理系统，不需要服务器端软件即可运作版本控制，使源码的发布和交流极其方便。

（2）通过 Docker 对项目进行容器化改造。

容器化改造在第 4 章中重点介绍过，这里就不再赘述。

（3）用 GitLab 作为代码仓库。

GitLab 是利用 Ruby on Rails 开发的开源应用程序，可以实现一个自托管的 Git 项目仓库，可以通过 Web 界面访问公开的或私人的项目。它拥有与 GitHub 类似的功能，能够浏览源码，以及管理缺陷和注释。GitLab 可以管理团队对仓库的访问。GitLab 提供了一个文件历史库，开发人员通过它可以非常方便地浏览提交过的版本。

（4）Jenkins 自动构建、发布项目。

Jenkins 是一个开源软件项目，是基于 Java 开发的一种持续集成工具，用于监控持续重复的工作，旨在提供一个开放易用的软件平台，使软件项目可以进行持续集成。

（5）通过 Kustomize 声明式配置管理 K8s 集群。

Kustomize 为 K8s 的用户提供了一种可以重复使用配置的声明式应用管理，从而在配置工作中用户只需要管理和维护 K8s 的原生 API 对象，而不需要使用复杂的模板。同时，使用 Kustomzie

可以仅通过 K8s 声明式 API 资源文件管理任何数量的 K8s 定制配置，操作非常便捷。

（6）Istio 做染色分发，K8s 做容器编排。

Istio 针对现有的服务网格，提供了一种简单的方式将连接、安全、控制和观测的模块与应用程序或服务隔离开，从而开发人员可以将更多的精力放在核心的业务逻辑上。Istio 有如下几个核心功能。

- HTTP、gRPC、WebSocket 和 TCP 流量的自动负载均衡。
- 通过丰富的路由规则、重试、故障转移和故障注入，可以对流量行为进行细粒度控制。
- 可插入的策略层和配置 API，支持访问控制、速率限制和配额。
- 对出入集群中的所有流量进行自动度量指标、日志记录和追踪。
- 通过强大的基于身份的验证和授权，在集群中实现安全的服务间通信。

（7）开源技术方案 Rancher 作为容器管理平台。

Rancher 是一个开源的企业级容器管理平台。有了 Rancher，企业无须使用一系列的开源软件去从头搭建容器服务平台。Rancher 提供了在生产环境中使用的、管理 Docker 和 Kubernetes 的全栈化容器部署与管理平台。

（8）基于 Chrome 的插件 Cube，做隔离环境切换。

Cube 插件需要自研，既可以选择基于 Webpack 的插件模式，也可以基于 VConsole 进行二次开发。Cube 插件主要用来添加 Cookie 或 Header 染色。

4. 整体方案的架构

整体方案的架构如图 7-33 所示。

按照项目开发流程，整体方案的架构分为以下几部分。

（1）Develop（开发过程）。

在开发过程中，项目开发人员会按照分支命名规则切出一个新的分支 isolute-feat-*，暂记为隔离分支，之后基于该分支进行正常开发。这里需要对分支进行容器化改造，即图 7-33 中的 Nginx.conf 文件、Dockerfile 文件和 Jenkinsfile 文件，具体的配置会在 7.4.3 节重点介绍。

（2）Build（构建过程）。

在构建过程中，Jenkins 需要按照分支命名规则进行隔离识别，便于相关系统读取 Jenkinsfile 文件。

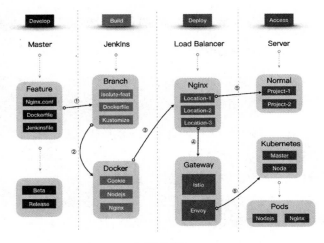

图 7-33

（3）Deploy（发布过程）。

在发布过程中，Nginx 将带有染色标识的请求自动转发到 Envoy，由其分发到 K8s，找到对应的 Pods，实现最终的隔离。

（4）Access（访问过程）。

在访问过程中，用户通过插件携带 Cookie 或 Header 进行请求，服务器端负责找到对应的部署容器。

需要注意的是，isolute-feat（命名可自定义，确保整个流程规范统一即可）作为隔离环境的标识，应用于染色识别、流量转发、容器初始化、Jenkins 自动构建等环节，请务必遵循命名规范。

> 读者或许有一个疑问：为什么要从前端项目进行隔离，选用后端接口可以吗？
>
> 道理很简单，后端提供的 API 接口一般不会直接暴露给用户，所以前端会成为用户访问的入口。从入口控制前端项目的隔离，通过插件代理后端 API，实现前端和后端串联的隔离一体化方案的优点就不言自明了。

7.4.3　用 Docker + Jenkins 解决工程化问题

1. 项目容器化改造

（1）项目的目录结构。

项目的目录结构如下所示。

```
.
├── MP_verify_ovpbcG7KE0uwwiR1.txt
├── README.md
├── api
├── assets
├── components
├── docker
├── layouts
├── middleware
├── mixins
├── node_modules
├── nuxt.config.js
├── package-lock.json
├── package.json
├── pages
├── plugins
├── static
├── store
└── util
```

需要注意的是，不同项目的目录结构也不尽相同。这里只需要关注"docker/"目录，该目录下的文件如下所示。

```
├── docker
│   ├── .dockerignore
│   ├── nginx.conf
│   ├── node.Dockerfile
│   ├── static.Dockerfile
│   ├── jenkinsfile
```

（2）配置.dockerignore 文件。

.dockerignore 文件用于过滤无关配置，避免 Docker 将无用上下文打入镜像内，具体配置如下。需要注意的是，不同项目需要忽略的文件也不尽相同，在实际开发过程中开发人员需要按照实际情况灵活处理。

```
node_modules
npm-debug.log
.nuxt
.vscode
```

```
.git
.DS_Store
.sentryclirc
```

（3）配置 nginx.conf 文件。

nginx.conf 作为 Nginx 服务器配置文件，在其中写入如下配置。

```
worker_processes 4;
worker_cpu_affinity 0001 0010 0100 1000;
events {
        worker_connections 5140;
}

http {
        include mime.types;
        default_type application/octet-stream;
        sendfile on;
        keepalive_timeout 65;
        underscores_in_headers on;

        open_file_cache max=1024 inactive=20s;
        open_file_cache_valid 30s;
        open_file_cache_min_uses 2;
        gzip_vary on;
        gzip on;
        gzip_min_length 2k;
        gzip_proxied expired no-cache no-store private auth;
        gzip_types text/plain text/css application/xml application/json application/javascript
application/xhtml+xml;
        gzip_comp_level 6;
        gzip_buffers 4 8k;

        server {
                listen 80 default_server;
                access_log /var/log/nginx/access.log;
                error_log /var/log/nginx/error.log;

                location / {
```

```
            root   /usr/share/nginx/html/;
        }

    }
}
```

第 2 章介绍了配置 Nginx 文件，这里不再赘述。

（4）配置 node.Dockerfile 文件和 static.Dockerfile 文件。

node.Dockerfile 文件针对的是前端 SSR 项目（4.3.2 节有详细介绍），因此需要处理 Node 相关配置，具体配置如下。

```
FROM harbor.jartto.com/library/node:10.22.0-alpine3.11

RUN mkdir -p /usr/share/nginx/ssr
WORKDIR /usr/share/nginx/ssr/

COPY package.json package-lock.json /usr/share/nginx/ssr/
RUN npm i --registry=http://[仓库地址] --production --unsafe-perm=true --allow-root && \
    npm run build:test && \
    npm cache clean --force

FROM scratch
COPY --from=0 . /usr/share/nginx/ssr/

CMD [ "npm", "run", "start" ]
EXPOSE 19888
```

static.Dockerfile 文件针对的是纯静态前端项目，Nginx 只作为静态服务器，因此配置非常简单。

```
FROM harbor.jartto.com/sre/nginx:1.16-centos7.6

ADD ./docker/nginx.conf /etc/nginx/nginx.conf

COPY . /usr/share/nginx/html/
```

只需要将前端项目打包构建后的产物复制到 Nginx 对应的目录下即可。

（5）配置 jenkinsfile 文件。

jenkinsfile 文件作为整个流程的核心配置文件，以及中间过程和自动化依赖的文件。因为此文

411

件过大，所以下面将其分开说明。

配置自动构建时间及操作界面选项。

```
triggers {
pollSCM('H/30 * * * *')
}
parameters {
    choice name: 'action', choices: ['构建和部署', '构建', '部署', '重启', '回滚'], description: '
部署动作'
    }
```

切出隔离分支。

```
stage('CheckOut') {
        steps {
            script {
                try {
                    doCheckout(env.BRANCH_NAME, env.GIT_URL)
                } catch (e) {
                    error e.getMessage()
                }
            }
        }
    }
```

获取项目中的 Dockerfile 文件并打包镜像。

```
stage('Build Image') {
        steps {
            container('docker') {
                withCredentials([[usernamePassword(credentialsId: HARBOR_CREDENTIALSID,
passwordVariable: 'password', usernameVariable: 'username')]) {
                    script {
                        try {
                            sh "docker login harbor.jartto.com -u $username -p $password"
                            sh "docker build -t harbor.jartto.com/gaotu/${APP_NAME}:
${CLEANUP_VERSION}-${BUILD_TIME} -f docker/node.Dockerfile ."
                            sh "docker build -t harbor.jartto.com/gaotu/${APP_NAME}-static:
${CLEANUP_VERSION}-${BUILD_TIME} -f docker/static.Dockerfile ."
                        } catch (e) {
```

```
                    error e.getMessage()
                }
            }
        }
    }
  }
}
```

以上是核心配置，其他配置大同小异，开发人员只需要在 stage 中加入预设的流程即可。

2. 配置 Jenkins 工程

（1）新建 Jenkins Pipeline。

打开 Jenkins 站点，新建任务，选择"多分支流水线"选项，如图 7-34 所示。

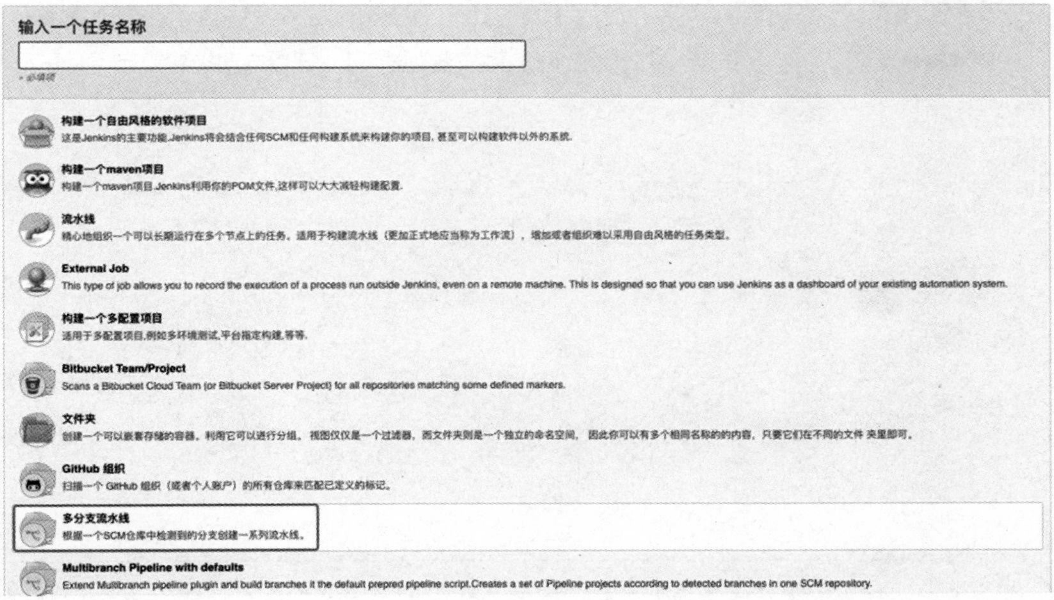

图 7-34

（2）初始化工程。

进入上面创建的任务，切换至"General"选项卡，配置 Git 地址、密钥及分支，如图 7-35 所示。

此处"发现分支"中的命名也需要严格遵守命名规范（isolute-feat-*），便于匹配需要隔离的分支。

图 7-35

（3）运行效果。

一切准备就绪后，切换至"扫描 多分支流水线 触发器"选项卡，开始自动构建项目，如图 7-36 所示。

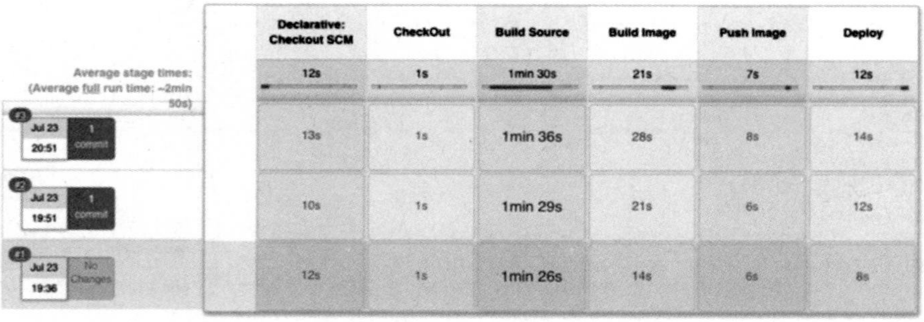

图 7-36

在 jenkinsfile 文件中配置的轮询是实现自动化的关键，一旦分支代码发生变化就会触发自动构建，完成项目发布。

7.4.4 实现隔离插件

隔离插件最大的意义在于可以动态实现容器切换，减少硬编码。因此，隔离插件主要做两件事情：获取项目隔离分支；切换隔离环境。

1．隔离插件的实现

隔离插件的实现有以下两个方案。

（1）通过 Webpack Plugin 实现小浮窗，为用户提供隔离切换界面。

（2）对 VConsole 进行二次开发，扩展分支管理功能，从而达到切换隔离的目的。

这两个方案的实现成本都不高，开发人员可以按照项目的实际需求灵活选择。接入效果如图 7-37 所示。

图 7-37

2．通过 GitLab 获取分支 API

读者可能会有这样的疑问：插件是如何获取 GitLab 中项目的分支名称的？这需要借助 GitLab 的 Branches API 功能。

从官方文档中可以看到，GitLab 提供了 GET /projects/:id/repository/ branches 接口，鉴权后传入项目 ID 即可获取该项目的所有分支。

下面列举一个请求的示例。

```
curl --header "PRIVATE-TOKEN: <your_access_token>" "https://[gitlab 地址]/api/v4/
projects/5/repository/branches"
```

返回结果如下。

```
[
  {
```

```
    "name": "master",
    "merged": false,
    "protected": true,
    "default": true,
    "developers_can_push": false,
    "developers_can_merge": false,
    "can_push": true,
    "web_url": "http://[gitlab 地址]/my-group/my-project/-/tree/master",
    "commit": {
      "author_email": "jartto@example.com",
      "author_name": "Jartto",
      "authored_date": "2021-06-15T05:51:39-07:00",
      "committed_date": "2021-06-15T03:44:20-07:00",
      "id": "7b5c3cc8be40ee161ae89a06bba6229da1032a0c",
      "short_id": "7b5c3cc",
      "title": "add projects API",
      "message": "add projects API",
      "parent_ids": [
        "4ad91d3c1144c406e50c7b33bae684bd6837faf8"
      ]
    }
  },
  ...
]
```

是不是很简单？有了获取分支的能力，"一键切换隔离环境"就没有什么挑战了。

3. 接入流程

新项目初始化流程如图 7-38 所示。

图 7-38

因为首次使用时需要对项目进行容器化改造，所以需要配置 Docker 相关文件。第二次使用时，可以依赖之前的配置，不需要做任何改动。因此，可以固化部分内容，如图 7-39 所示。

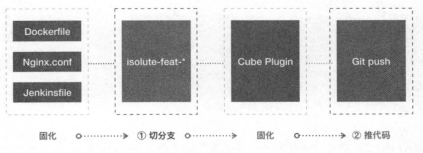

图 7-39

第一部分和第三部分的"Docker 初始化"及"插件初始化"（图 7-39 中标注了"固化"）都可以省略，只需要切分支→推代码就可以完成项目的隔离及发布，真正实现通过分支切换隔离环境的目的。

7.4.5 配置 Nginx Cookie 识别与代理

Nginx 是整个流程至关重要的一个环节，它从访问链接中获取 Cookie（baggage-version=isolute-feat-*）请求（即版本染色标识），并转发至隔离容器。

1. 配置 Nginx Upstream 染色识别

使用 map 命令设置变量映射表，目标是识别 Cookie 中带有隔离标记的请求，如下所示。

```
map $http_cookie $upstream_route        {
~*baggage-version=isolute-feat-.*$k8s; #中间转发层 Nginx
default default-host;                   #默认为 Upstream
}
```

配置 K8s 的 Nginx 地址。

```
upstream jartto-k8s-upstream        {
server 10.*.*.*:80;
}
```

2. 网页请求 Location 配置代理

```
location / {
    proxy_http_version    1.1;
```

```
    proxy_set_header      Host $host;
    proxy_set_header      X-Real-IP $remote_addr;
    proxy_set_header      X-Forwarded-For $proxy_add_x_forwarded_for;
    if ($upstream_route = "k8s") {
        proxy_pass http://jartto-k8s-upstream; #隔离 K8s
    }
    proxy_pass     http://10.255.17.185:80; #正常
}
```

至此,`Nginx Cookie 识别与代理配置完毕。

7.4.6　使用 Kustomize 对 Kubernetes 进行声明式管理

1. 多个 YAML 文件维护的痛点

一般应用会存在多个部署环境: 开发环境、测试环境、生产环境。多个环境意味着存在多个 K8s 应用资源 YAML。而在多个 YAML 文件之间如果只存在微小配置差异,如镜像版本不同、Label 不同等,则经常会因人为疏忽导致配置错误。

此外,多个环境的 YAML 文件的维护通常是通过把一个环境下的 YAML 文件复制出来,然后对有差异的地方进行修改,这就额外增加了运维成本。

因此,总结来说有如下痛点。

- 如何管理不同环境或不同团队应用的 Kubernetes YAML 资源。
- 如何以某种方式管理不同环境的微小差异,使资源配置可以复用,减少复制或修改的工作量。
- 如何简化维护应用的流程,且不需要额外学习模板语法。

2. Kustomize 简介

Kustomize 是一个用来定制 Kubernetes 配置的工具。它提供了以下功能来管理应用配置文件。

- 从其他来源生成资源。
- 为资源设置贯穿性(Cross-Cutting)字段。
- 组织和定制资源集合。

3. Kustomize 可以做什么

Kustomize 通过以下几种方式解决上述痛点。

- Kustomize 通过 Base & Overlays 方式维护不同环境的应用配置。
- Kustomize 使用 Patch 方式复用 Base 配置，并在 Overlay 描述与 Base 应用配置的差异部分来实现资源复用。
- Kustomize 管理的都是 K8s 原生 YAML 文件，开发人员不需要学习额外的 DSL 语法。

4. 目录结构

外层目录结构如下。

```
└── Kustomize
    ├── Base
    └── Overlay
```

主要包含两部分：Base 和 Overlay。

5. Base 的作用

Base 中描述了共享的内容，如资源和通用配置，具体文件如下。

```
Base
├── csr-app-v1
│   ├── deployment.yaml
│   ├── kustomization.yaml
│   ├── kustomizeconfig
│   │   ├── deployment-prefix-setter.yaml
│   │   └── version-label-transformer.yaml
│   └── service.yaml
└── ssr-app-v1
    ├── filebeat.yml
    ├── kustomization.yaml
    ├── kustomizeconfig
    │   ├── deployment-prefix-setter.yaml
    │   └── version-label-transformer.yaml
    ├── nginx
    │   ├── deployment.yaml
    │   ├── filebeat-inputs-nginx.yml
    │   └── service.yaml
```

```
        └── nodejs
              ├── deployment.yaml
              ├── filebeat-inputs-nodejs.yml
              └── service.yaml
```

6. Overlay 的作用

Overlay 声明了与 Base 之间的差异。通过 Overlay 来维护基于 Base 的不同 Variants（变体），如开发、QA 和生产环境的不同 Variants。该目录下包含如下文件。

```
.
├── csr-demo
│   └── dev
│       ├── deployment.yaml
│       ├── kustomization.yaml
│       ├── kustomizeconfig
│       │   ├── app-name-transformer.yaml
│       │   └── environment-transformer.yaml
│       ├── sandbox.yaml
│       └── service.yaml
├── ssr-demo
│   └── dev
│       ├── kustomization.yaml
│       ├── kustomizeconfig
│       │   ├── app-name-transformer.yaml
│       │   └── environment-transformer.yaml
│       ├── nginx
│       │   ├── deployment.yaml
│       │   ├── sandbox.yaml
│       │   └── service.yaml
│       └── nodejs
│           ├── deployment.yaml
│           ├── sandbox.yaml
│           └── service.yaml
└──...
```

7. 配置如何使用

Kustomize 配置主要用于 Jenkins Pipeline 的发布过程，如图 7-40 所示。

```
stage('Deploy') {
    steps {
        container('kubectl') {
            withCredentials([file(credentialsId: KUBECONFIG, variable: 'kubeconfig')]) {
                script {
                    doCheckout(CICD_GIT_BRANCH, CICD_GIT_URL)
                    setKubeContext(kubeconfig, ENVIRONMENT)
                    sh "sed -i 's/master/${CLEANUP_VERSION}/g' ./kustomize/bases/ssr-app-v1/kustomizeconfig/version-label-transformer.yaml"
                    sh "cat ./kustomize/bases/ssr-app-v1/kustomizeconfig/version-label-transformer.yaml"
                    sh "cd ./kustomize/overlays/${APP_NAME}/${ENVIRONMENT} \
                        && kustomize edit set namesuffix -- -${CLEANUP_VERSION} \
                        && kustomize edit set image nodejs=harbor.jartto.com/gaotu/${APP_NAME}:${CLEANUP_VERSION}-${BUILD_TIME} \
                        && kustomize edit set image nginx=harbor.jartto.com/gaotu/${APP_NAME}-static:${CLEANUP_VERSION}-${BUILD_TIME} \
                        && kustomize build . | kubectl --kubeconfig=${kubeconfig} apply -f -"
                }
            }
        }
    }
}
```

图 7-40

　　是不是很眼熟？这是整个任务的最后一步——发布。至此，整个方案就介绍完毕了。方案稍微有些复杂，但读者只要耐心理解与学习，相信一定会有不一样的收获。

7.5　本章小结

　　本章主要为实践章节，通过对一些企业级方案的研究，形成一套可迁移的企业容器化标准"方法论"，从而让读者更好地巩固 Docker 技术，学以致用。

　　当然，不管是云原生的持续交付模型——GitOps、微服务应用实践，还是多项目并行隔离环境，都只是 Docker 技术的冰山一角。企业实践的案例还有很多，如 Docker 技术在 DevOps 中的实践、企业容器化运维实践等。由于篇幅原因，这里不再展开介绍。

　　相信通过深入学习 Docker 技术，读者一定有了很多容器化想法，快来付诸行动，为企业降本增效贡献自己的一分力量吧！